普通高等教育农业农村部"十三五"规划教材
全国高等农林院校"十三五"规划教材

计算机网络技术与应用

许晓强　主编

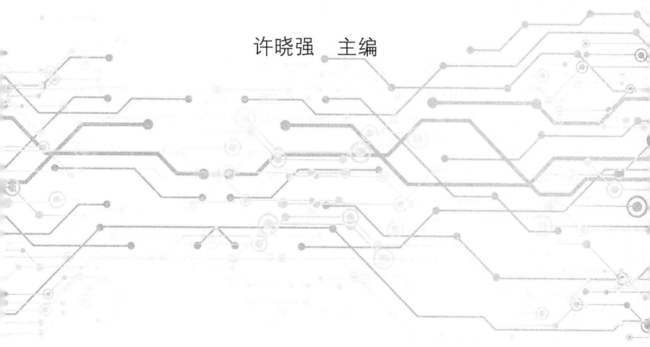

中国农业出版社
北　京

内容简介

　　计算机网络技术是高等院校本科计算机基础教学中的公共课程，是非计算机专业类学生学习和掌握计算机网络知识的入门课程。本教材根据计算机网络课程教学大纲的要求，对计算机网络的基本知识和概念做了全面的阐述，同时为了提高学生对计算机网络的具体应用能力以及对网站网页的建设管理能力，引入了多媒体技术及应用的部分相关知识。学生通过学习本课程，应能初步掌握多媒体相关的基本操作，具备网站建设与网页制作、图形图像处理和动画视频制作等能力。

　　本教材内容全面，结构清晰，简单易懂，适合作为普通高等学校本科非计算机专业计算机网络公共课的教材，也可以作为各类成人教育的学生和社会不同层次的读者学习计算机网络的自学用书。

编写人员名单

主　　编　许晓强

副　主　编　侯　薇　孙　建　赵　语

参　　编　刘文洋　许　栩

前 言 FOREWORD //////////

　　进入 21 世纪 20 年代，计算机网络技术飞速发展，尤其是移动互联网的成功应用，使网络已经融入人们生活的各个角落，应用到社会经济的各个方面。伴随着各种网络新技术的出现，多媒体技术也快速发展起来，给人们的工作、生活和学习带来了深刻的变化。现在各种多媒体网络产品如虚拟现实（VR）技术、增强现实（AR）技术等如雨后春笋般不断出现，把计算机网络技术和多媒体技术有机地结合起来，会给整个人类的生活带来翻天覆地的变化。

　　本教材的目标就是培养学生的信息素养，在掌握计算机网络基本知识的同时，提高学生多媒体技术的操作水平。通过对本教材的学习，学生可以了解计算机网络的基本概念和具体应用，结合多媒体技术的基础知识和基本理论，掌握多媒体技术常用工具软件的使用。

　　本教材第 1 章主要介绍计算机网络的基本概念和基本理论，第 2 章主要介绍计算机网络的体系结构与网络协议，第 3 章介绍经典的局域网技术，第 4 章介绍互联网的应用，第 5 章介绍多媒体技术的相关知识，第 6 章介绍网页设计与网站建设，第 7 章介绍多媒体图形图像处理技术及 Photoshop 软件的使用，第 8 章介绍多媒体动画技术及 Flash 软件的使用。

　　本教材第 1 章由刘文洋编写，第 2 章由赵语编写，第 3 章、第 4 章由孙建编写，第 5 章由许晓强编写，第 6 章、第 7 章由侯薇编写，第 8 章由许栩编写，全书由许晓强任主编并统稿。

　　随着计算机网络技术的飞速发展和教育信息化进程的提升，高等学校的计算机基础教学改革也不断深化和发展。本教材在编写过程中得到了国内高校同行们的大力支持和帮助，在此一并表示感谢。由于时间仓促和编者水平有限，书中难免有不妥之处，恳请各位专家和读者批评指正，以便再版时及时修正。

编　者

2020 年 10 月

目 录 CONTENTS //////////////////////

第1章 计算机网络概论

计算机网络是计算机技术与通信技术相结合的产物，被广泛应用于政治、军事、商业、医疗、远程教育、科学技术等领域。计算机网络每一次大的发展都是人类通信技术的一次飞跃，对人类社会的经济、政治和文化生活都产生了重大、深远的影响。现代通信技术为我们提供了几乎无所不在、日益灵活的网络连接，随着手持终端和嵌入式平台技术的日益智能化，通信和计算技术的融合更加彻底。计算机网络促进了整个社会的发展，就连人们的工作、生活方式都发生了极大的变化，层出不穷的新型应用也反过来推动了网络技术和网络计算模式本身的发展。

21世纪初期，人类全面进入信息时代，信息时代的重要特征就是数字化、网络化和信息化。要实现信息化就必须依靠完善的网络，网络可以非常迅速地传递信息，因此网络现在已经成为信息社会的命脉和发展知识经济的重要基础。

1.1　计算机网络的发展与应用

1.1.1　计算机网络的发展阶段

1946年第一台电子数字计算机的诞生标志着人类向信息时代迈进，而计算机网络是从20世纪60年代开始发展的，计算机网络的发展主要经历了以下几个阶段。

1. **诞生阶段——面向终端的以单计算机为中心的联机系统**　20世纪60年代中期之前的第一代计算机网络，是以单个计算机为中心的远程联机系统，典型应用是由一台计算机和全美范围2000多个终端组成的飞机订票系统，终端是一组外围设备，包括显示器和键盘，无CPU和内存。当时，人们把计算机网络定义为"以传输信息为目的而连接起来，实现远程信息处理或进一步达到资源共享的系统"，这样的通信系统已具备现代计算机网络的雏形。

设计此类系统的目的是共享计算资源，通过通信设备和通信线路把多个远程用户终端与计算机主机连接起来，构成了一种以单个大型主机为中心的远程联机系统，多个用户终端通过多任务分时操作系统共享主机的资源。

终端只承担输入和输出的功能，终端向主机发送数据和处理请求，主机运算后将处理结果发回给终端显示，终端用户的数据存储在主机系统中（图1-1）。

随着终端用户的增多，通信控制处理的功能逐渐从主机中脱离出来，形成独立的设备通信控制处理机。集中器（或者多路复用器）主要负责将多个终端到主机的数据集中（或者复用）后发送到高速通信线路上，或者把主机发来的数据分发给多个终端（图1-2）。

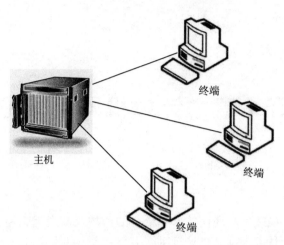

图 1-1　面向终端的以单计算机为中心的联机系统

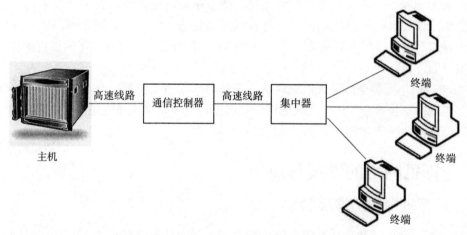

图 1-2　包含通信控制器和集中器的早期联机系统

2. 主机-主机系统及分组交换网阶段

（1）ARPANET 的诞生。20 世纪 60 年代中期至 70 年代的第二代计算机网络，是以多个主机通过通信线路互连起来，为用户提供服务的（图 1-3）。典型代表是在 1969 年 12 月由美国国防部高级研究计划局协助开发的 ARPANET。

1969 年 11 月，ARPANET 网络开始建设，由 4 个节点构成，即美国加利福尼亚州大学洛杉矶分校、加利福尼亚州大学圣塔芭芭拉分校、斯坦福大学、犹他州大学 4 所大学的 4 台大型计算机。ARPANET 使用了无线分组交换网与卫星通信网，通过专门的接口信号处理机和专门的通信线路把计算机主机相互连接起来，这些主机之间不是直接用线路相连，而是由接口报文处理机（interface message processor，IMP）转接后互连的。按照 ARPANET 网络的术语，把转发节点通称为接口报文处理机。IMP 是一种专用于通信的计算机，有些 IMP 之间直接相连，有些 IMP 之间必须经过其他的 IMP 间接相连。当 IMP 收到一个报文后，要根据报文的目标地址，决定是把该报文提交给与它相连的主机，还是转发到下一个 IMP，这种通信方式称为存储-转发通信，在广域网中的通信一般都采用这种方式。

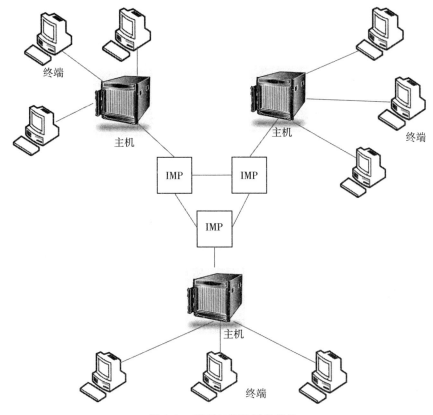

图 1-3　ARPANET 网络结构

ARPANET 置于美国国防部高级机密的保护之下，从最初的技术方面来讲它还不具备向外推广的条件。早期的 ARPANET 主要用于军事研究，它主要是基于这样的指导思想：网络必须经受得住故障的考验而维持正常的工作，一旦发生战争，当网络的某一部分因遭受攻击而失去工作能力时，网络的其他部分应能维持正常的通信工作。ARPANET 在技术上的另一个重大贡献是 TCP/IP 协议簇的开发和利用。作为 Internet（因特网）的早期骨干网，ARPANET 试验并奠定了 Internet 存在和发展的基础，较好地解决了异种机网络互连的一系列理论和技术问题。

这个时期，网络概念为"以能够相互共享资源为目的互连起来的、具有独立功能的计算机集合体"，形成了计算机网络的基本概念。ARPANET 网络的主要技术创新体现在：分组交换技术的应用及连接节点都是独立的计算机系统。

（2）通信子网和资源子网。从实现功能的角度划分，ARPANET 网络及之后的计算机网络可分为通信子网和资源子网。

①通信子网。由通信链路和中间的转发节点组成，主要承担通信的任务，即实现分组数据的传输和转发。中间节点就是网络通信设备，一般为分组交换设备。

②资源子网。资源子网主要由网络的服务器、工作站、共享的打印机和其他设备及相关软件所组成，主要承担数据的采集、存储和处理、网络应用服务的实现等任务。端节点是网络中的主机或其他类型的用户终端，资源子网通常需要承担高层网络协议的功能。

（3）ARPANET 的发展。到了 1975 年，ARPANET 已经连入了 100 多台主机，并结束了网络试验阶段，移交美国国防部国防通信局正式运行。在总结第一阶段建网实践经验的基础上，研究人员开始了第二代网络协议的设计工作。这个阶段的重点工作是研究网络互连问题：网络互连技术研究的深入导致了 TCP/IP 协议（传输控制协议/网际协议）的出现与发展；到 1979 年，越来越多的研究人员投入到了 TCP/IP 协议的研究与开发之中；在 1980 年前后，所有的主机都转向 TCP/IP 协议。

1983 年 1 月，随着用于异构网络的 TCP/IP 协议的研制成功，美国加利福尼亚州大学伯克利分校把该协议作为其 BSDUNIX（加利福尼亚州大学伯克利分校制作的计算机操作系统）的一部分，使得该协议得以在社会上流行起来，从而诞生了真正的 Internet（因特网）。ARPANET 在 1983 年分裂为两部分，ARPANET 和纯军事用的 MILNET，同时，局域网和广域网的产生与蓬勃发展对 Internet 的进一步发展起了重要的作用。其中最引人注目的是美国国家科学基金会（National Science Foundation，NSF）建立的 NSFNET，NSF 在全美国建立了按地区划分的计算机广域网，并将这些地区网络和超级计算机中心互连起来。NSFNET 于 1990 年 6 月彻底取代了 ARPANET 成为 Internet 的主干网。

3. 互连互通阶段　20 世纪 70 年代末至 90 年代的第三代计算机网络，是具有统一的网络体系结构并遵守国际标准的开放式和标准化的网络。

（1）NSFNET 的发展。1986 年，美国国家科学基金会在 6 个科研教育服务计算机中心的基础上建立了 NSFNET 广域网。由于美国国家科学基金会的鼓励和资助，很多大学、政府资助的研究机构甚至私营的研究机构纷纷把自己的局域网并入 NSFNET 中。当时，ARPANET 的军用部分已脱离母网，建立自己的网络 MILNET，网络之父 ARPANET 逐步被 NSFNET 所替代。NSF 资助了一个直接连接这些中心的主干网络，并且允许研究人员对 Internet 进行访问，以使他们能够共享研究成果并查找信息。最初，这个 NSF 主干采用的是 56Kb/s 的线路，到 1988 年 7 月，它便升级到 1.5Mb/s 线路。

NSFNET 采取的是一种具有三级层次结构的广域网络，整个网络系统由主干网、地区网和校园网组成。各大学的主机可连接到本校的校园网，校园网可就近连接到地区网，每个地区网又连接到主干网，主干网再通过高速通信线路与 NSFNET 连接。这样一来，学校中的任一主机可以通过 NSFNET 来访问任一个计算机中心，实现用户之间的信息交换。后来，NSFNET 所覆盖的范围逐渐扩大到全美的大学和科研机构，NSFNET 和 ARPANET 就是美国乃至全世界 Internet 的基础。

（2）各国加强网络建设。当美国在发展 NSFNET 的时候，其他一些国家的大学和科研机构也在建设自己的广域网络，这些网络都是和 NSFNET 兼容的，它们最终构成 Internet 在各地的基础。20 世纪 90 年代以来，这些网络逐渐连接到 Internet 上，构成了今天的世界范围的互联网络。

随着 NSFNET 的广泛流行，NSF 不断升级它的骨干网络。1990 年，NSFNET 代替了原来的低速的 ARPANET，成为互联网的骨干网络。ARPANET 在 1989 年被关闭，1990 年正式退役。

在中国，1994 年中国科学技术网（CSTNET）首次实现和 Internet 直接连接，同时建立了我国最高域名服务器，标志着我国正式接入 Internet。接着，相继又建立了中国教育科研网（CERNET）、计算机互联网（CHINANET）和中国金桥网（GENET），从此中国用户日益熟悉并开始使用 Internet。

（3）网络体系结构和网络标准的规范化。ARPANET 和 NSFNET 兴起后，计算机网络发展迅猛，各大计算机公司相继推出自己的网络体系结构及实现这些结构的软硬件产品。由于没有统一的标准，不同厂商的产品之间互连很困难，人们迫切需要一种开放性的标准化实用网络环境，这样两种国际通用的重要的体系结构应运而生了，即 TCP/IP 体系结构和国际标准化组织的 OSI 体系结构。

个人计算机及通信技术的进步推动了部门和单位内部网络的发展。这类的网络地理范围通常在 10km 以内，被称为局域网。1980 年 9 月，美国三大公司 Xerox、DEC 和 Intel 联合公布了局域网的 DIX 标准，即以太规范，1982 年又推出了第二版的 DIX Ethernet V2。美国电子与电气工程师协会（IEEE）计算机学会的 802 局域网委员会成立后，相继提出了 IEEE 802.1～802.14 等局域网标准，成为局域网国际标准。

4. 高速网络技术阶段　20 世纪 90 年代以来，以因特网为代表的计算机网络得到了飞速的发展，已从最初的教育科研网络逐步发展成为商业网络。因特网正在改变着我们工作和生活的各个方面，它已经给很多国家带来了巨大的好处，并加速了全球信息革命的进程。因特网是人类自印刷术发明以来在通信方面最大的变革。现在，人们的生活、工作、学习和交往都已离不开因特网了。由于局域网技术发展成熟，并逐渐深入应用光纤及高速网络技术，整个网络就像一个对用户透明的、巨大的计算机系统。

1991 年，美国国会议员阿尔·戈尔提出了建设国家信息基础设施的法案，他把这个项目称为"信息高速公路"。1993 年，伊利诺伊大学的学生马克·安德瑞森开发了一个称为马赛克（Mosaic）的软件，通过它可以进行定向导航，这就是早期的网络浏览器。1994 年 4 月风险投资家克拉克与安德瑞森创办了网景公司，把马赛克改名为网景航海家（Netscape Navigator），微软紧随其后推出了自己的 IE（因特网浏览器）。万维网 WWW（world wide web，WWW）和浏览器的应用是因特网发展历史中的一个里程碑。这一最重要的技术创新使因特网发生了跨越式的发展，海量的超链接文本、图像、声音、视频信息资源丰富了因特网的应用，浏览器的引入更降低了网络用户的门槛，因特网的使用者不再局限于学术圈子或计算机专业人员，原先需要在 UNIX 系统下操作的网络文件、邮件和通信服务，现在只需要在图形用户界面单击鼠标即可。网络从此进入普通用户的视野，开始了平民化的进程，并以前所未有的速度席卷了全球。

在 1995 年之后，Internet 进入了商业应用阶段，NSF 不再向 Internet 提供资金，为了解决网络运营经费的问题，Internet 的经营开始商业化，同时向社会开放商业应用。于是商业用户介入，并为互联网的发展带来了更大的机遇。

NGI（next generation internet）计划是美国在 1996 年 10 月 6 日宣布的。目标是将连接速率提高至第一代 Internet 速率的 100～1000 倍，突破网络瓶颈的限制，解决交换机、路由器（router）和局域网络之间的兼容问题。1997 年 10 月，美国约 40 所大学和研究机构的代表在芝加哥商定共同开发 Internet 2。

Internet 2 拥有先进的主干网，在局域网范畴，一般称达到 1Gb/s（每秒 1000Mb，1Gb＝1000Mb）以上带宽的光纤网络为超高速网络；在核心骨干网，一般称 2.5Gb/s 以上的光纤网络为超高速网络。而 Internet 2 主干网带宽达到 100Gb/s，主干网总带宽可扩展到 8.8Tb/s。设计 Internet 2 的目的是满足高等教育与科研的需要，以及开发下一代互联网高级网络应用项目。

1.1.2 互联网的丰富应用

互联网按应用方面可分为商业应用、家庭应用、移动设备应用等方面，按应用模式可划分为电子政务应用模式、电子商务应用模式、网络信息获取应用模式、网络交流互动应用模式、网络娱乐应用模式。这里对互联网应用中的商业应用、家庭应用做一下简要的介绍。

1. **商业应用方面** 互联网上的电子商务主要是利用资源共享方式，根据客户/服务器模型，通过强大的通信媒介（电子邮件、视频会议等方式）来实现各类电子商务活动（图 1-4）。例如：通过不同供应商购买子系统，然后再将这些部件组装起来；通过 Internet 在家里购买商品或者服务；订购各种物品，航空订票、铁路客运订票等。

图 1-4　互联网上的电子商务

2. **家庭应用方面**

（1）访问远程信息。包括浏览 Web 页面获得艺术、商务、政府、健康、历史、爱好、娱乐、科学、运动、旅游等信息。

（2）个人之间的通信。如即时通信软件、电子邮件等。

（3）交互式娱乐。如视频点播、即时评论及参加活动、电视直播网络互动、网络游戏等。

（4）广义的电子商务。如电子方式支付账单、管理银行账户、处理投资等。

（5）检索信息。互联网是个巨大的信息宝库，人们几乎可以从这里获得所有的信息。为了检索信息，可使用各个互联网企业运行的搜索引擎（图 1-5）。

图 1-5　互联网企业运行的部分搜索引擎

1.1.3　无线网络技术及其影响

随着无线蜂窝电话通信技术的飞速发展，人们在移动通信中也开始使用计算机网络，无线计算机网络逐渐流行起来。

1. **无线局域网**　无线局域网（WLAN）提供了移动接入的功能，给许多需要发送数据但又不能坐在办公室的工作人员提供了方便。当大量持有便携式计算机的用户都在同一个地方同时要求上网时，若用电缆连网，那么布线就是个很大的问题，这时若采用无线局域网则比较容易。

无线局域网与传统局域网的主要不同之处就是传输介质不同，传统局域网都是通过有形的传输介质进行连接的，如同轴电缆、双绞线和光纤等，而无线局域网则是摆脱了有形传输介质的束缚，所以这种局域网的最大特点就是自由，只要在网络的覆盖范围，可以在任一个地方与服务器及其他工作站连接，而不需要重新铺设电缆。这一特点非常适合移动办公一族，即使在机场、宾馆、酒店，只要无线网络能够覆盖到，都可以随时随地连接上无线网络（图 1-6）。

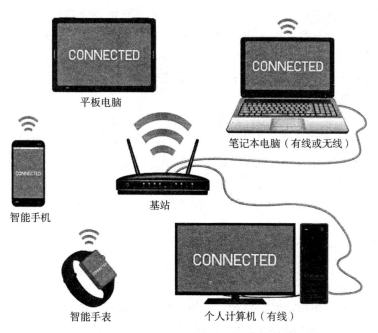

图 1-6　无线局域网能够连接计算机和多种可移动设备

2. **无线个人区域网**　无线个人区域网（wireless personal area network，WPAN）是指在个人工作地点，将属于个人使用的电子设备（如便携式计算机、便携式打印机以及蜂窝电话等）用无线技术连接起来形成自组网络，不需要使用接入点（AP），整个网络的范围为 10m 左右。WPAN 可以是一个人使用，也可以是若干人共同使用。WPAN 是以个人为中心来使用的无线个人区域网，它实际上就是一个低功率、小范围、低速率和低价格的电缆替代技术。支持无线个人局域网的技术包括蓝牙、ZigBee、超频波段（UWB）等，其中蓝牙技术在无线个人局域网中使用得最广泛。无线个人区域网的各项技术只有被用于特定的用途、应用程序或领域才能发挥最佳的作用。

3. 无线城域网　虽然目前已经有了多种有线宽带接入因特网的网络，然而人们发现，在许多情况下，使用无线宽带接入可以带来很多好处，可以更加经济，并且安装快捷，同时也可以得到更高的数据获取率。近年来，无线城域网（WMAN）成为无线网络中的一个热点。WMAN可提供"最后一公里"的宽带无线接入（固定的、移动的和便携的）。许多情况下，WMAN可用来替代现有的有线宽带接入。

4. 移动互联网的应用特点　移动互联网，就是将移动通信和互联网二者结合起来成为一体，是指互联网的技术、平台、商业模式和应用与移动通信技术结合并实践的活动的总称。很长时间以来，人们对于移动互联网这样一个新奇事物不了解，用过去的经验去看，就将其定位为互联网的延伸和补充，是互联网的一个组成部分。在这样一个思路之下，移动互联网的形态、模式、商业模式很多都是从互联网中照搬过来的。从2001年10月3G网络商用开始，逐渐地，移动互联网在应用模式上超越了传统互联网，超越了那些已经成为定势的思维和模式。移动互联网是高速度的移动通信网络、具有智能感应能力的智能终端、创新业务、业务管理、计费平台和客户服务支撑平台共同构成的一个新的业务体系。移动互联网具有一些传统互联网的基因，但是它也具有自己的特点。

（1）相对封闭的网络体系。移动互联网的网络不是自由开放的平台，它是一个相对封闭的网络体系。基于移动互联网的平台从刚开始就有管控能力，用户也知道它有管控能力。举一个简单的例子，在互联网上，用户收到垃圾邮件，用户也不满意，但是用户知道互联网是自由开放的，没有管控，所以用户除了删除，只能隐忍；但在移动互联网上，用户收到垃圾短信，可以要求运营商进行管理。

（2）庞大的自下而上的用户群。互联网时代的用户群是从上而下的，最早的用户群是有知识的群体。移动互联网的用户群则是一个更大更广泛的用户群，即使是低学历、低收入人群也被纳入其中，主要是因为手机等可移动设备学习门槛较低，价格也较低，并且用户群被与通信工具紧密地联系在一起，对于手机等有非常强的依赖感。智能手机让整个用户群体中的大多数人拥有了了解世界的更多机会，使得很大范围的人群成了有黏性的移动互联网用户。

（3）广域的泛在网。广域的泛在网使得媒体的随时随地、如影随形成为可能，也让大量即时的业务和通信成为可能。今天几乎每一个新闻事件都可能被马上发到微博、朋友圈，每一个事件都可以在第一时间传播，这就是广域泛在网的作用。

（4）永远在线及占用用户时间碎片。智能手机已经做到了可以24h在线。以前的服务，除了电话和短信可以做到永远在线，没有一个传统互联网的服务可以做到永远在线。但长时间不关手机，已经成为一种可能，也成为很多企业、机关单位对员工的要求。通信的即时，互联网再好的即时工具也不能做到，而在移动互联网时代，长时间连续在线正在悄悄改变这一格局。

传统的信息传播是一点对多点的传播。电视时代，使用的时间非常集中，黄金时间、普通时间、垃圾时间分得很清晰，用户时间成为电视台争夺的最核心的资源。移动互联网时代的用户，随时随地携带着智能手机，也可以随时随地使用。很多人早晨第一件事就是看手机，吃饭时间也有很多人在使用智能手机，在公交、地铁上随处可以看到用智能手机发微博、微信交流、玩游戏、看电子书的用户。移动互联网的使用时间呈现出碎片化的倾向。

1.2　计算机网络的定义与分类

1.2.1　计算机网络的定义

计算机网络，是指将地理位置不同的具有独立功能的多台计算机及其外部设备，通过通信线路连接起来，在网络操作系统、网络管理软件及网络通信协议的管理和协调下，实现资源共享和信息传递的计算机系统。计算机网络与通信网的结合，以及计算机技术的快速发展，为计算机网络的发展提供了更加有利的条件，可以使众多的个人计算机能够同时处理文字、数据、图像、声音等丰富多样的信息。

1.2.2　计算机网络的特点

1. **可靠性**　计算机网络的可靠性概念最早是在 20 世纪 70 年代出现的，是指计算机在给定的时间以及在特定的环境内，保证所有业务可靠完成。计算机网络可靠性的决定因素有给定时间、特定环境以及业务完成能力，计算机网络可靠性可以对网络运行能力做有效反应，在此基础上实现网络的安全运行。在一个网络系统中，当一台计算机出现故障时，可立即由系统中的另一台计算机来代替其完成所承担的任务。同样，当网络的一条链路出了故障时可选择其他的通信链路进行连接。

2. **高效性**　计算机网络向高性能发展。它追求高速、高可靠和高安全性，采用多媒体技术，提供文本、声音、图像等综合性服务。计算机网络系统摆脱了中心计算机控制结构数据传输的局限性，并且信息传递迅速，系统实时性强。网络系统中各相连的计算机能够相互传送数据信息，使相距很远的用户之间能够即时、快速、高效、直接地交换数据。

3. **独立性**　网络系统中各相连的计算机是相对独立的，它们之间既互相联系，又相互独立。

4. **扩充性**　开放式的网络体系结构，使不同软硬件环境、不同网络协议的网络可以互连，真正实现资源共享、数据通信和分布处理的目标。人们能够很方便、灵活地在网络中接入新的计算机，从而达到扩充网络系统功能的目的。

5. **廉价性**　计算机网络使用户能够分享大型机的功能特性，充分体现了网络系统的"群体"优势，能节省投资和降低成本。

6. **分布性**　计算机网络能将分布在不同地理位置的计算机进行互连，可对大型、复杂的综合性问题实行分布式处理。

7. **智能化**　智能化指多方面提高网络的性能和综合的多功能服务，并更加合理地进行网络各种业务的管理，真正以分布和开放的形式向用户提供服务。

1.2.3　计算机网络的功能

计算机网络的功能主要包括实现资源共享，实现数据信息的快速传递，提高可靠性，提供负载均衡与分布式处理能力，以及综合信息服务等。

1. **资源共享**　凡是入网用户均能享受网络中各个计算机系统的全部或部分软件、硬件和数据资源，这是计算机网络最本质的功能。

2. **提高性能**　网络中的每台计算机都可通过网络相互成为后备机：一旦某台计算机出

现故障，它的任务就可由其他的计算机代为完成，这样可以避免在单机情况下，一台计算机发生故障引起整个系统瘫痪的现象，从而提高系统的可靠性。而当网络中的某台计算机负担过重时，网络又可以将新的任务交给较空闲的计算机完成，均衡负载，从而提高了每台计算机的可用性。

3. 分布处理与负载均衡 分布处理与负载均衡是指，通过算法将大型的综合性问题交给不同的计算机同时进行处理。分布式任务处理系统如图 1-7 所示。用户可以根据需要合理选择网络资源，就近、快速地进行处理。

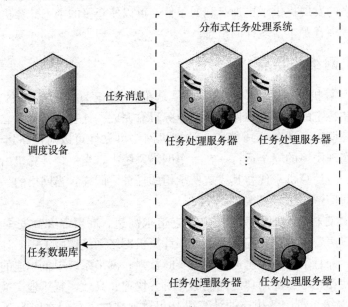

图 1-7 分布式任务处理系统

1.2.4 计算机网络的分类

计算机网络的分类方式较为复杂。按网络使用的传输介质分类，可分为有线网和无线网；按网络拓扑结构分类，可分为总线型、星型、环型、树型、混合型等；按传输介质所使用的访问控制方法分类，可分为以太网、令牌环网、FDDI 网和无线局域网等；最为常见的则是按地理范围划分，分为局域网、城域网和广域网。在此简要介绍计算机网络按地理范围的划分方式。

1. 局域网 局域网（local area network，LAN）是指在一个局部的地理范围（如一个学校、工厂和机关内），一般是方圆几千米以内，将各种计算机、外部设备和数据库等互相连接起来组成的计算机通信网（图 1-8）。

决定局域网的主要技术要素为网络拓扑、传输介质与介质访问控制方法。局域网严格意义上是封闭型的，主要用来构建一个单位的内部网络。

2. 城域网 城域网（metropolitan area network，MAN）是分布范围介于局域网与广域网之间的一种高速网络，它的覆盖范围通常为几千米至几十千米，传输媒介主要采用光缆，传输速率为 2Mb/s 至每秒几吉比特，其目的是在一个较大的地理区域提供数据、声音和图像的传输。典型的城域网结构如图 1-9 所示。

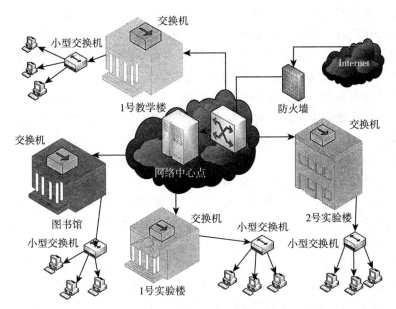

图 1-8　典型的局域网结构

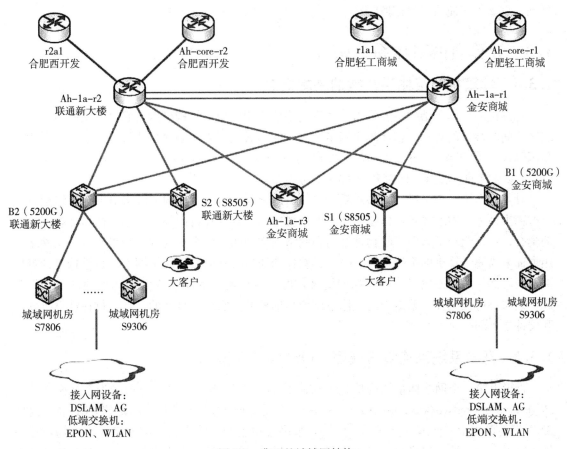

图 1-9　典型的城域网结构

城域网主要指大型企业、互联网服务提供商（internet service provider，ISP）、电信部门、有线电视台和政府等构建的专用网络和公用网络。城域网的典型应用即宽带城域网，就是在城市范围，以 IP 和 ATM 电信技术为基础，以光纤作为传输媒介，集数据、语音、视频服务于一体的高带宽、多功能、多业务接入的多媒体通信网络。

城域网的建设主要集中在通信子网上，也包含两个方面：一是城市骨干网，它与广域网的骨干网相连；二是城市接入网，它把本地所有的联网用户与城市骨干网相连。

3. **广域网**　广域网（wide area network，WAN）又称远程网，通常跨接很大的物理范围，所覆盖的范围从几十千米到几千千米，它能连接多个城市或国家，甚至横跨几个大洲，并能提供远距离通信，形成国际性的远程网络。

广域网的通信子网主要使用分组交换技术。广域网的通信子网可以利用公用分组交换网、卫星通信网和无线分组交换网，它将分布在不同地区的局域网或计算机系统互连起来，达到资源共享的目的。因特网是世界范围最大的广域网。

广域网是由许多交换机组成的，交换机之间采用点到点线路连接，几乎所有的点到点通信方式都可以用来建立广域网，包括租用线路、光纤、微波、卫星信道。通常广域网的数据传输速率比局域网高，而信号的传播延迟却比局域网大得多。广域网的典型速率是 56Kb/s～155Mb/s，已有 622Mb/s、2.4Gb/s 甚至更高速率的广域网；传播延迟可从几毫秒到几百毫秒（使用卫星信道时）。

1.3　计算机网络体系结构

1.3.1　计算机网络体系结构的基本概念

计算机网络体系结构一般是指计算机网络所采用的层次结构模型，它是各层的协议以及层次之间的端口的集合。在计算机网络中实现通信必须依靠网络通信协议，目前广泛采用的是国际标准化组织（ISO）1997 年提出的开放系统互连（open system interconnection，OSI）参考模型，习惯上称为 ISO/OSI 参考模型。

计算机网络结构可以从网络体系（network architecture）结构、网络组织和网络配置三个方面来描述。网络体系结构是从功能上来描述的，指计算机网络层次结构模型和各层协议的集合；网络组织是从网络的物理结构和网络的实现两方面来描述的；网络配置是从网络应用方面来描述计算机网络的布局、硬件、软件和通信线路的。计算机网络体系结构是计算机网络及其部件所应该完成功能的精确定义，即计算机网络的功能究竟由何种硬件或软件完成，是需要遵循这种体系结构的。体系结构是抽象的，实现是具体的，是运行在计算机软件和硬件之上的。

1.3.2　开放系统互连参考模型（OSI 参考模型）

世界上第一个网络体系结构是美国 IBM 公司于 1974 年提出的，它取名为系统网络体系结构（system network architecture，SNA），凡是遵循 SNA 的设备就称为 SNA 设备，这些 SNA 设备可以很方便地进行互连。此后，很多公司也纷纷建立自己的网络体系结构，这些体系结构大同小异，都采用了层次技术。可以说在计算机网络产生之初，每个计算机厂商都有一套自己的网络体系结构的概念，它们之间互不相容。

为此，国际标准化组织在1979年建立了一个分委员会来专门研究一种用于开放系统互连的体系结构。"开放"这个词表示，只要遵循OSI标准，一个系统可以和位于世界上任何地方的也遵循OSI标准的其他任何系统进行连接。这个分委员会提出的OSI参考模型定义了连接异种计算机的标准框架。OSI参考模型分为七层，分别是物理层、数据链路层、网络层、运输层、会话层、表示层和应用层。

1.3.3 TCP/IP 模型

TCP/IP是20世纪70年代中期美国国防部为其ARPANET网络开发的网络体系结构和协议标准，以它为基础组建的Internet是目前国际上规模最大的计算机网络，是网络中使用的基本通信协议。TCP/IP实际上是一组协议，它包括上百个各种功能的协议，如UDP、ICMP、RIP、TELNET、FTP、SMTP、ARP等，分别用于实现远程登录、文件传输和电子邮件等各类功能，而TCP协议和IP协议是保证数据完整传输的两个基本的重要协议。正因为Internet的广泛使用，使得TCP/IP成了事实上的标准。

从协议分层模型方面来讲，TCP/IP模型由四个层次组成：网络接口层、网络层、运输层、应用层。

1.4 计算机网络的拓扑结构

1.4.1 计算机网络拓扑结构的定义

计算机网络的拓扑结构，是指引用拓扑学中研究与大小、形状无关的点、线关系的方法，把网络中的计算机和通信设备抽象为一个点，把传输介质抽象为一条线，网络结构即抽象成由点和线组成的几何图形。

1.4.2 计算机网络拓扑结构的分类

1. **星型拓扑结构** 在星型拓扑结构中，网络中的各节点通过点到点的方式连接到一个中央节点上，构成辐射式互连结构，由中央节点负责与各节点传送信息（图1-10）。中央节点执行集中式通信控制策略，因此中央节点相当复杂，负担比各节点重得多。在星型网中任两个节点要进行通信都必须经过中央节点控制。

星型拓扑结构适用于局域网，特别是近年来连接的局域网大都采用这种连接方式。这种连接方式以双绞线或同轴电缆做连接线路，在网络布线中较为常见。

2. **总线型拓扑结构** 总线型拓扑结构采用一个信道作为传输媒体，所有站点都通过相应的硬件接口直接连到这一公共传输媒体上，该公共传输媒体即称为总线（图1-11）。任一个站发送的信号都沿着传输媒体传播，而且能被所有其他站所接收。

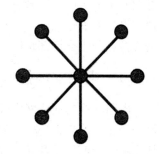

图 1-10 星型拓扑结构

3. **环型拓扑结构** 环型拓扑结构中各工作站依次相互连接组成一个闭合的环形，信息可以沿着环形线路单向（或双向）传输，由目的站点接收（图1-12）。入网设备通过转发器接入网络，每个转发器仅与两个相邻的转发器有直接的物理线路。环形网的数据传输具有单向性，一个转发器发出的数据只能被另一个转发器接收并转发。

4. 树型拓扑结构 树型拓扑结构可以认为是由多级星型结构组成的（图1-13）。树的最下端相当于网络中的边缘层，树的中间部分相当于网络中的汇聚层，而树的顶端则相当于网络中的核心层。它采用分级的集中控制方式，其传输介质可有多条分支，但不形成闭合回路，每条通信线路都必须支持双向传输。

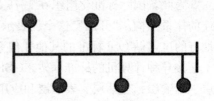

图1-11　总线型拓扑结构

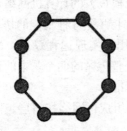

图1-12　环型拓扑结构

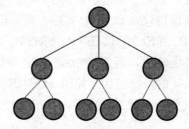

图1-13　树型拓扑结构

5. 网型拓扑结构 网型拓扑结构节点之间有许多条路径相连，可以为数据流的传输选择适当的路由，从而绕过失效的部件或过忙的节点。网型网络利用冗余的设备和线路来提高网络的可靠性，结构比较复杂，成本也比较高。

1.5　分组交换技术的基本概念

为了节省通信线路，两个设备间的通信需要一些中间节点来进行集中和转送，我们称这些中间节点为交换设备。这些交换设备并不需要处理经过它的数据的内容，只是简单地把数据从一个交换设备传到下一个交换设备，直到数据到达目的地。

"交换"的含义就是转接，即把一条电话线转接到另一条电话线，使他们连通起来。从通信资源的分配角度来看，"交换"就是按照某种方式动态地分配传输线路的资源。在数据通信网的发展过程中，共有三种交换方式，分别是电路交换、报文交换和分组交换，其中报文交换和分组交换都是使用存储转发交换技术。

1.5.1　电路交换技术

电路交换是通信网中最早出现的一种交换方式，已有100多年的历史，是公共电话交换网（PSTN）和综合业务数字网（ISDN）所采用的交换技术。电路交换（circuit switching）技术在通信两端设备间，通过各个交换设备中线路的连接，实际建立了一条专用的物理线路，在该连接被拆除前，这两端的设备单独占用该线路进行数据传输。

电路交换中的线路包括了用户线和中继线。用户线是用户到交换机之间的通信线路，归电话用户专用；中继线是交换机之间、许多用户共享的通信线路，拥有大量的话路。

电话通信过程分为三个阶段：呼叫建立、通话、呼叫拆除。电话通信的过程，即电路交换的过程，相应的电路交换的基本过程可分为连接建立、信息传送和连接拆除三个阶段，所以电路交换属于面向连接工作方式。

电路交换的优点是，连接建立后，数据以固定的传输率被传输，传输延迟小。由于通信线路为通信双方用户专用，因此不可能发生冲突，适用于实时、大批量、连续的数据传输。

电路交换方式并不适合计算机通信，原因如下：

（1）电路交换平均连接建立时间对计算机通信来说较长。

（2）在数据传输过程中，即使没有数据要发送或者需要发送的数据很少，该通路也一直被占用，不能被其他设备使用，因此电路交换方式对通信资源的利用率低。

（3）通信子网中的节点不具有存储数据的功能，不能平滑通信量，当某一时刻的数据量过大，超过了线路的最大带宽时，会造成数据的丢失。

（4）对通信双方而言，必须做到双方的收发速度、编码方法、信息格式和传输控制等一致才能完成通信。

1.5.2　存储转发交换技术

1. **报文交换**　报文交换（message switching）技术是一种存储转发技术，它没有在通信两端设备间建立一条专用的物理线路。发送设备将发送的信息作为一个整体（又被称为报文），并附加上目的地址，交给交换设备。每个交换设备在收下整个报文之后，检查无错误后，暂存这个报文，然后利用报文上的目的地址信息，根据路由算法找出下一个节点的地址，再把整个报文传送给下一个节点。经过若干交换设备的存储、转发后，该报文到达目的地。

报文交换技术适用于非实时的通信系统，如公共电报收发系统。报文交换技术具有以下优点：线路的利用率较高，许多报文可以分时共享交换设备间的线路；无线路建立的过程，提高了线路的利用率；交换设备能够复制报文副本，可以支持多点传输；增加了差错检测功能，避免出错数据的无谓传输；可实现不同速率、不同规程的终端间互通。

2. **分组交换**　分组交换（packet switching）又称报文分组交换，或包交换，也是一种存储转发技术。在分组交换中，将报文分解成等长的若干段，每段称为一个数据段，在每个数据段的前面加上一些交换时所需的地址、控制和差错校验信息组成的首部，按规定的格式构成一个数据单位，通常被称为"报文分组"或"包"。不同的数据分组可以在同一条链路上以动态共享和复用方式进行传输，通信资源利用率高，从而使得信道的容量和吞吐量有了很大的提升。由于能够以分组方式进行数据的暂存交换，经交换机处理后，很容易实现不同速率、不同规程的终端间通信。

在分组交换网中，有无连接和面向连接（逻辑连接）两种工作方式，其具体实现方式分别为数据报（data gram）和虚电路（virtual circuit）。

分组交换具备以下优点：当某条传输线路出故障时可选择其他传输线路，提高了传输的可靠性；以分组作为存储、处理、转发的单位，节省缓冲存储器容量，提高缓冲存储器容量的利用率，从而降低了交换设备的费用；可以使后一个分组的存储操作与前一个分组的转发操作并行，减少了报文的传输时间；分组较短也可以降低出错概率并减少重发数据量；由于分组短小，更适用于采用优先级策略，便于及时传送计算机之间的突发式的数据。

◆ 思考题

1. 计算机网络的发展过程主要由哪些阶段组成？
2. ARPANET 网络的结构有哪些特点？ARPANET 网络实现了什么功能？
3. 通信子网是指计算机网络中的哪些部分？
4. 在 Internet 的发展过程中，NSFNET 发挥哪些作用？
5. 无线局域网能够连接哪些设备？
6. 计算机网络具有哪些特点？
7. 计算机网络的主要功能有哪些？
8. 计算机网络有哪几种主要的拓扑结构？
9. 电路交换是通信网中常用的交换方式，它为什么不适合计算机网络？
10. 分组交换技术具有哪些优点？

参考答案

第 2 章 网络体系结构与网络协议

网络体系结构是从功能上描述计算机网络结构的，它包含了计算机网络层次结构模型以及各层协议的集合，其中网络协议是计算机网络中互相通信的对等实体之间交换信息时所必须遵守的规则的总合，这些都是计算机网络及其部件所应该完成功能的精确定义。

2.1 网络体系结构的基本概念

计算机网络系统是由各种计算机和各类终端设备通过通信线路连接起来的复合系统。系统中的计算机型号复杂多样，终端设备类型各异，链路类型、连接方式、同步方式、通信方式的差异，导致网络中各个节点之间的通信非常复杂，需要软件和硬件的共同支持与配合。

计算机网络体系结构是指计算机网络层次结构模型，它是各层的协议以及层次之间的端口的集合，在计算机网络中实现通信必须依靠网络通信协议。

2.1.1 协议、接口与分层

1. **网络协议三要素** 绝大多数网络都由一些相互叠加的层组成，每一层都建立在下一层基础之上。对于不同的网络，层的数目、名字、内容和功能也都不尽相同。每一层的目的都是向上一层提供特定的服务，但是实现服务的细节对上一层是不可见的。如果主机 A 的第 n 层与主机 B 的第 n 层进行对话，那么在对话中用到的规则和约定称为第 n 层协议。计算机网络有很多层，每个层有自身的对话规则，这些为进行网络中的数据交换而建立的规则、标准或约定称为网络协议（network protocol），也可简称为协议。这些规则明确规定了所交换的数据格式，还对数据处理事件实现的顺序做出了明确的说明。

网络协议主要由以下三个要素组成：

（1）语法。即数据与控制信息的结构或格式。

（2）语义。即需要发出何种控制信息，完成何种动作以及做出何种响应。

（3）同步。即事件实现顺序的详细说明。

只要我们想让连接在网络上的另一台计算机做点什么事情，都需要有协议。协议可以使用方便阅读和理解的文字描述，也可以使用程序代码，只要协议能够对网络上的信息交换过程做出精确的解释即可。

2. **接口与分层** 两台计算机之间有了数据传输的通路，但要完美地传输文件，还有很多问题亟待解决，比如如何识别发送方和接收方，如何进行错误控制，如何处理文件格式不兼容,等等。为了设计这样复杂的计算机网络,早在最初的 ARPANET 设计时就提出了分层的方法。分层可将庞大而复杂的问题,转化为若干较小的局部问题,而这些较小的局部问题就比较易于研究和处理。

例如,一个 5 层结构的网络进行通信(图 2-1),事实上,数据并不是从计算机 A 的第 n 层直接传递到计算机 B 的第 n 层。实际的数据传递过程是每一层都将数据和控制信息传递给它的下一层,这样一直传递到最底层,第 1 层下面就是物理介质,通过它进行实际的通信,其中虚线代表虚拟通信,实线代表物理通信。每一对相邻层之间是接口(interface),接口定义了下层为上层提供哪些操作和服务。为了清楚定义层与层之间的接口,需要清晰地确定每一层能完成的功能。例如,在第 5 层上运行的一个应用进程产生了一条消息 M,并且将它传递给第 4 层。第 4 层在消息的前面加上一个头部(header)来标识该消息,然后将结果传递给第 3 层。头部一般包含了消息大小、时间和其他控制信息等。由于第 3 层限制了消息传递的大小,因此第 3 层将收到的消息分割成较小的单元(称为分组或包),并且在每一个包的前面加上第 3 层的头部,M 被分割成了两个包:M1 和 M2。第 3 层将 M1 和 M2 传递给第 2 层,第 2 层在每条消息上加上一个头部信息,再加上一个尾部信息,然后将结果单元传递给第 1 层以进行物理传输。在接收端机器上,消息自底向上逐层传递,传递过程中头部信息被逐层去除,针对下层的头信息不会传递到上层来。需要指出的是,每一层的虚拟通信实际上是通过接口进行的,例如,第 4 层的对等进程使用了第 4 层的协议,实际过程是与第 3 层通过 3/4 层之间的接口进行通信的,并不直接与另一端进行通信。

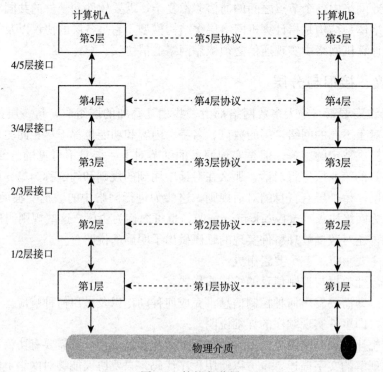

图 2-1　协议与分层

可以用一个简单例子来类比上述过程。有一封信从最高层向下传,每经过一层就包上一个新的信封,写上必要的地址信息。包有多个信封的信件传送到目的站后,从最下层起,每层拆开一个信封后就把信封中的信交给它的上一层。传到最高层后，取出发信人所发的信交给收信人。

3. **分层的优点**　下面假定要设计一个在计算机 1 与计算机 2 之间传送文件的通信网络，这是一个比较复杂的工作，需要明确网络所能完成的功能。计算机 1 和计算机 2 之间实现通信的工作可以划分为以下三类：

第 1 类工作与传送文件直接相关。发送方在发送文件前应确认对方的文件管理程序已做好接收和存储文件的准备，若两个主机使用的文件格式不一样，则至少其中的一台主机完成文件格式转换，这两项工作可以用一个文件传送模块完成。文件传送模块可以作为网络的第 3 层（图 2-2）。

第 2 类工作与通信服务有关。为了防止文件传送模块过于复杂，文件传送模块并不会完成全部工作，而是设立一个通信服务模块，用来保证文件和文件传送命令可靠地在两个系统之间交换，为第 3 层的文件传送模块提供服务。在这里，如果我们将第 3 层的文件传送模块换成电子邮件模块，那么电子邮件模块仍然可以利用第 2 层的通信服务模块所提供的可靠通信服务。

第 3 类工作与网络接入有关。建立网络接入模块，这个模块负责与网络接口细节有关的工作，并向上层提供服务，使上面的通信服务模块能够顺利地完成可靠通信的任务。

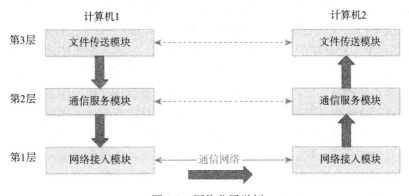

图 2-2　网络分层举例

从这个例子可以看到分层有很多优点，总结如下：

（1）每层都是独立的。每一层并不需要知道它的下一层是如何实现的，仅需要知道该层通过层间的接口所提供的服务。每一层只实现一种相对独立的功能。因此我们可以将一个复杂的问题分解为若干较容易处理的较小问题，降低问题处理的复杂度。

（2）灵活性高。当任一层发生诸如技术升级、服务变更等变化时，只要层间接口关系保持不变，则其他层均不受影响。如上文第 3 层文件传送模块变更为电子邮件模块，若 2/3 层间的接口关系不变，则第 2 层和第 1 层仍维持原状。

（3）结构上可分割。每一层都可以采用最合适的技术来实现该层的功能。

（4）易于实现和维护。由于整个系统已被分解为若干相对独立的子系统，这样更加容易实现和调试一个庞大而又复杂的系统。

（5）能促进标准化工作。对每一层的功能及其所提供的服务都做出了精确的说明。

4. **分层的注意事项**　分层固然好，但应该如何分层，分多少层呢？如果层数太少，每一层需要完成的功能多，每一层的协议就会太过复杂。如果层数太多，描述和综合各层功能的任务就会太过复杂。同时，分层时要注意使每一层的功能非常明确，通常每一层所要完成的主要功能如下：

(1) 差错控制。使相应层次对等方的通信更加可靠。

(2) 流量控制。发送端的发送速率不要太快，使接收端来得及接收。

(3) 分组和重装。发送端将要发送的数据块划分为更小的单位，并在接收端将其还原。

(4) 复用和分用。发送端几个高层会话复用一条低层的连接，在接收端再进行分用。

(5) 连接建立和释放。交换数据前先建立一条逻辑连接，数据传送结束后释放连接。

2.1.2 网络体系结构

计算机网络的分层和协议的集合称为网络体系结构（network architecture），网络体系结构的描述必须全面和完整，开发人员可以遵循相关的协议为每一层设计硬件、编写程序。因此，体系结构是抽象的，而实现则是具体的，是真正在运行的计算机硬件和软件。

网络中的机器的接口不必一致，只要每一台机器都能正确地使用所有的协议，就能相互通信。不同的计算机网络具有不同的体系结构，其层数、各层的名字、内容和功能以及各相邻层之间的接口均不一样。然而，在任何网络中，每一层都是为了向它相邻的上一层提供一定的服务而设置的，每一层对上层屏蔽实现协议的具体细节。

1974 年，美国 IBM 公司宣布了系统网络体系结构（system network architecture，SNA），该网络标准按照分层的方法制定，直到现在很多 IBM 大型机构建的专用网络仍然在使用 SNA。不久后，其他公司也相继推出不同的网络体系结构的产品。这些各种各样的体系结构出现以后，使用同一个公司生产的机器和设备容易互连，而使用不同公司的机器和设备很难相互连通，这样容易出现某一公司垄断产品的问题。为了让不同网络体系结构的机器可以相互通信，计算机网络领域需要一个全球公认的国际标准，使各个生产厂商都能够按照这个标准设计和生产产品。我们希望在一个互连的网络里，争取实现统一信息编码制度、统一报文格式、统一传输命令、统一控制顺序、统一网内节点编码，便于实现网络通信。

国际标准化组织于 1977 年成立了专门机构来研究这个问题，提出了一个试图使各种计算机在世界范围互连成网的标准框架，即著名的开放系统互连参考模型（open systems interconnection reference model，OSI/RM），简称 OSI 参考模型。

2.2 OSI 参考模型

上一节我们讨论了网络体系结构的概念，协议、接口和分层的理论，本节将讲述重要的网络体系结构——OSI 参考模型。尽管与 OSI 参考模型相关的协议已经很少使用了，但该模型本身是通用的，每一层上的特性也非常普遍和重要。

2.2.1 OSI 参考模型的基本概念

OSI 的出现促进了各层协议的国际标准化，并于 1995 年进行了修订。OSI 中的"开放"是指非独家垄断的，只要遵循 OSI 标准，一个系统就可以和位于世界上任何地方的、遵循这同一标准的其他任何系统进行通信。这一点很像世界范围的有线电话和邮政系统，这两个系统也都是开放系统。在 1983 年形成了 OSI 参考模型的正式文件，即著名的 ISO 7498 国际标准，也就是七层协议的体系结构。

OSI 试图达到一种理想境界，即全球计算机网络都遵循这个统一标准，因而全球的计算机将能够很方便地进行互连和交换数据。在 20 世纪 80 年代，一些国家的政府机构和电信部门纷纷表示支持 OSI，似乎在不久的将来全世界一定会按照 OSI 制定的标准来构造自己的计算机网络。然而到了 20 世纪 90 年代初期，虽然整套的 OSI 国际标准已经制定出来了，但由于基于 TCP/IP 的互联网已抢先在全球相当大的范围成功地运行了，而与此同时却几乎找不到有什么厂家生产出符合 OSI 标准的商用产品。因此人们得出这样的结论：OSI 只获得了一些理论研究的成果，但在市场化方面则事与愿违地失败了。现今规模最大的、覆盖全球的、基于 TCP/IP 的互联网并未使用 OSI 标准。OSI 失败的原因可归纳如下：

（1）OSI 的专家们缺乏实际经验，他们在完成 OSI 标准时缺乏商业驱动力。

（2）OSI 的协议实现起来过于复杂，而且运行效率很低。

（3）OSI 标准的制定周期太长，因而使得按 OSI 标准生产的设备无法及时进入市场。

（4）OSI 的层次划分不太合理，有些功能在多个层次中重复出现。

在一般的情况下，网络技术和设备只有符合有关的国际标准才能大范围地获得工程上的应用。但在这里情况却相反，得到最广泛应用的不是法律上的国际标准 OSI，而是 TCP/IP，TCP/IP 常被称为事实上的国际标准。从这种意义上说，能够占领市场的就是标准。在过去制定标准的组织中往往以专家和学者为主，现在许多公司都纷纷加入各种标准化组织，使得技术标准具有浓厚的商业气息。一个新标准的出现，有时不一定反映其技术水平是最先进的，而是往往有着一定的市场背景。

2.2.2　OSI 参考模型的结构

OSI 参考模型分为 7 层结构（图 2-3），这 7 层遵循如下分层原则：

（1）当需要一个不同抽象体的时候，应该创建新的一层。

（2）每一层都应该执行一个明确定义的功能。

（3）选择每一层功能的时候，应该考虑到国际标准化定义的协议。

（4）选择层与层之间边界的时候，应该使得"跨接口所需要的信息流"尽可能最小。

（5）层数不能太少，以保证不同的功能不会混杂在一起，层数也不能太多，以避免整个体系结构过于庞大。

2.2.3　OSI 参考模型各层的功能

下面，我们从最底层开始，依次讲述该模型中的每一层。需要注意的是，OSI 参考模型本身并不是一个真正意义上的网络体系结构，因为它并没有定义每一层上所用到的服务和协议，它只是列出了每一层应该做什么事情。

1. **物理层**（physical layer）　作为 OSI 的最底层，物理层在传输信道上传输的是原始数据位，单位是比特（bit）。设计的时候要保证，当一方发送了"1"，另一方收到的也是"1"，而不是"0"。要考虑"1"和"0"分别用多少伏电压表示，传输的每一位持续多少纳秒（ns），传输过程是否在两个方向上同时进行，如何建立初始连接，传输结束后如何撤销连接等问题。

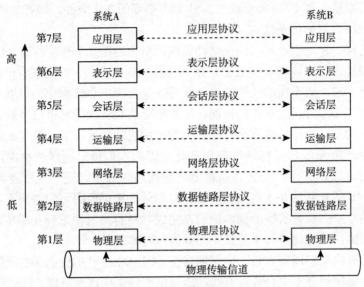

图 2-3　OSI 参考模型

物理层将数据一位一位地从一个系统经物理传输介质（如双绞线、同轴电缆、光纤、通信卫星和微波等）送往另一系统，实现两个系统间真实的物理通信，这是不同于 OSI 其他层的虚拟通信的。

2. **数据链路层**（data link layer）　数据链路层（也称为链路层）将一个原始的传输设施转变成一条逻辑的传输线路。传输数据时，发送方将数据拆分，封装到数据帧（data frame），然后顺序地传送这些数据帧，如果是可靠的服务，则接收方必须确认每一帧都已经正确地接收了，给发送方回一个确认帧（acknowledge frame）。

数据链路层的另一个问题是，如何避免一个快速的发送方"淹没"掉一个慢速的发送方。因此，它需要一种流量调节机制，以便让发送方知道接收方此刻有多大的缓存空间，通常这种流量调节机制和错误处理机制集成在一起。如果是广播网络，数据链路层还要考虑如何控制对共享信道的访问。

总之，本层在链路上传送帧，每一帧包括数据和必要的控制信息（如同步信息、地址信息、差错控制等）。控制信息使链路层在收到一个帧后，可以从中提取出数据部分，上交给网络层。控制信息还使接收方能够检测到所收到的帧有无差错，如发现有差错，可以丢弃或者纠错。

3. **网络层**（network layer）　网络层为分组交换网上的不同主机提供通信服务。在发送数据时，网络层将运输层产生的报文封装成分组或包（packet）进行传送。网络层为源主机和目的主机选择一条合适的路由，将源主机运输层所传下来的分组发送到目的主机。

网络层要考虑拥塞控制、延迟、传输时间、抖动等问题。并且，当分组不是在一个子网内，而必须从一个网络传输到另一个网络时，可能面临更多的问题，比如两个网络的编址方案不同、分组太大、两个网络协议不同，这些问题都要由网络层来解决，从而将不同种类的网络都互连起来。

4. **运输层**（transport layer）　运输层接收会话层的数据，将这些数据分割成较小的单元，然后将数据单元传递给网络层，并且确保这些数据单元都能够正确地到达另一端。运输层之间交换的数据单元用报文段（segment）来表示。

运输层是真正意义上的端到端（end-to-end）的层，即所有的数据处理都是从源端到目的端来进行的。也就是说，源主机的一个程序利用报头与控制信息，与目的主机上的一个类似的程序进行对话，而在运输层下面的各层上，源主机和目的主机可能被许多中间路由隔离开了，协议存在于每台主机与它的直接邻居之间，不存在于最终的源主机与目的主机之间。从第 4 层运输层开始，一直到第 7 层，协议都是端到端的。

运输层协议为会话层提供面向连接的和无连接的两种数据传输服务。

5. 会话层（session layer）　会话层允许不同机器上的用户之间建立会话，并对会话进行管理和控制，保证会话数据的可靠传输，包括对话控制（记录由谁来传递数据）、令牌管理（禁止双方同时执行同一个关键操作）、同步功能（在一个长的传输过程中设置一些检查点，如果系统崩溃，可以在崩溃前的点上继续执行）等。

这里，会话层、表示层和应用层的数据传输单位均称为报文。

6. 表示层（presentation layer）　表示层下面的各层关注的是如何传递数据位，即比特流，而表示层关注的是所传输信息的语法与语义。不同的计算机可能使用不同的数据表示方法，为了让这些计算机能够互相通信，表示层要对数据定义一种标准的编码方法，来表达网络上所传输的数据。

表示层为上层用户提供共同的数据表示方式，包括数据格式变换、数据加密与解密、数据压缩与恢复等。

7. 应用层（application layer）　应用层包括了大量的协议，这些协议直接满足用户的具体需要，如远程登录（TELNET）、简单邮件传输协议（SMTP）、简单网络管理协议（SNMP）和超文本传输协议（HTTP）等。以 HTTP 为例，当浏览器需要一个 Web 页面时，它利用 HTTP 将所要页面的名字发送给服务器，服务器收到后将页面再发送给浏览器。应用层可以为网络服务提供资源共享、远程访问、电子通信、网络管理等功能。

2.2.4　OSI 环境中数据的传输过程

为了描述数据在各层之间传输的过程，我们假定主机 1 的应用进程 AP1 向主机 2 的应用用进程 AP2 传送数据（图 2-4）。AP1 先将数据交给本主机的第 7 层（应用层），第 7 层在数据的头部加上控制信息 H7 传送给第 6 层（表示层），第 6 层收到数据后，再加上本层的控制信息 H6，交给第 5 层（会话层），以此类推，数据到达第 2 层数据链路层。不过到了数据链路层后，控制信息被分成两部分，分别加到本层数据单元的头部（H2）和尾部（T2），而第 1 层（物理层）由于是比特流的传送，所以不再加上控制信息。

这一串的比特流离开主机 1 经物理传输介质到达目的主机 2，然后从主机 2 的第 1 层依次上升到第 7 层。每一层都根据控制信息（H2、T2、H3、H4、H5、H6、H7）进行必要的操作，然后将控制信息剥去，将该层剩下的数据单元上交给上一层。这样，就将应用进程 AP1 发送的数据传送给了主机 2 的应用进程 AP2。

虽然数据要经过复杂的传送过程才能到达终点，但这些复杂过程对用户来说都被屏蔽掉了，从用户的角度看起来，应用进程 AP1 好像是直接把数据交给了应用进程 AP2。同理，任何两个同样的层次（如在两个主机的第 5 层）之间，数据是通过水平虚线直接传递给对方（图 2-4），当然，这是前面提过的虚拟通信。我们将不同机器上对应层的实体称为对等实体（peer），两个同层次的对等实体之间的通信，称为对等层（peer layers）之间的通信。而关于前面提到的各层的协议，正是这些对等实体使用这些协议进行通信的。OSI 参考模型把对等层次之间传送的数据单位称为该层的协议数据单元（protocol data unit，PDU）。

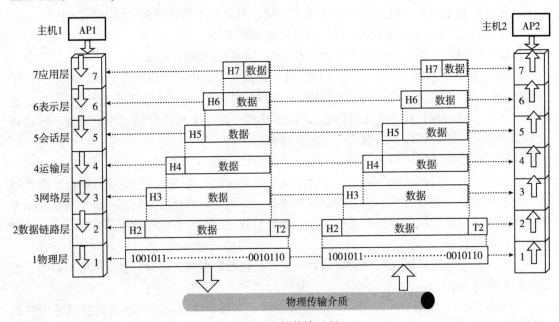

图 2-4　数据传输过程

至此，我们可以更加明确实体和协议的概念。实体是表示任何可发送或接收信息的硬件或软件进程。协议是控制两个对等实体或多个实体进行通信的规则的集合。在协议的控制下，两个对等实体间的通信使得本层能够向上一层提供服务。要实现本层协议，还需要使用下面一层所提供的服务。

协议的实现首先保证了能够向上一层提供服务，使用本层服务的实体只能看见服务而无法看见下面的协议。也就是说，下面的协议对上面的实体是透明的。其次，协议是水平的，即协议是控制对等实体之间通信的规则。但服务是垂直的，即服务是由下层向上层通过层间接口提供的。另外，并非在一个层内完成的全部功能都称为服务，只有那些能够被高一层实体看得见的功能才能称为服务，上层使用下层所提供的服务必须通过与下层交换一些命令，这些命令在 OSI 中称为服务原语。相邻两层的实体进行信息交互的地方，称为服务访问点（service access point，SAP），它是一个抽象的概念，相当于一个逻辑接口。相邻两层协议与服务的关系如图 2-5 所示。第 n 层的两个实体之间通过协议 n 进行通信，而第 $n+1$ 层的两个实体之间则通过另外的协议 $n+1$ 进行通信，第 n 层通过 SAP 向第 $n+1$ 层提供服务。

设计计算机网络协议要考虑很多问题，而计算机网络协议还有一个很重要的特点，就是协议必须把所有不利的条件事先都估计到，而不能假定一切都是正常的和非常理想的情况。因此，衡量计算机网络协议是否正确，不能只衡量在正常情况下是否正确，还必须非常仔细地检查该协议能否应对各种异常情况。

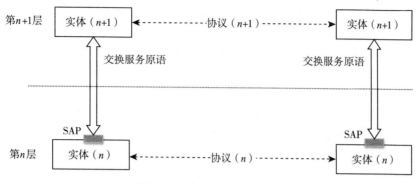

图 2-5　相邻两层之间的关系

关于协议，有这样一个著名的例子：占据东和西两个山顶的蓝军 1 和蓝军 2 与驻扎在山谷的白军作战。其力量对比是，单独的蓝军 1 或蓝军 2 打不过白军，但蓝军 1 和蓝军 2 协同作战则可战胜白军。现蓝军 1 拟于次日正午向白军发起攻击，于是用计算机发送电文给蓝军 2，但通信线路很不好，电文出错或丢失的可能性较大（没有电话可使用）。因此要求收到电文的友军必须发回一个确认电文，但此确认电文也可能出错或丢失。试问：能否设计出一种协议使得蓝军 1 和蓝军 2 能够实现协同作战因而一定（即 100％而不是 99.999…％）取得胜利？

我们可以这样设计：

蓝军 1 先发送："明日正午向白军发起攻击。请协同作战，若同意请回复。"假定蓝军 2 收到电文后发回了确认"同意"。

然而现在蓝军 1 和蓝军 2 都不敢下决心进攻。因为，蓝军 2 不知道此回复电文对方是否收到了。如未收到，则蓝军 1 必定不敢贸然进攻。在此情况下，自己单方面发起进攻就肯定要失败。因此，必须等待蓝军 1 发送对"同意"的确认。

假定蓝军 2 收到了蓝军 1 发来的确认。但蓝军 1 同样关心自己发出的确认是否已被对方收到。因此还要等待蓝军 2 的"对确认的确认"。

这样无限循环下去，蓝军 1 和蓝军 2 都始终无法确定自己最后发出的电文对方是否已经收到。故此，在本例题给出的条件下，没有一种协议可以使蓝军 1 和蓝军 2 能够 100％地确保胜利。所以即使看似非常简单的协议，设计起来要考虑的问题也是很多的。

2.2.5　面向连接服务和面向无连接服务

下层可以向上层提供两种不同类型的服务，面向连接的服务和面向无连接的服务。在网络技术发展初期，人们对于使用面向连接的还是无连接的服务，有着不同的意见。

有些人认为应当借助电信网的成功经验，让网络负责可靠交付。传统电信网的主要业务是提供电话服务，电信网使用昂贵的程控交换机，用面向连接的通信方式，使电信网络能够向用户（实际上就是电话机）提供可靠传输的服务。因此他们认为，计算机网络也应模仿打电话所使用的面向连接的通信方式。当两台计算机进行通信时，也应当先建立连接（在分组交换中是建立一条虚电路），以预留双方通信所需的一切网络资源。然后双方就沿着已经建立的虚电路发送分组。这样的分组的首部不需要填写完整的目的主机地址，而只需要填写这条虚电路的编号，因而减少了分组的开销。这种通信方式如果再使用可靠传输的网络协议，就可以使所发送的分组无差错地按序到达终点，当然也不丢失、不重复。在通信结束后要释放建立的虚电路。

互联网的先驱者却提出一种崭新的网络设计思路。他们认为，电信网提供的端到端可靠传输的服务对电话业务无疑是很合适的，因为电信网的终端（电话机）非常简单，没有智能，也没有差错处理能力。因此，电信网必须负责把用户电话机产生的话音信号可靠地传送到对方的电话机，使还原后的话音质量符合技术规范的要求。但计算机网络的终端系统是有智能的计算机，而计算机有很强的差错处理能力，这是和传统的电话机有本质上的差别的。因此，互联网在设计上就采用了和电信网完全不同的思路。下面，我们分别讨论面向连接和无连接的服务。

1. **面向连接的服务**　面向连接的服务（connection-oriented service）是基于电信网的电话系统模型。我们联想打电话的过程，为了与对方通话，首先拿起电话机，拨通对方号码，然后说话，最后挂断电话。简单地说，为了使用面向连接的网络服务，用户首先要建立一个连接，然后使用该连接，最后释放该连接。这种连接的本质就像一个管道，发送方把数据位压入管道的一端，接收方在另一端把它们取出来，数据位会按照发送的顺序到达。在有些情况下，当一个连接建立的时候，发送方、接收方和子网一起协商一组将要使用的参数，比如最大的消息长度、所要求的服务质量等。从建立连接开始，所有的分组都沿着同一条路径进行传输，一旦该路径上有一条线路或者交换机不工作了，那么呼叫就会中断。电话公司之所以采用面向连接的网络，是为了保证客户通话的质量，以及便于记账（从建立连接开始，就可以计费）。

可靠的服务从来不丢失数据，是这样实现的：接收方向发送方确认收到了每一条消息，这样发送方就可以保证报文已经到达。而确认的过程必然引入了额外的负载和延迟。文件传输是一种可靠的面向连接服务，是非常典型的。文件的所有者希望保证所有的位都能正确地到达，而且到达的顺序也与发送的顺序相同。如果一种文件传输服务偶尔会出现乱码或者丢失数据位，那么即使它的传输速度再快，客户也不会愿意使用。但有些应用的用户更希望保证传输速度，即使丢掉一些数据位，也无伤大雅，这就需要不可靠的连接。例如，Internet上数字化的音频视频传输，当我们语音通话时，我们宁可听到线路上有一点噪声，也不愿意忍受因不断确认和纠错而造成的延迟。

OSI 体系的支持者曾极力主张在网络层使用可靠传输的虚电路服务，也曾推出过网络层虚电路服务的著名标准 ITU-T 的 X.25 建议书，但现在 X.25 早已成为历史。

2. **面向无连接的服务**　美国国防部是不会选择面向连接的服务的，因为他们的目标是即使战争毁掉了很多路由和传输线路，网络仍然可以继续工作。面向无连接的服务（connectionless service）是基于邮政系统模型的。每一条报文都携带了完整的目标地址，因此，每一条报文都可以被系统独立地路由，报文之间彼此独立。如果有一些路由器在一个会话过程中崩溃了，报文可以放弃以前的路径，通过系统重新动态配置，找到新的路由路径到达目标地址。一般情况下，当两条报文被发送给同一个目标的时候，首先被发送的报文将会先到达，但如果先发送的报文被延迟，后发送的报文先到达也是可能的。

对于一些无连接的服务，百分之百的可靠递交并不那么重要。比如我们发送单个邮件，只要确保这些邮件以极高的概率到达即可，而不需要确保这些信息一定到达。这种没有被确认的无连接服务，是不可靠的无连接服务，通常称为数据报服务（datagram service）。有时我们也需要可靠的无连接服务，即有确认的数据报服务（acknowledged datagram service），例如寄送挂号信需要回执，当发送方收到接收方的回执时，就可以确认信被送到了，没有在途中丢失。还有一种无连接的服务是请求应答服务（request-reply service），发送方传输一个数据报，其中只包含了一个请求，而应答数据报包含了答案。网络中的数据库查询操作就属于请求应答服务。

Internet 采用的设计思路是这样的：网络层向上只提供简单灵活的、无连接的、尽最大努力交付的数据报服务，网络在发送分组时不需要先建立连接。每一个分组（也就是 IP 数据报）独立发送，与其前后的分组无关（不进行编号），网络层不提供服务质量的承诺。也就是说，所传送的分组可能出错、丢失、重复和失序（不按顺序到达终点），当然也不保证分组交付的时限。由于传输网络不提供端到端的可靠传输服务，这就使网络中的路由器比较简单，且价格低廉（与电信网的交换机相比较）。如果主机中进程之间的通信需要是可靠的，那么就由网络的主机中的运输层负责（包括差错处理、流量控制等）。采用这种设计思路的好处是，网络造价大大降低，运行方式灵活，能够适应多种应用。互联网能够发展到今日的规模，充分证明了当初采用这种设计思路的正确性。

以太网就采用较为灵活的无连接的工作方式，不必先建立连接就可以直接发送数据，对发送的数据帧不进行编号，也不要求对方发回确认。这样做可以使以太网工作起来非常简单，而局域网信道的质量很好，因通信质量不好产生差错的概率是很小的，因此，以太网提供的服务是不可靠的交付。当目的站收到有差错的数据帧时，就把差错帧丢弃，其他什么也不做，对有差错的帧是否需要重传则由高层协议来决定。

2.3　TCP/IP 参考模型

OSI 参考模型没有得到市场的认可，而非国际标准 TCP/IP 模型却获得了最广泛的应用，TCP/IP 常被称为事实上的国际标准。

2.3.1　TCP/IP 参考模型的发展

所有广域计算机网络的鼻祖 ARPANET 都使用 TCP/IP 参考模型。前文已经介绍过，ARPANET 是由美国国防部资助的一个研究性网络，它通过租用的电话线，将几百所大学和政府部门的计算机设备连接起来。随着卫星和无线电网络也参与进来，原来的协议在与它们互连的时候发生了问题，亟须一种新的、灵活的网络体系结构。这个体系结构要能够将多个网络无缝连接起来，并且如果源主机和目的主机之间的某些机器或者传输线路突然失效，只要源主机和目的主机依然还在工作，那么它们之间的连接还可以继续进行下去。在不断地探寻中，该体系结构演化成了 TCP/IP 参考模型。

2.3.2　TCP/IP 参考模型各层的功能

TCP/IP 参考模型有 4 层结构，分别为网络接口层、网络层、运输层和应用层，下面我们依次介绍每一层的功能。

1. **网络接口层**　在 TCP/IP 参考模型中，网络接口层是参考模型的最底层，在这里主机通过某个协议连接到网络上。TCP/IP 参考模型并没有明确定义哪些协议，而且不同主机不同网络使用的协议也都不同。通常可以允许多种协议，例如局域网的以太网协议、Token Ring 协议、分组交换网的 X.25 协议等。这一层的抽象概念类似于 OSI 的数据链路层和物理层的对应关系（图 2-6）。

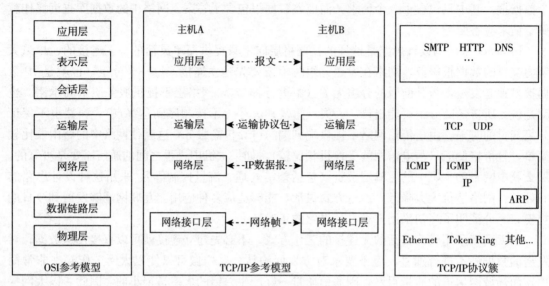

图 2-6　计算机网络体系结构

2. 网络层　网络层将源主机的分组发送到目的主机，源主机与目的主机可以在一个网上，也可以在不同的网上。网络层定义了正式的分组格式和协议，该协议称为 IP（internet protocol）。分组路由和避免拥塞是这一层的主要问题。TCP/IP 的网络层功能类似于 OSI 的网络层。

IP 又称为 Kahn-Cerf 协议，因为这个重要协议是 Robert Kahn 和 Vint Cerf 二人共同研发的，这两位学者在 2005 年获得图灵奖。严格来说，这里所讲的 IP 其实是 IP 的第 4 个版本，应记为 IPv4。但在讲述 IP 协议的各种原理时，往往不在 IP 后面加上版本号。IPv4 是在 20 世纪 70 年代末期设计的，互联网经过几十年的飞速发展，到 2011 年 2 月，IPv4 的地址已经耗尽，需要采用具有更大地址空间的新版本的 IP。我国在 2014—2015 年也逐步停止了向新用户和应用分配 IPv4 地址，同时全面开始商用部署 IPv6。

与 IP 协议配套使用的还有三个协议：

（1）地址解析协议（address resolution protocol，ARP）。

（2）网络控制报文协议（internet control message protocol，ICMP）。

（3）网络组管理协议（internet group management protocol，IGMP）。

还有一个协议称为逆地址解析协议（reverse address resolution protocol，RARP），是和 ARP 协议配合使用的，目前已不再使用。如图 2-6 所示的协议簇中，我们可以看到 ARP 在本层的下部，因为 IP 经常要使用这个协议，ICMP 和 IGMP 在本层的上部，因为它们要使用 IP。由于 IP 是用来使互连起来的许多计算机网络能够进行通信的，因此 TCP/IP 体系中的网络层也常常被称为网际层或 IP 层。

3. 运输层　网络层的上一层是运输层，运输层允许在源主机与目的主机的对等实体间建立用于会话的端对端连接，功能类似于 OSI 的运输层。这里定义了以下两种协议：

第一个协议是传输控制协议（transmission control protocol，TCP），它是面向连接的、可靠的协议，它将一台机器发出的字节流正确无误地传送到网络上的另一台机器上。在传送数据之前必须先建立连接，数据传送结束后要释放连接。传输的过程是先把输入的字节流分割成单独的小报文，并把这些报文传递给网络层，在目的处，负责接收数据的 TCP 进程把收到的报文重新装备到输出流中。TCP 不提供广播或多播服务。由于 TCP 要提供可靠的、面向连接的运输服务，因此不可避免地增加了许多开销，如确认、流量控制、计时器以及连接管理等（流量控制是指保证一个快速的发送方不会因为发送太多的报文，超出了一个慢速接收方的处理能力）。这不仅使协议数据单元的首部增大很多，还要占用许多的处理机资源。

第二个协议是用户数据报协议（user datagram protocol，UDP），它是无连接的、不可靠的协议，在传送数据之前不需要先建立连接。目的主机的运输层在收到 UDP 报文后，不需要给出任何确认。虽然 UDP 不提供可靠交付，但在某些情况下 UDP 是一种最有效的工作方式。UDP 广泛应用于只需要一次的、客户机-服务器类型的请求应答查询，以及那些快速传送比精确传送更加重要的应用，如音频、视频传输等。

4. **应用层**　TCP/IP 参考模型没有会话层和表示层，在运输层之上就是应用层，包含了所有的高层协议，部分协议的描述和功能如下：

（1）虚拟终端协议（TELNET）。允许一台机器上的用户登录远程的机器。

（2）文件传输协议（file transfer protocol，FTP）。提供了一种在两台计算机之间高效移动数据的途径。

（3）简单邮件传输协议（simple mail transfer protocol，SMTP）。实现电子邮件的传送。

（4）域名系统（domain name system，DNS）。将主机名字映射到它们的网络地址。

（5）超文本传输协议（hyper text transfer protocol，HTTP）。用于获取万维网上的页面。

2.4　两种参考模型的对比

OSI 和 TCP/IP 参考模型有很多共同点，都划分了层次，每个层的协议相互独立，每个层的功能大抵相似。在两个模型中，运输层和运输层以上的各层都为通信的进程提供了一种端到端的服务。两个模型也有很多不同之处，并且两个模型也存在自身的缺陷，本小节会详细阐述，并给出解决方案。

2.4.1　OSI 和 TCP/IP 参考模型的区别

显而易见，OSI 模型有 7 层结构，TCP/IP 有 4 层结构，它们都有网络层、运输层、应用层，但其他的层并不同。

OSI 参考模型明确了服务、接口、协议的概念。每一层都为上一层执行一些服务，服务指明了该层要做些什么。每一层的接口都告诉它上面的进程应该如何访问本层，它规定了参数和结果，没有说明本层内部是如何工作的。每一层上的对等协议是本层内部自己的事情，只要能完成服务，它可以使用任何协议，这样可以更改协议，而不会影响它上面的各层。最初，TCP/IP 参考模型并没有明确地区分服务、接口、协议，都是在其成型以后，人们对它进行了改进。因此，OSI 模型中的协议比 TCP/IP 模型中的协议有更好的隐蔽性，当技术发生变化时，OSI 模型中的协议更容易替换为新的协议。

OSI 参考模型在许多后续开发的协议发布之前就已经产生，这就意味着 OSI 模型不会偏向于任何某一组特定的协议，该模型更具有通用性。也正因为如此，设计者没有太多的参考经验，因此不能明确哪些功能应该放在哪一层上。比如数据链路层最初只处理点到点的网络，当广播式网络出现以后，不得不在模型中加入一些子层来弥补。TCP/IP 模型是对现有协议的描述，而且不断地被更新完善，因此，协议一定是符合模型的。但 TCP/IP 模型并不适合其他的非 TCP/IP 网络，该模型没有通用性。

OSI 模型的网络层同时支持面向连接和无连接的通信，但是运输层只支持面向连接的通信。TCP/IP 模型的网络层只支持无连接的通信，但是在运输层上同时支持两种通信模式，这对于简单的请求应答协议特别重要。

2.4.2 对 OSI 参考模型的评价

当 OSI 参考模型由 ISO（国际标准化组织）正式提出的时候，TCP/IP 协议已经广泛地被应用于大学和科研机构了，很多厂商并不想再支持第二个协议栈（一个体系结构使用的一组协议），最终 OSI 一直作为一个概念模型，基本上没有被真正实现过。

OSI 有 7 层结构，但会话层和表示层几乎是空的，而数据链路层和网络层又包含太多内容。OSI 参考模型的服务与协议极其复杂，实现起来困难，操作起来低效。

此外，编址、流控制和错误控制在每一层里都重复出现，必然要降低系统的效率。关于数据安全性、加密与网络管理等方面的问题也在参考模型的设计初期被忽略。

2.4.3 对 TCP/IP 参考模型的评价

TCP/IP 早期用于 Berkeley UNIX，不仅免费而且非常好用，因此学术界和工业界都把 TCP/IP 看作 UNIX 的一部分，越来越多的人使用 TCP/IP，逐渐形成了庞大的用户群，这又进一步促进了 TCP/IP 的改进和提高，形成一个良性循环。

但 TCP/IP 模型和协议也存在自身的问题：首先，TCP/IP 参考模型没有清楚区分服务、接口与协议的概念，导致用 TCP/IP 理念设计新的网络时，用处不大。其次，TCP/IP 参考模型不通用，不适合用来描述除 TCP/IP 外的任何其他协议栈。最后，实际上 TCP/IP 模型并没有明确定义网络层下面应该有哪些内容，也没有区分物理层与数据链路层。我们按照它应有的功能将它命名为网络接口层，并且物理层和数据链路层分成两层是非常合理和必要的。

虽然 TCP/IP 模型有缺陷，但自从它在 20 世纪 80 年代诞生以来，已经经历了将近 40 年的实践检验，已经成功地赢得了市场的认可。

OSI 模型存在很多问题，OSI 协议也没有流行起来，但它仍然是讨论计算机网络体系结构的基础。TCP/IP 模型虽然不通用，但它的协议却被广泛使用。总结两种参考模型，有学者修改了现有的 OSI 模型，加入 TCP/IP 的协议和更新一些协议，将两个参考模型取长补短，得到一个 5 层参考模型来更好地指导网络体系结构设计（图 2-7）。读者可以根据本章第 2 小节内容来尝试描述这个参考模型的数据传输过程。

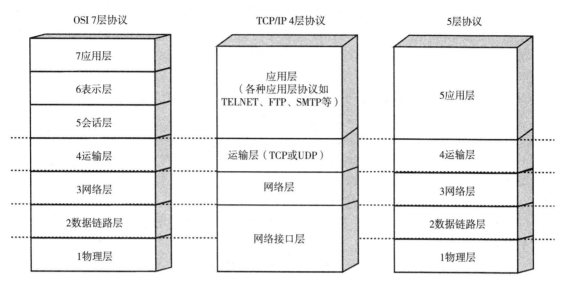

图 2-7　计算机网络体系结构对比

2.5　网络协议标准化组织与管理机制

为了让各种各样的机器相互之间可以通信，这需要大量的标准化工作，本小节介绍网络标准化组织和他们所做的工作。

2.5.1　网络协议标准化组织

目前有很多的网络生产商和供应商，每个厂商都有自己的偏好，如果没有一个组织来协调，会给用户带来很多阻碍，而此时如果各个厂商都遵循一致的网络标准，事情就容易多了。统一的标准不仅使不同的计算机可以相互通信，而且由于产品都遵守相应的标准，产品的市场也扩大了，给生产厂商带来了更大的利润。厂商因此扩大生产规模，经济得以发展，又促使更好的产品出现，用户可以用更低的价格购买到产品，用户的接受度提高。

这些给用户和厂商都带来好处的标准分为两大类：事实标准和法定标准。

事实标准是指那些已经发生了，但是并没有任何计划的标准。比如 IBM PC 及其后继产品是小型办公和家庭计算机的事实标准，因为很多生产商都选择了做类似 IBM 的机器，同理，UNIX 是大学计算机科学与技术系中操作系统的事实标准。

法定标准是指由某个权威的标准化组织采纳的、正式的、合法的标准。

国际性的标准化权威组织有两类：国家政府之间通过条约建立起来的标准化组织和自愿的、非条约的组织。

1. **电信标准化组织**　我们先介绍一下电信领域有影响的标准化组织。美国有 1500 个私有的电话公司，AT&T 在 1984 年分解以前，是世界上最大的电信公司，几乎垄断了整个电信行业，它为全美 80% 左右的电话提供服务，遍布美国一半国土面积，AT&T 分解以后，它继续提供长途电话服务，从它分裂出来的 7 个区域性的独立公司提供本地和蜂窝电话服务。当时，这些在美国为大众提供通信服务的公司称为公共承运商，它们提供的服务以及价格是有规定的。其中洲际的或者国际的流量部分是由联邦电信委员会批准的，州内的流量部分是由州公共事业委员会批准的。而那时候还有很多国家的通信是由国家政府垄断的，邮件、电报、电话、电台和电视都由政府部门的邮电部来管理，有些欧洲国家的邮电部是半私有化的。

由于存在这么多国家垄断的、私有的、各式各样的通信服务供应商，为了保证一个国家的人或者计算机可以呼叫另一个国家的人或者计算机，我们需要全球兼容的服务。实际上这个需求很早就出现了，1865 年，欧洲许多政府的代表讨论形成了一个标准化组织，就是今天的 ITU（International Telecommunication Union，国际电信联盟）的前身。它的任务是对国际电信进行标准化，随着电话的出现，ITU 又承担了电话的标准化工作。1947 年，ITU 成为联合国的一个代理机构。它主要由三个部门组成：

（1）无线通信部门（ITU-R）。ITU-R 管理全球范围的无线电频率分配，它将频段分配给各个组织。

（2）电信标准化部门（ITU-T）。ITU-T 管理电话和数据通信系统标准化工作。1953—1993 年，ITU-T 也称为 CCITT（法文 Comité consultatif international télégraphique et téléphonique 的首字母缩写，国际电报电话咨询委员会），它研究电信的新技术、新业务和资费等问题，给出电信标准化建议。1993 年 3 月，CCITT 进行了重组，更新命名为 ITU-T。

ITU-T 对电话、电报和数据通信接口提供一些技术性的建议，这些建议通常会变成国际上认可的标准，比如 EIA RS-232 定义了大多数异步终端和外置调制解调器所使用的连接器中每根针的位置和含义。

（3）开发部门（ITU-D）。管理开发工作。

2. **国际标准化组织**　ISO（International Standards Organization，国际标准化组织）是国际标准领域最有影响的组织，许多国际标准都是由 ISO 制定和发布的。ISO 是 1964 年成立的一个自愿的、非条约性质的组织，它是有 100 多个成员的国家标准组织，这些成员包括 ANSI（美国）、BSI（英国）、AFNOR（法国）、DIN（德国），以及其他 85 个成员。ISO 为大量的学科制定标准，从螺丝钉和螺帽到电话架的外形。本章第 2 小节讨论的 OSI 参考模型也是 ISO 发布的标准之一。

在电信标准上，ISO 和 ITU-T 通常联合起来以避免出现两个正式的但互不兼容的国际标准，ISO 是 ITU-T 的一个成员。

ANSI（America National Standards Institute，美国国家标准协会）是美国在 ISO 中的代表，它是一个私有的、非政府的、非营利性的组织，它的成员有制造商、公共承运商和其他感兴趣的团体。ANSI 标准常常被 ISO 采纳为国际标准。

IEEE（Institute of Electrical and Electronics Engineers，电气和电子工程师协会）是标准领域很有影响的组织，它是世界上最大的专业组织，除了每年发行大量的杂志和召开几百次会议外，IEEE 也有一个标准化组，该标准化组专门开发电气工程和信息技术领域的标准，比如 IEEE 802.3 以太网标准、IEEE 802.11 无线局域网标准是其中影响很大的标准。

NIST（National Institute of Standards and Technology，国家标准和技术协会）是美国商业部的一个部门，它的前身是美国国家标准局，它颁发美国政府采购的强制性标准。

2.5.2　Internet 管理机制

Internet 有自己的标准化机制,与 ITU-T 和 ISO 的标准化机制完全不同。ITU-T 和 ISO 的会议是由企业和政府公务员参加的,他们致力于这项他们认为很重要的工作,而 Internet 领域的人则更崇尚自由,较少交流。

1. **管理机构**　当 ARPANET 刚刚建立起来的时候,美国国防部创建了一个非正式的委员会来监督它,1983 年,该委员会更名为 IAB(Internet Activities Board,Internet 活动委员会),促使 ARPANET 和 Internet 的研究人员朝着同一个方向前进,IAB 后来改为 Internet Architecture Board(Internet 体系结构委员会)。

当时美国国防部和美国国家科学基金提供了大部分的经费,IAB 大约每 10 个研究人员从事一个重要方面的研究工作,IAB 每年要开几次会议来讨论研究结果,给美国国防部和国家科学基金反馈信息。当需要一个新的标准时,IAB 成员会研究新的标准,然后宣布新标准带来的变化,这过程中产生的一系列技术报告 RFC(request for comments,请求评论)被在线存储起来,所有的 RFC 按照创建的时间顺序编号,并且可以在网上免费下载。这种情况持续到 1989 年,Internet 增长非常快,以至于这种非正式的风格不能再适应快速的变化,IAB 被再次重组,这些研究人员被移到 IRTF(Internet Research Task Force,Internet 研究任务组)。IRTF 和 IETF(Internet Engineering Task Force,Internet 工程任务组)一起成为 IAB 的附属机构。

IAB 又接纳了更多的人参与进来,他们代表了更为广泛的组织,而不仅仅代表研究群体。然后,Internet Society(Internet 协会)建立起来了,它由许多对 Internet 感兴趣的人组成,从某种意义上讲,Internet 协会可以与 ACM 或者 IEEE 相提并论,它由选举出来的理事会管理,理事会指定 IAB 成员。IRTF 专注于长期的研究,IETF 处理短期的工程事项,IETF 被分成很多工作组,每个组解决某一个特定的问题。早期的时候,这些工作组的主席集合起来组成指导委员会,以指导整个工作组的工作,工作组的主题包括新的应用、用户信息、与 OSI 的集成、路由与编址、安全、网络管理和标准。随着工作组越来越多,只能再按照领域来划分,每个领域的主席合起来组成指导委员会。

2. **管理模式**　IAB 按照 ISO 的模式,采纳了一个更加正式的标准化过程,步骤如下:

(1)首先要在 RFC 中完整地描述整个思想,得到 Internet 群体的认可,确定该思想具有实际意义,这样就将一个基本的思想变成了一个标准提案(proposed standard)。

(2)然后实现这个提案,经过至少两个独立的站点,至少四个月的严格测试,没有出现问题以后,才能推进到标准草案(draft standard)阶段。

(3)如果 IAB 确认这个想法是合理的,并且软件也可以工作,那么他们可以声明该 RFC 成为 Internet 标准(Internet standard)。达到正式标准后,每个标准就分配到一个编号,以 STD×××命名(×××以阿拉伯数字编号),一个标准可以和多个 RFC 文档关联。

所有的 Internet 标准都是以 RFC 的形式在网上发表的,但并非所有的 RFC 文档都会成为标准。标准的制定要花费漫长的时间,并且是一件非常慎重的工作,只有很少部分的 RFC 文档最后能变成 Internet 标准。RFC 文档按发表时间的先后编上序号(如 RFC×××),一个 RFC 文档更新后就使用一个新的编号,并在文档中指出原来老编号的 RFC 文档已成为陈旧的或被更新的文档,但陈旧的 RFC 文档并不会被删除,而是永远保留着,供用户参考。从 2011

年 10 月起取消了标准草案这个阶段，合并了前两个阶段的工作，现在制定 Internet 标准的过程分为两个阶段，即标准提案和 Internet 标准。

除了标准提案和 Internet 标准的 RFC 文档外，还有三种 RFC 文档如下：

（1）历史 RFC 文档。它们要么被后来的文档所取代，要么从未达到必要的成熟等级，因而没有成为 Internet 标准的文档。

（2）实验 RFC 文档。表示其工作属于正在实验的情况，不能够在任何实用的互联网服务中应用。

（3）提供信息的 RFC 文档。包括与互联网有关的、历史的或指导的信息。

RFC 文档的数量很庞大，为便于查找，可以使用 RFC INDEX（索引文档）进行查询。RFC INDEX 文档列出了已经发布的所有 RFC 文档的标题、发表时间、类别，以及这个 RFC 文档更新了哪个老的 RFC 文档，或者被在它以后发表的哪个 RFC 文档更新了。

◆ **思考题**

1. 举例说明协议与服务的区别。
2. 面向连接的服务和面向无连接的服务的差别有哪些？
3. 为什么要分层设计网络体系结构？
4. TCP 和 UDP 的区别是什么？
5. 什么是网络协议？网络协议的要素是什么？
6. 阐述 OSI 参考模型的优缺点。
7. 一个 5 层的网络体系结构，每一层的功能是什么？举例描述其数据传输的过程。
8. 简述计算机网络体系结构。
9. 简述 TCP/IP 协议的网络层的功能。

参考答案

第3章 局域网技术

计算机网络按照作用范围进行分类，可分为广域网、城域网、局域网和个人区域网等几种类型。其中的局域网是现在除了因特网（Internet）之外应用最为广泛的网络，其作用范围一般在 5km 以内，为一个单位所拥有。由于局域网组网简单、维护方便、安全性好，还可以高速接入互联网，因此现在许多学校或企业都拥有自己的局域网，中小机构甚至个人也可以根据需要随时组建局域网。

3.1 局域网的基本概念

3.1.1 局域网性能的决定因素

在局域网发展的过程中曾经出现了多种拓扑结构、多种传输介质和多种传输速率的不同网络。而不同拓扑、不同传输介质以及不同速率都会直接影响局域网的性能、应用以及网络产品之间的兼容。网络传输速率、拓扑结构和传输介质跨越了计算机网络体系结构的物理层与数据链路层两个层次，所以讨论局域网技术时一般需统筹考虑物理层和数据链路层。

局域网由计算机设备、网络连接设备和网络传输介质三大部分构成。其中，计算机设备又包括服务器、工作站与打印机等，网络连接设备则包含网卡、集线器与交换机等，所有构成局域网的设备的性能都会影响局域网的安全性、可靠性、速率、工作效率等重要性能指标。

不同的局域网有不同的体系结构，执行不同的网络协议。网络协议本身也会影响网络性能。局域网是内部网络，在一定程度上能够防止信息泄露和外部网络病毒攻击，具有较高的安全性，如果一旦发生黑客攻击等事件，极有可能导致局域网整体瘫痪，网络内的所有工作站均无法进行，甚至会泄露大量公司机密。

3.1.2 局域网常用的拓扑结构

把局域网中的计算机和通信设备抽象为一个点，把传输介质抽象为一条线，由点和线组成的几何图形就是计算机局域网络的拓扑结构。局域网的拓扑结构反映出网络中实体之间的结构关系，是建设计算机局域网的第一步，也是实现各种网络协议的基础，它对网络的性能、系统的可靠性与通信费用等都有重大影响。局域网可以按照拓扑结构进行分类，有总线型局域网、环型局域网、树型局域网和星型局域网等，它们各自的特点如下：

1. **总线型局域网** 总线型拓扑结构是将局域网中所有设备通过相应的硬件接口直接连接到共享总线上，节点之间采用广播通信，一个节点发出的信息，总线上其他节点均可接收到。

优点：结构简单、布线容易、可靠性较高、易于扩充，局部节点故障不会殃及整个系统，是早期局域网经常采用的拓扑结构。

缺点：所有的数据都经过总线传送，总线成为整个网络的瓶颈，如果出现故障诊断较为困难。由于站点之间信道共享，连接的节点不宜过多，否则总线自身的故障就可能导致系统崩溃。最著名的总线拓扑结构局域网是以太网。

2. **环型局域网**　环型拓扑结构各节点通过通信线路组成闭合回路，环中数据只能单向传输，信息在每台设备上的延迟时间是固定的。特别适合实时控制的局域网系统。

优点：结构简单，适合使用光纤，传输距离远，传输延迟确定。

缺点：环网中的每个节点均成为网络可靠性的瓶颈，任意节点出现故障都会造成网络瘫痪，故障诊断也较困难。最著名的环型拓扑结构局域网是令牌环网（token ring）。

3. **树型局域网**　树型拓扑结构是一种层次结构，节点按层次连接，信息交换主要在上下节点之间进行，相邻节点或同层节点之间一般不进行数据交换。

优点：连接简单，维护方便，适用于汇集信息的应用要求。

缺点：资源共享能力较低，可靠性不高，任一个工作站或链路的故障都会影响整个网络的运行。

4. **星型局域网**　星型拓扑结构是一种以中央节点为中心，把若干外围节点连接起来的辐射式互连结构。这种结构特别适用于局域网，现代局域网大都采用这种连接方式。尤其是用交换机作为中央节点（级联设备），双绞线作为传输介质后，这种拓扑结构的网络已经基本独占局域网市场。

优点：结构简单、容易实现、便于管理，以集线器（hub）或者交换机作为中央节点，便于网络升级、维护和管理。

缺点：中心节点是全网络的可靠瓶颈，中心节点若出现故障会导致整个网络的瘫痪。

3.1.3　传输介质及介质访问控制方法

传输介质分为有线和无线两大类。常用的有线传输介质有双绞线、同轴电缆和光纤等，局域网通常使用双绞线作为传输介质；常用的无线传输介质有无线电波、红外线、微波、蓝牙、卫星和激光等。无线局域网中通常使用无线电波和红外线作为传输介质。

1. **传输介质**

（1）双绞线。双绞线可分为非屏蔽双绞线（UTP）和屏蔽双绞线（STP）两种。非屏蔽双绞线内无金属膜保护四对双绞线，因此，对电磁干扰的敏感性较大，电气特性较差，常用于 10Base-T 星型网络中，从集线器到工作站的最大连接距离为 100m，传输速率为 10Mb/s～10Gb/s。

常用的双绞线是性价比高的 UTP（图 3-1），其接头是 RJ-45 接头。UTP 按用途不同分为五类，不同类别的 UTP 都能传送语音信号，所不同的是它们的数据传送速率不同。

一类和二类线的数据传送速率可达 4Mb/s；三类线的数据传送速率可达 16Mb/s，是语音和数据通信最普通的电缆；四类线的数据传送速率可达 20Mb/s；五类线的数据传送速率可达 100Mb/s 以上。

屏蔽双绞线（STP）内有一层金属膜作为保护层，可以减少信号传

图 3-1　双绞线

送时所产生的电磁干扰，价格相对比 UTP 高。STP 适用于令牌环网。

（2）同轴电缆。同轴电缆由四层介质组成。最内层的中心导体层是铜，导体层的外层是绝缘层，再向外一层是起屏蔽作用的 112 导体网，最外一层是表面的保护皮（图 3-2）。同轴缆所受的干扰较小，传输的速率较快，但布线技术复杂，成本较高。

目前，网络连接中最常用的同轴电缆有细同轴缆和粗同轴缆两种。细同轴缆主要用于 10Base-2 网络中，阻抗为 50Ω，直径为 0.46cm，速率为 10Mb/s，使用 BNC 接头，最大传输距离为 200m。

粗同轴电缆主要用于 10Base-5 网络中，阻抗为 70Ω，直径为 1cm，速率为 100Mb/s，使用 AUI 接头，最大传输距离为 500m。

铜网编织外套
塑料外护套
聚乙烯
铜导体

图 3-2　同轴电缆

（3）光纤。光纤由外壳、加固纤维材料、塑料屏蔽、光纤和包层组成（图 3-3）。由于光纤所负载的信号是由玻璃线传导的光脉冲，因此不受外部电流的干扰。每组玻璃导线束只传送单方向的信号。因此在独立的外壳中有两组导线束，每一个外壳都有一组高强度的加固纤维，并且在玻璃导线束周围有一层塑料加固层。

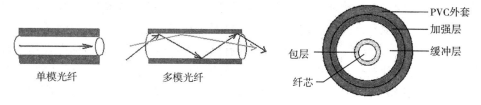

单模光纤　　　　多模光纤

PVC外套
加强层
缓冲层
包层
纤芯

图 3-3　光　纤

光纤可分为单模光纤（single mode）和多模光纤（multiple mode）两种。

单模光纤只用一种频率的光传输信号。一束光信号以 0° 入射角度进入信道直线前进，没有折射，传输信号损耗小，传输的中继距离远。光纤芯直径小于 $10\mu m$，通常采用激光作为光源。

多模光纤可同时用几种频率的光传输信号。几束光信号以不同入射角进入信道，以波浪式向前传输，由于存在折射，传输信号损耗大，传输的中继距离相对短。光纤芯直径大多为 $50\sim100\mu m$，通常采用发光二极管作为光源。单模光纤的传输带宽比多模光纤要宽。

由于光纤在传输过程中不受干扰，光信号在传输很远的距离后也不会降低强度，而且光缆的通信带宽很宽，因此光缆可以携带数据长距离高速传输。虽然光缆比较昂贵，施工也比较麻烦，但由于其性能高，因此现在互联网络主干链路都已经使用光纤信道。

（4）无线传输介质。有线传输介质施工布线不仅造价高，有时还受地理位置和通信量限制，比如在山、江、河、湖、海等区域布线就很困难，而在一些对实时通信量要求很高的有限空间密集布线也很难。但利用无线电波在自由空间的传播就能比较好地解决上述问题，也相对更经济。无线传输的优点在于安装、移动以及变更都较容易，不会受到环境的限制。但信号在传输过程中容易受到干扰和被窃取，且初期的安装费用较高。

无线传输的介质有无线电波、蓝牙、红外线、微波、卫星和激光。在局域网中，通常只使用无线电波、蓝牙和红外线作为传输介质。无线传输介质也常用于广域互联网的广域链路的连接。

2. **介质访问控制方法**　局域网用户的通信方式很灵活，既可以一对一、一对多通信，也可以广播通信。局域网工作时信道并非固定给每个通信用户独占，而是根据需要动态分配共享信道资源。因此，局域网体系机构必须解决多用户共享传输信道时合理分配信道资源的问题。

局域网中广泛采用的两种介质访问控制方法如下：

(1) 争用型介质访问控制。即随机接入方式，其特点是所有用户都可以随机发送信息。但如果有两个或多个用户在同一时段发送信息，就会在共享传输介质上发生碰撞，导致这些用户发送数据失败。如早期的总线以太网就必须采用 CSMA/CD 协议来解决这种多用户争用共享信道引起的碰撞冲突问题。

(2) 确定型介质访问控制。即受控接入方式，其特点是所有用户按照规则有序地使用共享信道，每个用户发送的数据都不会发生碰撞。如早期的光纤令牌环网就采用 802.5 协议，使用单环单令牌控制方式使得多个用户同时在共享信道上有序地彼此交互通信，而不会争用信道。

3.1.4　IEEE 802 系列标准与模型

为了统一局域网标准，快速拓展网络应用技术及其产品的互连互通，1980 年 2 月由电气电子工程师协会组织专家研讨制定了 IEEE 802 系列标准。40 余年来在数以千计专家的共同努力下，IEEE 802 标准委员会建立了一系列有线、无线的局域网通信标准，其中也包括城域网的通信标准。截至目前，IEEE 802 标准家族包括了 71 个已发布的标准和 54 个正在开发中的标准。如以太网、无线局域网及个人区域网等，随着 5G 技术的普及应用，也为物联网时代的到来奠定了基础，为万物互连铺平了道路。可以说从高速、智能化的 Wi-Fi 6 技术，到互连互通的智慧城市，IEEE 802 系列标准无处不在，且显著地影响和改变了我们的日常生活。

IEEE 是英文 Institute of Electrical and Electronics Engineers 的简称，其中文译名是电气和电子工程师协会。该协会的总部设在美国，主要开发数据通信标准及其他标准。IEEE 802 委员会负责起草局域网草案，并送交美国国家标准协会（ANSI）批准和在美国国内标准化。IEEE 还把草案送交国际标准化组织（ISO），ISO 把这个 802 规范称为 ISO 8802 标准，因此，许多 IEEE 标准也是 ISO 标准。例如，IEEE 802.3 标准就是 ISO 802.3 标准。

IEEE 802 标准定义了网卡如何访问传输介质（如光缆、双绞线、无线等），以及在传输介质上传输数据的方法，还定义了传输信息的网络设备之间建立连接、维护和拆除的途径。遵循 IEEE 802 标准的产品包括网卡、集线器、交换机、桥接器、路由器以及其他一些用来建立局域网络的组件。

1. **常用的 IEEE 802 局域网标准系列**

IEEE 802.1A：局域网体系结构。

IEEE 802.1B：寻址、网络互连与网络管理。

IEEE 802.2：逻辑链路控制（LLC）。

IEEE 802.3：CSMA/CD 访问控制方法与物理层规范。

IEEE 802.3i：10Base-T 访问控制方法与物理层规范。

IEEE 802.3u：100Base-T 访问控制方法与物理层规范。

IEEE 802.3ab：1000Base-T 访问控制方法与物理层规范。

IEEE 802.3z：1000Base-SX 和 1000Base-LX 访问控制方法与物理层规范。

IEEE 802.4：Token-Bus 访问控制方法与物理层规范。

IEEE 802.5：Token-Ring 访问控制方法。

IEEE 802.6：城域网访问控制方法与物理层规范。

IEEE 802.7：宽带局域网访问控制方法与物理层规范。

IEEE 802.8：FDDI 访问控制方法与物理层规范。

IEEE 802.9：综合数据话音网络。

IEEE 802.10：网络安全与保密。

IEEE 802.11：无线局域网访问控制方法与物理层规范。

IEEE 802.12：100VG-AnyLAN 访问控制方法与物理层规范。

2．IEEE 802 局域网模型　　IEEE 802 标准定义了 ISO/OSI 的物理层和数据链路层。

（1）物理层。物理层包括物理介质、物理介质连接设备、连接单元和物理收发信号格式。物理层主要提供编码、解码、时钟提取与同步、发送、接收和载波检测等功能，为数据链路层提供服务。

（2）数据链路层。数据链路层包括逻辑链路控制（LLC）子层和介质访问控制（MAC）子层。LLC 子层的主要功能是控制对传输介质的访问，MAC 子层的主要功能是提供连接服务类型。其中，面向连接的服务能提供可靠的通信，具有质量保证。

3.2　以太网

在局域网的发展过程中，以太网（Ethernet）出现了两个标准，即 DIX Ethernet V2 标准和 IEEE 802.3 标准。

早期以太网采用总线型结构，即网络中各节点全部通过相应的硬件接口直接连到一条公共的同轴电缆上。根据同轴电缆的粗细分为 10Base-2 和 10Base-5 两个标准。后来使用双绞线的星型结构以太网 10Base-T 以其超高的性价比迅速占据了 10Mb/s 以太网市场，导致 10Base-2 和 10Base-5 两个标准的以太网逐步退出了历史舞台。

3.2.1　以太网的发展

传统以太网标准一般是指 1982 年修订完成的网速为 10Mb/s、拓扑结构为总线型的 DIX Ethernet V2 规则，也可以说是局域网相关软硬件产品的第一个世界标准，在局域网发展史上具有里程碑意义。DIX 是 DEC、Intel 和 Xerox 三个公司名称的缩写。

现代以太网以 DIX Ethernet V2 为基础，是由 IEEE 802 委员会于 1983 年制定的第一个 IEEE 的以太网标准 IEEE 802.3（实际发展成为 802.3 系列标准），网速也为 10Mb/s，通常表示为 10Base-T。由于 802.3 局域网对 DIX Ethernet V2 以太网标准中的帧格式只做了很小的一点改动,且允许基于这两种标准的硬件实现兼容,可以在同一个局域网上互操作,因此现在并不严格区分这两种标准,统称以太网。

随着互联网的迅速发展和普及,与 TCP/IP 体系结构高度兼容的局域网 DIX Ethernet V2 标准取得了完胜,已经垄断了局域网市场。这也导致了 802.4、802.5 等一些 802 系列的局域网标准逐步退出了局域网市场,包括 802.3 系列,也基本被 DIX Ethernet V2 标准所替代。现在的局域网产品都符合 DIX Ethernet V2 标准。

3.2.2 以太网的工作原理

IEEE 802 系列委员会把局域网的数据链路层分为逻辑链路控制子层和介质访问控制子层。逻辑链路控制子层在局域网数据链路层的上面,为网络层提供统一的接口,是不同结构局域网所通用的。而 LLC 子层下面的 MAC(medium access control)子层的规则则与局域网的拓扑结构、传输介质以及网速都有关,也因此产生了 802 委员会的一系列协议。下面介绍 DIX Ethernet V2 标准的以太网工作原理,即 CSMA/CD 工作原理。

1. CSMA/CD 工作原理 CSMA/CD(carrier sense multiple access with collision detection,载波侦听多点接入及冲突检测)原理已广泛应用于局域网中。载波侦听(carrier sense)就是检测信道,其意思是网络上各个工作站在发送数据前都要确认总线上有没有其他站点在进行数据传输。若有数据传输(即总线为忙碌占用状态),则不发送数据;若无数据传输(即总线为空闲状态),就立即发送数据。多点接入(multiple access)的意思是网络上所有工作站收发数据共用同一条总线(总线型局域网),且每个站点发送数据是广播式随机发送的。冲突检测(collision detection),也称为碰撞检测,其意思是若网上有两个或两个以上的工作站同时发送数据,在共享的总线上就会产生信号的叠加,而叠加的信号是无法被正确拆分还原的,这就导致接收工作站辨别不出真正的数据是什么而使通信失败。假使通信双方的站点都没有侦听到载波信号,它们可能会在检测到介质空闲时同时发送数据,由于信道传播时延的存在,发送出去的数据仍可能会在传输信道中发生数据碰撞。因此,每个站点发送数据后还需要继续监听信道,进行冲突检测,以便及时发现冲突,减少信道资源的白白消耗。

CSMA/CD 协议的工作步骤如下:

(1)当一个站点想要发送数据的时候,其适配器先检测总线中是否有其他站点正在传输的信号,即侦听信道是否空闲。如果信道忙,则停下来等待,然后择机继续监听信道,直到信道空闲时站点才可以把准备好的数据发送出去。通俗地说就是"讲前先听","讲"即发送数据,"听"即监听信道。

(2)每个站点的数据发送出去后,其适配器要边发送数据边继续检测信道,以便及时发现由于传播时延导致的数据冲突。每个站点一旦发现冲突必须立刻停止后续信息的发送,并发出特定信号(强化冲突)通知全网其他站点都停下数据的发送工作,以避免网络资源的白白消耗和浪费。通俗地说就是"边讲边听"。由于冲突导致数据发送失败的站点也需要停下来等待,择机重发数据(回到第一步)。择机不是随意,是有算法控制的,以太网使用的是截断二进制指数退避算法,我们在这里就不介绍了。另外,适配器是通过一个事先设定好的信号电压的门限值来判断数据发送过程中是否发生冲突碰撞。道理很简单,一路正常信号的电压变化幅值是有范围的（门限值以内），一旦两路或两路以上电信号叠加时电压幅值一定会增大，超过正常范围（门限值以外）。

2. CSMA/CD 的优缺点 DIX Ethernet V2 标准的以太网采用的 CSMA/CD 控制方法原理简单，技术上容易实现，网络中各个工作站之间处于平等地位，不需要集中控制，不提供优先级控制。但在网络负载增大时，由于冲突会导致站点发送时间增长，发送效率急剧下降。因此执行 CSMA/CD 工作原理的以太网接入的站点数是受限的。CSMA/CD 协议执行半双工交互方式，可能发生冲突的窗口期（争用期）与传播时延有关。

3.2.3 以太网 MAC 地址

1. 网络适配器 接入局域网的计算机必须安装网络适配器才能进行数据的发送和接收。网络适配器也称为网卡（图 3-4），网卡以前是作为扩展板卡插到计算机主板总线上的，后来由于以太网的广泛应用，现在的计算机（包括笔记本电脑）都在主板上嵌入了网络适配器。如果需要，计算机也可以内置多个网卡接入不同的网络。即使网络适配器已经集成在主板上，成为计算机的标配，在需要时依然可以扩充安装独立的网卡。现代以太网适配器上的接口称为 RJ-45 接口，传输介质是双绞线。

网卡实际上包含了数据链路层和物理层两个层次的功能。网卡上面装有处理器和存储器（包括 RAM和 ROM）。网卡和局域网之间的通信是通过电缆或双绞线以串行传输方式进行的。而网卡和计算机之间的通信则是通过计算机主板上的 I/O 总线以并行传输方式进行的。因此，网卡的重要功能之一就是进行数据传输的串行/并行转换。由于网络上的数据率和计算机总线上的数据率并不相同，因此在网卡中必须装有对

图 3-4　网络适配器

数据进行缓存的存储芯片来保证发送和接收数据的可靠性。早期在安装网卡的同时必须在计算机的操作系统中安装管理网卡的设备驱动程序，计算机接入网络时这个驱动程序就会告诉网卡在存储器的什么位置将局域网传送过来的数据块存储下来。因为现在的操作系统中都集成了大量兼容的驱动程序，现在的网卡一般也都是即插即用。

网卡最重要的功能是能够实现以太网协议。其功能包括：

（1）数据（帧）的封装与解封。计算机发送数据时由协议栈将上一层传递下来的 IP 数据报向下交给网卡加上帧的首部和尾部封装成以太网的数据帧发送到网络。接收到正确的数据时会将以太网数据帧的首部和尾部剥去，交付给协议栈上一层的网络层。网卡对收到的错误帧的处理非常简单，就是直接丢弃。

（2）链路管理。通过执行 CSMA/CD 协议来实现高效的链路管理。

（3）数据编码。以太网信道传输的信号是曼彻斯特码，其特点是把一个码元等分成两个相等的时间间隔，无论是码元 1 还是码元 0，适配器都会在两个时间间隔的衔接处（即一个码元的正中间）进行电压的高低转换（也称为电压跳变，1 和 0 转换的规则正好相反），因此曼彻斯特码可以很好地解决收发双方的同步问题。

2. MAC 地址 以太网地址也称为 MAC 地址，是因为该地址在以太网的 MAC 子层帧协议格式里用来唯一地标记正在通信的源主机和目的主机。又因为该地址出厂前就被固化在

网卡设备上的 ROM 中，所以也称为物理地址或硬件地址。它是一个用来确认局域网中网络设备位置的地址。MAC 地址在网络中唯一标记一个网卡，一台设备若有一个或多个网卡，则每个网卡都需要有一个唯一的 MAC 地址。计算机接入互联网时必须配置的 IP 地址与 MAC 地址在计算机里都是以二进制表示的，IP 地址长度是 32 位，而 MAC 地址则是 48 位。

MAC 地址的长度为 48 位，即 6 个字节，通常表示为 12 个 16 进制数，可以用 ipconfig 命令查阅计算机的 MAC 地址。如：88-51-FB-6A-C7-ED 就是一个 MAC 地址，其中前 6 位 16 进制数 88-51-FB（前 3 个字节）代表网络硬件制造商的编号，由 IEEE 委员会的注册管理机构 RA 统一分配，不能重复。而后 6 位 16 进制数 6A-C7-ED（后 3 个字节）代表该硬件制造商所制造的网卡系列号，在该厂家产品里也不能重复。由此看出 48 位长的 MAC 地址的唯一性在全世界范围都是完全有保证的。也就是说我们带着笔记本畅游世界时，只要正确配置 IP 地址，并合法接入某局域网，就能立刻进行网络通信。只有更换网卡才能改变某台计算机的 MAC 地址，MAC 地址与所在的局域网和地理位置无关，与该计算机配置的 IP 地址也无关。

为了方便不同用户使用，IEEE 委员会规定从 48 位中拿出 2 位（最低的两位）分别用来标记"单播/多播"和"全局/局部"，一般情况下这两位都是 0，代表适用全球管理范围的单播 MAC 地址。那么余下的 46 位二进制数字表示的地址空间可达 70 万亿（2^{46}）之多，在相当长的一段时间里可以保证世界上的每一个网络适配器都有一个唯一的硬件地址。

以太网站点之间通信时，每个计算机的网卡会对收到的 MAC 帧进行地址检测，如果数据帧的目的 MAC 地址和该计算机的网卡地址匹配就收下此帧，否则就简单丢弃此帧（网络协议栈的高层会处理错误）。这就是网卡的帧过滤功能，只接收发往本站的帧。这样不但可以节省计算机的资源，也可以提高计算机的工作效率。

随着计算机网络应用的多样化，网卡（网络适配器）的功能也在不断变化和增加，这是选择网卡时要注意的，尤其要注意合理合法地使用网络设备功能。

3.2.4　以太网 MAC 帧协议格式

常用的以太网 MAC 帧格式有两种标准，即 DIX Ethernet V2 标准和 IEEE 委员会制定的 802.3 系列标准。我们只介绍最常用的 DIX Ethernet V2 标准的 MAC 帧格式。

以太网 V2 标准的 MAC 帧格式一共由 5 个字段（区间）构成。其中帧头包括 3 个字段，前两个字段分别为 6 字节长的目的 MAC 地址字段和源 MAC 地址字段，这两个字段信息表示该 MAC 帧来自哪个源主机，准备送达哪个目的主机。第 3 个字段为 2 字节长的类型字段，该字段值表示后面的数据字段内容是由发方主机协议栈上一层的什么协议单元构成的，以便把收到的 MAC 帧数据字段内容上交给收方主机协议栈上一层的对应协议去处理。例如，当类型字段的值是 0x0800 时，就表示上层使用的是 IP 协议。MAC 帧的数据字段部分一般情况下都是 IP 数据报，考虑到共享信道争用（前面 CSMA/CD 工作原理已讲）和网络资源合理分配等问题，其长度限制在 46~1500 字节。这也意味着不足 46 字节的数据需要填充，而超过 1500 字节的数据则需要拆分。MAC 帧的最短长度不得小于 64 字节。MAC 帧的帧尾只有一个字段，是 4 字节长的 FCS（帧检验序列）字段，该字段的作用是差错检测，采用 CRC（循环冗余检验）算法。32 位长的检验序列，可以使未检测出的差错小于 1×10^{-14}。需要注意的是，该字段只有检错能力，没有纠错能力，所以对于出错的帧，接收方只能简单丢弃，而纠错则交给高层解决（网络层以上各层）。

那么以太网是怎样解决非常重要的同步问题呢？为了解决收发双方的比特同步，以太网在传输媒体上实际传送的要比 MAC 帧长度多 8 字节，相当于简化了 MAC 帧协议格式，而在数据链路层下面的物理层巧妙地解决了同步问题。

物理层在帧的前面插入的 8 字节中的第 1 个字段共 7 字节，称为前同步码，用来迅速实现 MAC 帧的比特同步。第 2 个字段是帧开始定界符，表示后面的信息就是 MAC 帧。

3.3 局域网常用的连接设备

3.3.1 中继器

中继器也称为转发器，是工作在物理层的网络连接设备（图 3-5）。中继器既可以延伸一个计算机在网络中的距离也可以互连两个网络进行局域网扩展。其主要功能是通过对数据信号的重新发送或者转发来扩大网络传输的距离。现在数字信道中使用的中继器可以对数字信号进行再生和还原，极大地提高了长距离传输信号的品质。

中继器是连接网络线路的一种装置，一般只有两个端口，常用于两个网络节点之间物理信号的双向转发工作。中继器主要负责完成在两个节点的物理层上按位传递信息，完成信号的复制、调整和放大功能，以此来延长网络的长度。信号在信道中长距离传输会产生损耗，在线路上传输的信号功率会逐渐衰减，衰减到一定程度时将造成信号失真，从而导致接收方收到错误信息。为了解决这个问题，局域网在合适的位置使用中继器完成

图 3-5　中继器

物理线路的连接，就可以对衰减的信号进行放大，甚至保持与原数据信号一致。

一般情况下，中继器的两端连接的是相同的媒体介质，但有的中继器也可以完成不同介质的转接工作，如细同轴电缆和光缆。从理论上讲中继器的使用是无限的，网络也因此可以无限延长。事实上这是不可能的，因为网络标准中都对信号的延迟范围做了具体的规定，中继器只能在此规定范围进行有效的工作，否则会引起网络故障。以太网标准规定单段信号传输电缆的最大长度为 500m，使用中继器最多可连接 4 个网段，这样扩展的以太网覆盖范围在 3km 左右。中继器只将任何电缆段上的数据发送到另一段电缆上，并不管数据中是否有错误数据或不适于网段的数据。

中继器的主要优点是安装简单、使用方便、价格相对低廉、可扩大网络通信距离、可增加网络节点数、各个网段可使用不同的通信速率、可将不同传输介质的网络连接在一起、改善网络性能等。中继器工作在物理层，对于高层协议完全透明。

中继器的缺点是对其收到的被衰减信号的再生过程会增加延时，有时会产生帧丢失的现象，以及中继器出现故障时将对相邻两个网段的工作都产生影响。

3.3.2 集线器

集线器（hub）也是工作在物理层的网络连接设备（图 3-6）。集线器是多端口设备，既可以连接多个计算机构成独立的局域网也可以互连两个以上的网络进行局域网扩展。

早期的星型拓扑结构以太网使用无源的集线器做核心交换设备，如 10Base-T。集线器上的端口和计算机网卡上的 RJ-45 接口之间使用双绞线进行连接。由于集线器是物理层设备，无法识别数据链路层 MAC 帧中的目的地址，也不能缓存帧，基本相当于一个多端口的转发器设备，只能对收到的数据进行简单的广播发送。这不仅造成网络资源的大量浪费，而且在集线器内部共享的总线（物理星型、逻辑总线型）上会发生数据冲突。因此，集线器执行 CSMA/CD 工作原理来检测冲突，计算机之间则采用半双工交互方式进行通信。由集线器构建的一个以太网就是一个独立的碰撞域。

图 3-6　集线器

集线器也可以用来扩展局域网。使用多个集线器就可以把多个独立的以太网连接成地理覆盖范围更大、网络站点数更多的一个扩展以太网。但扩展的以太网也变成了一个更大的碰撞域，网络性能反而有下降趋势。

用集线器扩展以太网的优点是使原来属于不同碰撞域的以太网上的计算机能够进行跨碰撞域的通信。扩大了局域网覆盖的地理范围。其缺点是碰撞域增大了，但总的吞吐量并未提高。如果不同的碰撞域使用不同的数据率（异构网），就不能用集线器将它们互连扩展。使用集线器扩展以太网只适用于同构网。

3.3.3　交换机

交换机和中继器、集线器有很大差别，它是工作在数据链路层的多端口网络连接设备。交换机的接口既可以直接和计算机连接构成独立的局域网，也可以互连两个以上的网络进行局域网扩展。

以太网交换机的每个端口（RJ-45 接口）都具有桥接功能（图 3-7），可以使用双绞线直接连接一个计算机，或者连接另一个交换机扩展以太网，甚至还可以连接服务器和路由器进入互联网通信。

由于以太网交换机工作在数据链路层，具有识别 MAC 帧的能力，当以太网交换机收到一个帧时，并不是马上向所有的接口广播转发此帧，而是先检查此帧的目的 MAC 地址，然后再确定将该帧转发到哪一

图 3-7　交换机

个接口。这种根据 MAC 帧的目的地址对收到的帧进行转发的过程就是以太网交换机的帧过滤功能。

以太网交换机一般采用全双工交互方式通信，具有并行性，相互通信的多对主机可以独占传输媒体无碰撞的传输数据，这使得具有 N 个接口的交换机的总容量可以达到一个用户的 N 倍。没有碰撞，以太网交换机就不执行 CSMA/CD 协议，但是帧结构格式没有改变。以太网交换机接口能够对帧进行缓存，以太网交换机内部有交换表，因此可以说以太网交换机采用存储转发方式进行帧的转发。以太网交换机是一种即插即用设备，其内部的交换表是随着交换机开始工作，采用自学习方式从无到有逐步建立起来的，并会自适应网络状态动态维护刷新交换表，使以太网交换机更可靠、更高效地存储转发 MAC 帧。以太网交换机由于

使用了专用的交换结构芯片，其交换速率也很高。

以太网交换机通常都有十几个接口。因此以太网交换机实质上就是一个多接口的网桥（早期的局域网扩展设备）。以太网交换机一般具有多种速率接口，可以自适应不同用户。用交换机扩展以太网可以克服使用集线器扩展以太网的许多缺点，如过滤通信量、增大吞吐量、扩大物理范围、提高可靠性、可互连不同物理层、不同 MAC 子层和不同速率（如 10Mb/s、100Mb/s 等）的局域网（异构网）等。

以太网交换机分为直通方式和交换方式两种。现在更多使用的是交换式交换机。而且由于交换机突出的性价比，在现代以太网里已完全取代了集线器。以交换机为核心的 100Mb/s 以太网可以说是现在局域网的标配。

交换机也是局域网宽带接入互联网的一个重要设备。对网络层而言扩展的局域网是一个网络，只是网络的范围更大，站点数更多而已。这是一个很重要的概念。

3.4　高速局域网

随着计算机网络的普及，局域网也在不断发展变化以适应用户对计算机网络的多样化需求。常规局域网已经远远不能满足要求，于是高速局域网（high speed local network）便应运而生。高速局域网的标志是传输速率大于或等于 100Mb/s，常见的高速局域网有 FDDI 光纤环网、100Base-T 高速以太网、吉比（千兆）以太网、10Gb/s 以太网等。

3.4.1　100Base-T 高速以太网

100Base-T 以太网，网速是 100Mb/s，基带信号传输，传输介质使用双绞线对，星型拓扑结构。目前 100Base-T 几乎是局域网标配，通常也被称为快速以太网。早期的百兆网仍使用 IEEE 802.3 的 CSMA/CD 协议工作，只是集线器的速度提升到 100Mb/s，相当于 10Base-T 网络的升级，且使用造价低廉的 UTP（非屏蔽双绞线）传输介质，是性价比非常高的高速局域网。

100Base-T 以太网要求交换机和各主机的网络适配器（10Mb/s 和 100Mb/s 自适应）都要达到 100Mb/s 指标。使用交换机做中心节点可提供良好的服务质量，由于交换机采用存储转发帧的工作原理，可在全双工方式下工作而无冲突发生。因此，不使用 CSMA/CD 协议，但帧格式仍然沿袭 IEEE 802.3 标准。1995 年 IEEE 委员会把 100Base-T 的快速以太网定为正式标准，即 802.3u。

快速以太网有三种不同的物理层标准，每一种规范除了接口电路外都是相同的，接口电路决定了它们使用哪种类型的电缆：

- 100Base-TX，使用 2 对 UTP 5 类线或屏蔽双绞线 STP。
- 100Base-FX，使用 2 对光纤。
- 100Base-T4，使用 4 对 UTP 3 类线或 5 类线。

3.4.2　千兆以太网

千兆以太网，即吉比特以太网，如 1000Base-T。其保留了 IEEE 802.3 系列以太网帧格式，1998 年 6 月 IEEE 通过了其正式标准 802.3z。近年来千兆以太网也占据了越来越多的市场份额，基本成为高速以太网的主流产品。从 100Base-T 到 1000Base-T 的局域网升级改造非常便捷且可靠。

千兆以太网由千兆交换机、千兆网卡、综合布线系统等构成。千兆交换机构成了网络的核心部分，千兆网卡安插在服务器上，通过布线系统与交换机相连，千兆交换机下面还可连接许多百兆交换机，百兆交换机连接工作站，这就是"百兆到桌面"网络构架。当然也可以根据需要布局"千兆到桌面"网络系统，即用千兆交换机连接到插有千兆网卡的工作站上，满足了特殊应用下对高带宽的需求。

1. IEEE 802.3z 标准 千兆以太网 IEEE 802.3z 标准的特点如下：

（1）允许在 1Gb/s 下以全双工和半双工两种方式工作。半双工方式下执行 CSMA/CD 协议，全双工方式由于没有数据冲突则不需要使用 CSMA/CD 协议。当千兆以太网以全双工方式工作时，不使用载波延伸和分组突发。

（2）使用 IEEE 802.3 协议规定的帧格式。

（3）与 10Base-T 和 100Base-T 技术向下兼容。所以可以直接把之前的以太网升级改造成千兆以太网。

2. 物理层标准 千兆以太网的物理层标准如下：

（1）1000Base-X。是基于光纤通道的物理层，既可以用单模光纤信道也可以用多模光纤信道。细分为以下三种：

- 1000Base-SX，SX 表示短波长。
- 1000Base-LX，LX 表示长波长。
- 1000Base-CX，CX 表示铜线。

（2）1000Base-T。使用 4 对 5 类线 UTP，性价比最高。

千兆以太网标准的制定和实现，为局域网升级提供了一种新的选择。千兆以太网主要可以应用于网络服务器到网络交换机的连接、网络交换机到网络交换机的连接和作为局域网的主干网等。

3.4.3 10 吉比以太网

10 吉比以太网，即万兆以太网。IEEE 委员会于 1999 年 3 月开始从事 10Gb/s 以太网的研究，并在 2002 年 6 月形成正式的 802.3ae 标准。

10 吉比以太网不再使用铜线而只使用光纤（多模或单模）作为传输介质，为了方便升级，使用与 10Mb/s 以太网和 1Gb/s 以太网完全相同的帧格式，线路信号码型采用 8B/10B 两种类型的编码。10Gb/s 以太网只工作在全双工交互方式，没有数据争用问题，也就不必使用 CSMA/CD 协议。

1. 物理层标准 10 吉比以太网的物理层标准如下：

（1）10000Base-ER。10000Base-ER 的传输介质是波长为 1550nm 的单模光纤，最大网段光缆长度为 40km，采用 64B/66B 线路码型。

（2）10000Base-LR。10000Base-LR 的传输介质是波长为 1310nm 的单模光纤，最大网段光缆长度为 10km，也采用 64B/66B 线路码型。

（3）10000Base-SR。10000Base-SR 的传输介质是波长为 850nm 的多模光纤串行接口，最大网段光缆长度为 300m，采用 64B/66B 线路码型。

2. **技术优势**　随着 10 吉比特以太网的出现和发展，以太网的工作范围已经从最初的局域网扩大到城域网、广域网和互联网，从而实现了端到端的以太网传输。这种工作方式的好处如下：

（1）以太网从 10Mb/s 到 10Gb/s 的发展过程足以说明该技术是成熟和好用的。

（2）不同厂商的以太网产品彼此兼容，互操作性很好。

（3）在广域网中使用以太网非常便宜。以太网几乎可以适应所有的传输介质，对旧网的升级改造便捷、可靠、省钱。

（4）从 10Mb/s 以太网到 10Gb/s 以太网一直使用统一的帧格式，简化了操作和管理。

高速局域网技术的发展也正在改变人们进入互联网的方式。一直以来，随着互联网应用的迅速普及，各大网络营运商（ISP）在不断尝试为用户提供便捷、快速、廉价的宽带接入互联网技术。高速以太网有可能在不久的将来完全替代现在常用的 ADSL、HFC 等技术而成为真正的端到端双向以太网传输宽带接入互联网技术。那时，每个用户的个人计算机（网卡上的 RJ-45 接口）通过便宜的 5 类 UTP 传输介质连接到用户家中的 RJ-45 接口，就可以通过宽带上网了。

3.5　虚拟局域网

虚拟局域网，即 VLAN（virtual local area network），在 IEEE 802.1Q 标准中就已经定义，又在 802.3ac 标准中得以扩展。

利用以太网交换机可以很容易构建虚拟局域网。VLAN 是一组逻辑上的设备和用户，这些设备和用户并不受物理位置的限制，可以根据功能、部门及应用等因素动态地将它们组织起来，相互之间的通信就好像它们在同一个网段中一样。一个 VLAN 就是一个广播域，也可以理解为局域网站点中的一个逻辑工作组。与传统的局域网技术相比较，VLAN 技术更加灵活，对于网络设备的移动、添加和修改的费用开销很小，并可以控制网络中广播消息的发送范围，降低引起广播风暴的风险，提高网络的安全性和可靠性。VLAN 的特点如下：

- 虚拟局域网是由一些局域网网段构成的与物理位置无关的逻辑组。
- 这些逻辑组成员之间具有某些共同的需求，可以随时组建，也可以随时取消。
- 每一个虚拟局域网都是唯一的，虚拟局域网协议允许在以太网的帧格式里插入 4 字节的标识符（称为 802.1Q 帧），即 VLAN 标记，用来指明发送这个帧的工作站属于哪一个虚拟局域网。
- 虚拟局域网其实只是局域网给用户提供的一种服务，并不是一种新型的局域网。

3.6　无线局域网

无线局域网，简称 WLAN，是指应用无线通信技术将计算机设备互连起来，构成可以互相通信和实现资源共享的网络体系。无线局域网本质的特点是不再使用有线介质将计算机与网络连接起来，而是通过无线介质方式连接，从而使网络的构建和终端的移动更加灵活。

无线局域网是相对便捷的数据传输系统，它利用射频技术，使用电磁波，可以把几千米范围的公司楼群或者需要高频次密集通信的狭小空间（如股票交易大厅）的计算机互相连接组建成计算机网络。WLAN 既能节省大范围网络施工的布线成本，又能解决网络密集布线空间不足的问题，而且还能大大提高组建网络的工作效率。一个无线局域网通过自由空间的无线信道能支持几台到几千台计算机的通信。

近年来随着网络设备的不断改进，以及网络技术的不断提高，尤其是移动通信技术的飞速发展，无线局域网的应用环境日臻成熟，其市场份额也越来越大。无线局域网提供的移动接入功能，为需要离开办公室进行移动数据传输的工作人员提供了便利。现在的智能手机上网已经不是时尚，而是老少皆宜的生活工作常态，通过无线局域网把手机、iPad、笔记本等智能设备接入互联网也是越来越常用的上网方式。

随着 4G、5G 时代的到来，很多新的无线局域网技术也正在迅猛发展之中。如无线传感器网络（WSN），其主要应用领域就是构建物联网进行物物相连。还有无线个人区域网（WPAN）如蓝牙系统，能在 10m 以内的范围迅速构建并投入通信工作，特别适合于野外、灾区、军事以及一些临时专家工作组的工作。

3.6.1　无线局域网的特点

1. 无线局域网的技术优势　与有线局域网相比，无线局域网有如下优点：

（1）灵活性和移动性。在有线网络中，网络设备的安放位置受网络位置的限制，而无线局域网在无线信号覆盖区域的任一个位置都可以接入网络。无线局域网另一个最大的优点在于其移动性，连接到无线局域网的用户可以移动且能同时与网络保持连接。

（2）安装便捷。无线局域网可以免去或最大限度地减少网络布线的工作量，一般只要安装一个或多个接入点设备，就可建立覆盖整个区域的局域网络。

（3）易于进行网络规划和调整。对于有线网络来说，办公地点或网络拓扑的改变通常意味着重新建网。重新布线是一个昂贵、费时、浪费和琐碎的过程，无线局域网可以避免或减少以上情况的发生。

（4）故障定位容易。有线网络一旦出现物理故障，尤其是由于线路连接不良而造成的网络中断，往往很难查明，而且检修线路需要付出很大的代价。无线网络则很容易定位故障，只需更换故障设备即可恢复网络连接。

（5）易于扩展。无线局域网有多种配置方式，可以很快从只有几个用户的小型局域网扩展到上千用户的大型网络，并且能够提供节点间"漫游"等有线网络无法实现的特性。

由于无线局域网有以上诸多优点，因此其发展十分迅速。最近几年，无线局域网已经在企业、医院、商店、工厂和学校等场合得到广泛的应用。

2. 无线局域网的技术缺陷　无线局域网在能够给网络用户带来便捷和实用的同时，也存在着一些缺陷。无线局域网的不足之处体现在以下几个方面：

（1）性能。无线局域网是依靠无线电波进行传输的。这些电波通过无线发射装置进行发射，而建筑物、车辆、树木和其他障碍物都可能阻碍电磁波的传输，所以会影响网络的性能。

（2）速率。无线信道的传输速率与有线信道相比要低得多。无线局域网的最大传输速率为 1Gb/s，只适合于个人终端和小规模网络应用。

（3）安全性。本质上无线电波不要求建立物理的连接通道，无线信号是发散的。从理论上讲，很容易监听到无线电波广播范围的任何信号，容易造成通信信息的泄露。

3. 无线局域网的发展趋势　由于无线局域网需要支持高速、突发的数据业务，在室内使用还需要解决多路径衰落以及各子网间串扰等问题。具体来说，无线局域网必须实现以下技术要求：

（1）可靠性。无线局域网的系统分组丢失率应该低于 10^{-5}，误码率应该低于 10^{-8}。

（2）兼容性。对于室内使用的无线局域网，应尽可能使其跟现有的有线局域网在网络操作系统和网络软件上相互兼容。

（3）数据速率。为了满足局域网业务量的需要，无线局域网的数据传输速率应该在 54Mb/s 以上。

（4）通信保密。由于数据通过无线介质在空中传播，无线局域网必须在不同层次采取有效的措施以提高通信保密和数据安全性能。

（5）移动性。支持全移动网络或半移动网络。

（6）节能管理。当无数据收发时使站点机处于休眠状态，当有数据收发时再激活，从而达到减少电能消耗的目的。

（7）小型化、低价格。这是无线局域网得以普及的关键。

（8）电磁环境。无线局域网应考虑电磁对人体和周边环境的影响问题。

在组建无线局域网时，往往需要仔细考虑许多细节因素，才能成功搭建无线局域网，并保证其有很高的工作性能。

3.6.2　无线局域网的组成

将 WLAN 中的几种设备结合在一起使用，就可以组建出多层次、无线和有线并存的计算机网络。无线局域网的组网模式可分为两大类，一类是无固定基础设施的，另一类是有固定基础设施的。所谓固定基础设施，是指预先建立的、覆盖一定地理范围的一批固定基站。

1. 基站　基站，也叫接入点（AP），是有固定基础设施的无线局域网的中心，负责为移动站之间交换传输数据（图 3-8）。移动站当然是可以移动的工作站（如手机、笔记本等），而且还可以在移动的过程中保持通信。便携站当然也是便于移动的，但便携站在工作时其位置是固定不变的。

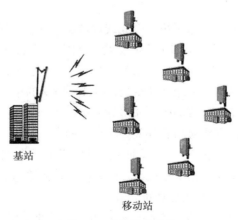

图 3-8　无线网络基站

无固定基础设施的 WLAN 是一种自组网络，没有基站，是由一些处于平等状态的移动站相互通信组成的临时网络，也被称为无线对等网或无线移动分组网，是最简单的一种无线局域网结构。这种无固定基站的 WLAN 结构是一种无中心的拓扑结构，由于自组网络没有预先建好的固定基站，因此它的服务范围受限，仅适用于较少数的移动站无线连接通信。

有固定基础设施的 WLAN 类似于移动蜂窝通信机制，它采用 IEEE 802.11 标准工作，星型拓扑结构，其中心就是基站，在 MAC 子层执行 CSMA/CA 协议。安装无线网卡的若干计算机或手机等无线智能设备（移动站）和一个基站（无线基站或者无线路由器）构成此类 WLAN 的基本服务集（basic service set，BSS）。一个移动站无论是和本 BSS 内站点进行通信，还是和其他 BSS 的站点进行通信，都必须通过本 BSS 的基站，所有站点对网络的访问都受该基站（中心）控制。这种 WLAN 的应用比较广泛，通常用于有线局域网覆盖范围的延伸或者作为宽带无线互联网的接入方式。

一个基本服务集可以是独立的，也可以通过接入点连接到一个分配系统（DS，常常是以太网），然后再连接到另一个基本服务集，构成覆盖范围更大的扩展服务集（ESS）。

2. **硬件设备**　组成 WLAN 的硬件设备有以下几种：

（1）无线网卡。也称为无线局域网适配器（图 3-9），内置于笔记本电脑和台式机的主板上，目前已是标配，无须外置。其作用和以太网中的网卡的作用基本相同，能够实现 802.11 物理层和 MAC 层的功能。作为无线局域网的接口，能够实现无线局域网各站点之间的连接与通信。

（2）无线 AP。无线 AP 就是无线局域网的接入点、无线网关，它的作用类似于有线局域网中的集线器或交换机。

图 3-9　无线网卡

（3）无线天线。当无线网络中各网络设备相距较远时，随着信号的减弱，传输速率会明显下降而导致无法实现无线网络的正常通信，此时就要借助于无线天线对所接收或发送的信号进行增强。

3.6.3　IEEE 802.11 协议

IEEE 委员于 1997 年 6 月颁布了第一个无线局域网正式标准 IEEE 802.11，该标准是现今无线局域网通用的标准。后来，IEEE 委员会又制定并完善了一系列新的 WLAN 标准 IEEE 802.11a 和 IEEE 802.11b 等。但 WLAN 的真正发展是从 2003 年 3 月 Intel 第一次推出带有无线网卡芯片模块的迅驰处理器开始的。其 11Mb/s 的接入速率可以满足一般的日常应用，无线网络服务商开始在公共场所（如机场、宾馆、咖啡厅等）提供访问热点，实际上就是布置一些无线接入点来方便移动商务人士无线上网。

目前使用最多的是 IEEE 802.11n（第四代）和 IEEE 802.11ac（第五代）标准，它们既可以工作在 2.4GHz 频段也可以工作在 5GHz 频段上，传输速率可达 600Mb/s（理论值）。但严格来说只有支持 802.11ac 的才是真正 5GHz。

2003 年 5 月，我国也颁布了 WLAN 国家标准，该标准采用 ISO/IEC 802-11 系列国家标准，是基于国际标准之上的符合我国安全规范的 WLAN 标准。

无线局域网 IEEE 802.11 系列标准的物理层太复杂了，为了使无线网卡适应多种标准，很多网卡都做成兼容几个标准的双模（802.11a/g）或三模（802.11a/b/g）自适应工作方式。

3.6.4　Wi-Fi 服务

Wi-Fi 在中文里又称作"行动热点"，是一个创建于 IEEE 802.11 标准的无线局域网技术。基于两套系统的密切相关，也常有人把 Wi-Fi 当作 IEEE 802.11 标准的同义语。Wi-Fi 常被写成 WiFi 或 Wifi，但是它们并没有被 Wi-Fi 联盟认可。并不是每样匹配 IEEE 802.11 的产品都申请 Wi-Fi 联盟的认证，反之缺少 Wi-Fi 认证的产品也并不一定意味着不兼容 Wi-Fi 设备。

Wi-Fi 这个术语被人们普遍误以为是指无线保真（wireless fidelity），即便是 Wi-Fi 联盟本身也经常在新闻稿和文件中使用"wireless fidelity"这个词。但事实上，Wi-Fi 一词与"保真"没有任何关系，Wi-Fi 实际上就是无线局域网的代名词。Wi-Fi 与蓝牙技术一样，同属于短距离无线技术（100m 以内，经常布局于一个房间里），是属于 802.11 系列的一种无线网络传输标准。由于现在 Wi-Fi 应用的普及，不夸张地说，Wi-Fi 无处不在，给人们的生活、学习和工作带来了极大的方便。尤其像办公室、饭店、商场、机场、高铁等公共场所大都给公众提供了免费接入 Wi-Fi 的服务。

Wi-Fi 上网已经成为当今使用最广的一种无线网络传输技术（图 3-10）。提供 Wi-Fi 接入服务的地方称为热点，也就是公众无线入网点。由许多热点和接入点连接起来的区域称为热区。现在的台式机、笔记本电脑等智能设备都有内置无线局域网适配器（无线网卡），只要有 Wi-Fi 热点，就可以很容易接入网络通信。一般在家庭这么小的区域仅需通过一个无线路由器的电波覆盖范围就可以把家里的所有智能上网设备连接成无线局域网（Wi-Fi）进行

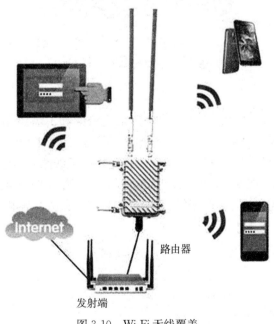

图 3-10　Wi-Fi 无线覆盖

通信。我们国家给家用路由器开放的无线电频率范围是 2.4GHz 和 5GHz 两个频段（射频）。Wi-Fi 信号也可以由有线网络提供，比如家里的 ADSL、HFC、小区宽带等，只要接上一个无线路由器，就可以把有线信号转换成 Wi-Fi 信号，尤其可以节省手机上网流量和费用。

Wi-Fi 最主要的优势在于不需要布线，并且由于发射信号功率小于 100mW，低于手机的发射功率，所以 Wi-Fi 上网相对也是最健康环保的。家用 Wi-Fi 由于覆盖范围小，其网速也提高到几百兆甚至 1Gb/s 以上，足以满足人们的日常上网需求。

使用 Wi-Fi 上网不能只顾方便和便宜，必须注意安全风险，尤其在公共场所的免费 Wi-Fi 存在着巨大的安全隐患，其热点有可能就是钓鱼陷阱。家里的路由器也有可能被恶意攻击者轻松攻破，用户在毫不知情的情况下，就可能面临个人敏感信息遭盗取，被动访问钓鱼网站，甚至给自己造成巨大的经济损失。

许多商家为招揽客户，会提供 Wi-Fi 接入服务（图 3-11）。比如我们进饭店时经常会在非常醒目的地方看到接入 Wi-Fi 的用户名和密码，黑客技术之一的钓鱼陷阱就是提供一个名字与商家类似的免费 Wi-Fi 接入点，吸引用户接入。一旦用户连接到黑客设定的 Wi-Fi 热点上，上网的所有数据包，都会经过黑客设备转发，用户的隐私信息都可以被黑客截留分析并非法盗用。有些网络平台的客户端 App 甚至不采取任何加密措施进行通信，用户的上网信息就可以直接被查看。黑客还可以创建一个和正常 Wi-Fi 名称完全一样的接入点，由于无线路由器信号覆盖不够稳定，用户手机会自动连接到黑客创建的 Wi-Fi 热点上，在完全没有察觉的情况下，又一次掉入陷阱。

图 3-11　商家推出的免费 Wi-Fi

要谨慎使用公共场合的 Wi-Fi 热点，尤其是免费的和不需要用户名、密码验证的 Wi-Fi。使用公共场合的 Wi-Fi 热点时，尽量不要进行网络购物和网银的操作，避免重要的个人信息遭到泄露，甚至被黑客银行转账。自己家里使用的无线路由器管理后台的登录账户名和密码，不要太简单，也不要使用默认的"admin"，尽量用字母加数字的高强度组合密码。设置 Wi-Fi 密码时务必选择保密性更好的 WPA2 加密认证方式，相对复杂的密码可大大提高黑客破解的难度。

◆ 思考题

    1. 局域网有几种类型？

    2. 适用局域网的传输介质有几种？

    3. 简述中继器、集线器、交换机的区别。

4. 简述网络适配器的作用，并说明网络适配器工作在哪一层。

5. 简述 10Base-T 的含义及历史作用。

6. 简述 CSMA/CD 协议的工作原理。

7. MAC 帧有几种？为什么要有最短帧限制？

8. 简述高速局域网的性能指标。

9. 简述虚拟局域网的构建方式和作用。

10. 简述无线局域网种类。

11. 简述 CSMA/CA 的工作原理。

12. 简述使用 Wi-Fi 的注意事项。

参考答案

第4章 互联网应用

毫不夸张地说，互联网正在改变全世界人们的生活、学习和工作方式。互联网是信息社会的基础，互联网的应用使今天的世界真正进入了信息化时代，整个世界成为一个命运共同体。互联网的应用无处不在，如"互联网＋购物""互联网＋医疗""互联网＋图书馆""互联网＋教学""互联网＋新媒体""互联网＋生产"等，真是层出不穷、不胜枚举。互联网的精髓并不只是网络数据准确、高速的传输，而是能迅速为人们提供有价值的信息和令人满意的服务。互联网的重要作用就是信息共享，而且人人平等。通过使用互联网，全世界范围的人们既可以互通信息、交流思想，也可以快速获取各个方面的知识、经验和信息。

互联网是人类历史发展中的一个伟大的里程碑，互联网将会极大地促进人类社会的进步和发展。随着5G技术的完善和普及，智能化物联网应用时代已经呼之欲出，而物联网技术和互联网应用是密不可分的。

互联网的体系结构是TCP/IP，由4个层次的协议簇组成，TCP/IP各层功能和协议在第2章已经进行了讲解，本章只讲解有关互联网应用的问题。

4.1 互联网应用基础

4.1.1 接入互联网的计算机地址

接入互联网的计算机必须能唯一识别对方才能可靠地进行一对一通信。怎样标记每一个计算机呢？TCP/IP体系结构规定用IP地址给每个连接在互联网上的计算机（也包括路由器等网络设备）的每一个接口分配一个32位的二进制编码标识符。IP地址是IP协议中非常重要的字段，用来标记出该协议内容来自哪个源主机，发往哪个目的主机。正是由于每一个IP地址在全世界范围的唯一性，才保证用户在互联网通信时，能够高效迅速地从千千万万台计算机中定位目标计算机。IP地址现在由互联网名字与号码指派公司（internet corporation for assigned names and numbers，ICANN）统一进行分配管理。

IP地址是计算机的逻辑地址，可以在互联网里唯一标记计算机；MAC地址是计算机的物理地址，仅在局域网里唯一标记计算机。IP层抽象的互联网屏蔽了下层很复杂的细节，在抽象的网络层上讨论问题，就能够使用统一的、抽象的IP地址研究主机和主机或主机和路由器之间的通信。

1. **IPv4地址** 网际IP协议版本4（internet protocol version 4，IPv4），是互联网协议开发过程中的第四个修订版本。IPv4时至今日仍然是互联网的核心协议，也是使用最广泛的网际协议版本，该协议中使用的地址就是 IPv4 地址，一般都省略 "v4"，直接称 IP 地址。

（1）IPv4 地址的编址方法。32 位 IPv4 地址的编址方法经过了三个历史发展阶段：

①分类的 IP 地址。这是最基本的编址方法，在 1981 年就通过了相应的标准协议。

②子网的划分。这是对最基本的编址方法的改进，其标准在 1985 年通过使用。

③构成超网。这是较新的无分类编址方法。1993 年通过后很快就在互联网中得到广泛应用。

需要说明的是，以上三个不同发展阶段的 IP 地址方法时间上虽然有先后，但是规则上并不是新的 IP 地址编码方法替代旧的 IP 地址编码方法，三者之间是彼此补充共同存在的关系。也就是说，现在的互联网中每个网络配置的 IP 地址可能是这三种方法里的任一种。

本小节主要介绍最基本的分类 IP 地址的结构和规则。分类 IP 地址一共分为五种类型，即 A、B、C、D、E 五类。其中 A、B、C 三类地址是单播地址（可用于互联网中一对一通信），D 类地址是组播地址（可用于互联网中一对多通信），E 类地址保留至今未用。下面我们着重讲解 A、B、C 三类单播地址的组成和使用方式。

A 类、B 类和 C 类 IP 地址都由两个固定长度的字段组成，其中一个字段是网络号 net-id，它标志主机（或路由器）所连接到的网络，而另一个字段则是主机号 host-id，它标志该主机（或路由器）。这种方式也称两级寻址。

两级寻址的好处如下：

- 既方便了互联网号码管理机构统一分配网络号，保证网络号的唯一性，又给各级 ISP 保留了自由度，ISP 可以根据需要灵活地划分主机空间分配给多个机构和个人使用，甚至可以进一步划分子网和超网。
- 可以极大地减少路由器中路由表的路由记录数，减少存储空间的占用，提高路由查询速度和效率。

两级寻址的 IP 地址可以记为：

IP 地址＝{〈网络号〉,〈主机号〉}

为了方便用户使用和记忆，把 32 位二进制 IP 地址的书写格式改编成点分十进制记法。在每个计算机里配置 IP 地址时也使用点分十进制格式。具体方法是把 32 位（4 字节）长的二进制比特串等分成 4 部分，固定用 3 个点分隔。每部分由 8 位（1 字节）二进制数组成，8 位 0（00000000）到 8 位 1（11111111）的十进制区间就是 0～255。即 IPv4 地址的 4 字节（32 位）被等分成 4 部分，每部分 1 字节，用十进制写出，中间用点分隔。如果一个实际的 32 位长的 IP 地址比特串是 10000001 00101000 10000011 00001111，转换成点分十进制的 IP 地址就是 130.81.6.15。

（2）A 类、B 类、C 类 IP 地址的分辨。很显然 32 位二进制 IP 地址方便计算机使用，点分十进制 IP 地址方便互联网用户使用。那计算机（含路由器等其他网络设备）和互联网用户又如何分辨分类 IP 地址的 A 类、B 类和 C 类地址呢？具体规则如下：

①A 类 IP 地址。按照二级寻址方式，在点分十进制的 4 部分组织结构中先确定第一部分为网络地址号码，剩下的三部分为主机地址号码。如果用二进制说明 IP 地址，A 类 IP 地址就由 1 个字节（8 位）的网络地址和 3 个字节（24 位）的主机地址组成。为了标记 "A" 类，网络地址部分的最高 1 位规定必须是 "0"，这就意味着 A 类 IP 地址中网络地址的实际

有效长度由 8 位降为 7 位，有效网络号码范围是 <u>00000001</u> 到 <u>01111110</u>（IPv4 规则规定不能用全 0 组合的网络号，A 类最大的网络号组合用作特殊 IP 地址）。A 类 IP 地址中主机地址的实际有效长度为 24 位，有效主机号码范围是 00000000 00000000 00000001 到 11111111 11111111 11111110（IPv4 规则规定不能用全 0、全 1 组合的主机号，全 1 组合是广播地址）。如果使用点分十进制方式描述 A 类 IP 地址，其网络地址的有效范围是 1～126，主机地址的有效范围是 1～16777214。A 类 IP 地址的网络地址数量较少，只有 126 个网络，但主机空间很大，一般一个网络的主机数量是不可能达到 1000 多万的。

②B 类 IP 地址。按照二级寻址方式，在点分十进制的 4 部分组织结构中先确定前两个部分为网络地址号码，剩下的两部分为主机地址号码。如果用二进制说明 IP 地址，B 类 IP 地址就由 2 字节（16 位）的网络地址和 2 字节（16 位）的主机地址组成。为了标记"B"类，网络地址部分的最高 2 位规定必须是"10"，这就意味着 B 类 IP 地址中网络地址的实际有效长度由 16 位降为 14 位，有效网络号码范围是 <u>10</u>000000 00000001 到 <u>10</u>111111 11111111（IPv4 规则规定不使用最小的 B 类网络号）。B 类 IP 地址中主机地址的实际有效长度为 16 位，有效主机号码范围是 00000000 00000001 到 11111111 11111110（规则同上）。如果使用点分十进制方式描述 B 类 IP 地址，其网络地址的有效范围是 128.1～191.255，主机地址的有效范围是 1～65534。B 类 IP 地址的网络空间和主机空间都比较适中。

③C 类 IP 地址。按照二级寻址方式，在点分十进制的 4 部分组织结构中先确定前 3 个部分为网络地址号码，剩下的一部分为主机地址号码。如果用二进制说明 IP 地址，C 类 IP 地址就由 3 字节（24 位）的网络地址和 1 字节（8 位）的主机地址组成。为了标记"C"类，网络地址部分的最高 3 位规定必须是"110"，这就意味着 C 类 IP 地址中网络地址的实际有效长度由 24 位降为 21 位，有效网络号码范围是 <u>110</u>00000 00000000 00000001 到 <u>110</u>11111 11111111 11111111（规则同上）。C 类 IP 地址中主机地址的实际有效长度为 8 位，有效主机号码范围是 00000001 到 11111110（规则同上）。如果使用点分十进制方式描述 C 类 IP 地址，其网络地址的有效范围是 192.0.1～223.255.255，主机地址的有效范围是 1～254。C 类 IP 地址的网络地址数量较大，但主机空间较小，一个 C 类网络最多只能管理 254 台计算机。

分类 IP 地址的结构如图 4-1 所示，网络号和主机号范围如表 4-1 所示。

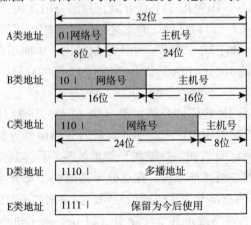

图 4-1　分类 IPv4 地址组成结构

表 4-1　有效的分类 IP 地址网络号和主机号范围

类别	网络号范围	最小网络号	最大网络号	主机号范围
A	1～126 （2^7-2）	1	126	1～16777214 （$2^{24}-2$）
B	1～16383 （$2^{14}-1$）	128.1	191.255.255	1～65534 （$2^{16}-2$）
C	1～2097151 （$2^{21}-1$）	192.0.1	223.255.255	1～254 （2^8-2）

A 类 IP 地址中以 "127" 作为开头的网络号，地址范围从 127.0.0.1 到 127.255.255.255，是专门用于网络回路测试用的。如 127.0.0.1 可以代表本机 IP 地址，用 "http://127.0.0.1" 就可以测试本机中配置的 Web 服务器。

分类 IP 地址中的 D 类 IP 地址也称为多播地址（multicast address），即组播地址。多播地址的类别标志是 32 位的最高 4 位必须是 "1110"，范围从 224.0.0.0 到 239.255.255.255。显然，多播地址只能用于目的地址，而不能用于源地址。IP 地址多播技术既可以用于互联网也可以用于局域网。

（3）IP 地址的特点。IP 地址具有如下一些重要特点：

①IP 地址标志的是一个主机（或路由器）和一条链路对互联网的一个接口。当一个主机同时连接到两个网络上时，该主机就必须同时具有两个相应的 IP 地址，其网络号部分必须是不同的。这种主机称为多归属主机。比如互联网中的每个路由器至少应当连接两个网络，因此一个路由器至少应当有两个及两个以上不同的 IP 地址。

②用中继器、集线器、交换机等连接起来的若干局域网属于扩展局域网范畴，对外仍为一个独立的网络，因此这种扩展局域网里的每一个网络都应具有同样的网络号。

③分类 IP 的 A、B、C 三类地址是平等的，可以分配给任何国家和地区的任一网络使用。IP 地址的分配与网络的范围大小也无关，像局域网、城域网、广域网都是平等使用 IP 地址的。

IPv4 地址发展过程的后两个阶段，即子网和超网阶段基本都是为了解决分类 IP 地址存在的不合理问题以及互联网用户激增导致的地址空间不够用的问题。下面就对子网和超网进行简单介绍。

子网是一个逻辑概念，是一个网络内部的问题。子网实际上就是一个内部网络自己根据管理需要划分下一级小网络的事情。寻址方法变成了三级寻址，即：

IP 地址＝{〈网络号〉,〈子网号〉,〈主机号〉}

子网的分配和管理引入了一个新的概念即子网掩码，它也是 32 位二进制编码，但其位组合很有特点，即 32 位的左边是连续的 "1"，右边是连续的 "0"，"1" 的个数与网络号长度及子网空间有关，"0" 的个数只与主机空间大小有关。子网掩码和 IP 地址做 "与" 运算的结果就是子网的网络号。现在，无论有无子网，每个计算机里面配置 IP 地址后，还必须配置一个合适的子网掩码。没有进行子网划分的网络，计算机使用默认的子网掩码。分类 IP 地址的 A、B、C 三类单播地址各有一个默认子网掩码，即 255.0.0.0、255.255.0.0、255.255.255.0。如果一个没有划分子网的以太网里的计算机配置了 C 类 IP 地址 192.168.0.1，则和该 IP 地址适配的就是 C 类默认子网掩码 255.255.255.0。趋势上将一个网络划分为多个子网时，每个子网的子网掩码中 "1" 的位数会变长。特别强调的是，由于子网只是一个网络内部的管理需要，所以对外还是一个网络。

超网也称为无分类编址（CIDR），使用变长子网掩码对网络进行管理。特别强调 CIDR 消除了传统的分类 IP 地址中 A、B、C 类别，也没有划分子网的概念了，寻址方法又回到了二级寻址。CIDR 编址方案基本可以使用 32 位拆分成两部分（前一部分表示网络空间大小，后一部分表示主机空间大小）的所有组合，还去掉了对网络号、主机号全"0"、全"1"组合不能使用的限制，可以说 CIDR 是对 32 位编码的最充分利用。网络前缀是 CIDR 的新概念，表示网络号在 32 位编码中占用的位数。子网掩码中"1"的位数与网络前缀位数相同。如一个 IP 地址表示为 128.16.1.0/20，20 就是网络前缀。其含义是网络空间是 20 位（前 20 位，且在本网络的所有主机保持一致），本网络的主机空间是 12 位（$32-20=12$），意味着本网络最多可以管理 $2^{12}=4096$ 台计算机。ISP 在使用 CIDR 编址方案拆分管理它所拥有的 IP 地址空间时，下一级网络的网络前缀变长，主机空间变小。反之，ISP 也可以根据需要把几个小的 CIDR 网络组合成一个更大的网络，而组合后的网络用一个网络号表示时网络前缀会变短，主机空间会变大。这就是 CIDR 又称为超网的缘故。

2. IPv6 地址　由于互联网的蓬勃发展，IP 地址的需求量越来越大。随着 IP 地址不断被分配给最终用户，IPv4 地址的枯竭问题也随之产生。IPv4 地址空间在几十年的使用时间里一直在不断调整、完善其编址方案，如分类子网、无分类编址和网络地址转换等地址结构重构方法虽然显著地减缓了地址枯竭的速度，但有资料显示在 2011 年 2 月 3 日时 IPv4 的 32 位地址空间已经分配完毕，ISP 已经不能再申请到新的 IP 地址块了。

解决 IP 地址耗尽的唯一办法就是使用新的、地址空间更大的 IP，由此新版本的 IPv6 地址逐渐进入了互联网舞台。IPv6 是配合 IPv4 一起在为互联网的用户进行 IP 地址的分配和管理。

IPv6 采用 128 位地址长度。128 位的地址空间意味着今后可以不受限制地为互联网用户提供 IP 地址。按保守方法估算 IPv6 实际可分配的地址达 3.4×10^{38} 以上，整个地球每平方米面积上可分配大概 7×10^{23} 个 IP 地址，可谓取之不尽，用之不竭。在 IPv6 协议的设计过程中除一劳永逸地解决了 IP 地址的短缺问题以外，还考虑了如何在 IPv4 协议中解决不好的影响互联网应用的其他一些问题。如端到端的 IP 连接、服务质量（QoS）、安全性、多播、移动性、即插即用等问题。

128 位的 IPv6 地址空间几乎是 32 位 IPv4 地址的 2^{96} 倍，已经不可能再用 IPv4 的方法来描述了，为了方便用户使用，尽量缩短书写长度，IPv6 采用冒号十六进制记法。即把 128 位等分成 8 部分，每部分 16 位，用冒号（:）分隔。再把每部分的 16 位二进制值转换成十六进制值表示。如，0000:0000:12AD:F3C5:0000:BECF:6789:FFFF 也可写成 0:0:12AD:F3C5:0:BECF:6789:FFFF。

由于 IPv6 空间超大，里面经常会有连续大量的 0 存在，因此 IPv6 采用了零压缩方式简化地址描述，即一连串连续的零可以被一对冒号所取代。但一个 IPv6 地址只能零压缩一次。

如，13AB:0:0:0:FFFF:0:0:2468 可以压缩成 13AB::FFFF:0:0:2468 或 13AB:0:0:0:FFFF::2468，而不能压缩成 13AB::FFFF::2468。

3. 私有 IP 地址和公有 IP 地址　对于一个机构的内部网络来说让其花费时间和金钱去互联网号码管理机构申请 IP 地址是没有价值的，也是浪费有限的 IP 地址资源的。互联网号码管理机构充分考虑到不同用户的需求，对 IP 地址按用途分为私有 IP 地址和公有 IP 地址两种。所谓私有 IP 地址，就是在 A、B、C 三类 IP 地址中各拿出一部分免费给机构内部网络分配地址时所使用的 IP 地址。而公有 IP 地址则是由互联网号码管理机构统一分配管理，用户一般需要花钱向 ISP 申请才能使用的 IP 地址。

私有 IP 地址属于非注册地址，互联网号码管理机构预留出来的私有 IP 地址如下：

（1）私有 A 类 IP，10.0.0.0～10.255.255.255，只有一个 A 类网络号 10.0.0.0。

（2）私有 B 类 IP，172.16.0.0～172.31.255.255，网络号区间 172.16.0.0～172.31.0.0。

（3）私有 C 类 IP，192.168.0.0～192.168.255.255，网络号区间 192.168.0.0～192.168.255.0。

私有 IP 地址也称为专用 IP 地址，只能在局域网内部使用，非常灵活方便，可以说随用随取。因其已不具备唯一性，因此不能进入互联网通信。公有 IP 地址也称为全球 IP 地址，是分配给互联网用户通信时使用的 IP 地址。前面讲的 IPv4 和 IPv6 的规则都属于全球 IP 范畴，除了私有 IP 地址以外的所有 IP 地址都是公有 IP 有地址，且在互联网范围具备唯一性。

由于私有 IP 地址在互联网上无效，不能被路由器等网络设备识别，因此可以很好地隔离局域网和互联网。但通过技术手段仍可以让局域网的计算机和互联网的计算机通信，比如 NAT 技术。

4.1.2　IP

互联网通过路由器把性能各异的物理网络互连在一起，然后所有互连的计算机网络统一使用 TCP/IP 体系结构的网际协议（IP）进行通信。IP 屏蔽了不同的物理网络客观存在的差异，从网络层上来看整个的互联网逻辑上是一个单一的、抽象的计算机网络。正是因为使用了 IP，互联网才得以迅速发展成为当今世界上最大的、开放的计算机通信网络。因此，互联网也称为"IP"网，而且是逻辑上的虚拟网络。

20 世纪 80 年代推出的第四版 IPv4 协议是迄今为止第一个被广泛应用于互联网的版本，IPv4 是互联网的核心，也是 TCP/IP 体系结构的核心协议。虽然随后推出的第六版 IPv6（1998 年 12 月 IPv6 成为互联网的草案标准协议）协议对 IPv4 做了很多改良，解决了许多当初设计 IPv4 协议时没有考虑到的问题。但 IPv6 并没有替代 IPv4，目前的互联网正处于 IPv4 协议向 IPv6 协议的过渡阶段，网络通信设备（计算机、路由器等）混合使用 IPv4 和 IPv6，有的路由器甚至配置了 IPv4/IPv6 双协议栈协同工作。

下面我们只介绍 IPv4 的格式和功能。

IPv4 构成的协议数据单元称为 IP 数据报，由首部和数据两部分组成。首部的前一部分是固定长度，共 20 字节，也是所有 IP 数据报必须具有的。首部的后一部分是一些可选字段，其长度可变。虽然称为可选字段，但实际上大部分 IP 数据报是不会选的。IP 数据报格式如图 4-2 所示。

IP 数据报字段说明：

- 版本号字段，占 4 位，指 IP 的版本。目前的 IP 版本号为 4，即 IPv4。
- 首部长度字段，占 4 位，可表示的首部长度的最大值是 60 字节。
- 区分服务字段，占 8 位，用来获得更好的服务，一般不用。
- 总长度字段，占 16 位，指首部和数据合起来的长度，数据报的最大长度为 65535 字节。

版本（4位）	首部长度（4位）	区分服务（8位）	总长度（16位）	
标识（16位）			标志（3位）	片偏移（12位）
生存时间（8位）		协议（8位）	首部检验和（16位）	
源IP地址（32位）				
目的IP地址（32位）				
可选字段（长度不定）				填充字符
数　据　部　分（必须是整数个字节）				

图 4-2　IP 数据报格式

- 标识字段，占 16 位，它是一个计数器，用来随机产生数据报的标识，可循环使用。
- 标志字段，占 3 位，只用前两位。一位标记后面是否还有分片，另一位标记是否允许分片。
- 片偏移字段，占 13 位。指出较长的分组在拆分后某分片在原分组中的相对位置。片偏移以 8 个字节为偏移单位。
- 生存时间字段，占 8 位。记为 TTL，实际指数据报在网络中可通过的路由器个数的最大值。
- 协议字段，占 8 位。指出该数据报携带的数据部分（来自发方上一层协议单元）使用何种协议，以便目的主机的 IP 层将数据部分上交给哪个协议处理。
- 首部检验和字段，占 16 位。为了简单、迅速，该字段只检验数据报的首部，不检验数据部分。
- 源 IP 地址字段，占 32 位（4 字节），是发送方主机的 IP 地址。
- 目的 IP 地址字段，占 32 位（4 字节），是接收方主机的 IP 地址。

IP 协议首部的可变部分是一个选项字段，用来支持排错、测量以及安全等措施，选项字段的长度可变，从 1 字节到 40 字节不等，取决于所选择的项目。增加首部的可变部分是为了增加 IP 数据报的功能，但这同时也使得 IP 数据报的首部长度成为可变的。这就增加了每一个路由器处理数据报的开销。实际上这些选项很少被使用。

4.1.3　端口

互联网通信最严谨的概念应该是"互联网中某台计算机里的一个进程和另一台计算机里的一个进程进行通信"。简单说就是两个计算机的进程之间的通信，此处的进程就是计算机里正在执行网上工作（通信）的一个程序。发出通信请求服务的计算机进程称为客户（主动方），接收通信请求提供服务的计算机进程称为服务器（被动方）。绝大部分互联网用户的通信方式都是客户/服务器方式。任何时候在互联网里进行通信的客户/服务器都数不胜数，如果不能唯一标记进程，那就可能张冠李戴，导致通信失败。

其实计算机操作系统是可以指派它的进程标识符的，但因为在互联网上使用的计算机的操作系统种类很多，而不同的操作系统又使用不同格式的进程标识符，很难统一。为了使运行不同操作系统的计算机的应用进程能够互相通信，就必须用统一的方法对 TCP/IP 体系结构的应用进程进行标志。

解决这个问题的方法就是在 TCP/IP 体系结构的运输层使用协议端口号，简称端口

（port）。虽然通信的终点是应用进程，但我们可以把端口想象成通信的终点，因为我们只要把要传送的报文交到目的计算机的某一个合适的目的端口，最后交付目的进程的工作就由运输层协议（TCP）来完成。

不同于网络硬件设备（路由器等）上的硬件端口（接口），在协议栈层间的抽象的协议端口是软件端口。软件端口是应用层的各种协议进程与运输实体进行层间交互的一种地址。

端口用一个 16 位端口号进行标志。端口号只具有本地意义，即端口号只是为了标志本计算机应用层中的各进程。在互联网中不同计算机的相同端口号是没有联系的。常用的三种端口如下：

- 熟知端口：数值区间为 0～1023。一般配置给互联网里的知名应用。如 WWW 服务器进程使用 80 端口。
- 登记端口号：数值区间为 1024～49151，为没有熟知端口号的应用程序使用。使用这个范围的端口号必须在 IANA 登记，以防止重复。
- 客户端口号或短暂端口号：数值为 49152～65535，留给客户进程选择暂时使用。当服务器进程收到客户进程的报文时，就知道了客户进程所使用的动态端口号。通信结束后，这个端口号可供其他客户进程以后使用。

4.1.4　互联网连接设备——路由器

互联网是网络的网络，路由器就是互联网中连接两个或多个网络的硬件设备，是互联网的主要节点设备。路由器工作在网络层，采用分组交换方式执行 IP 对收到的 IP 数据报进行存储转发。互联网物理结构如图 4-3 所示。

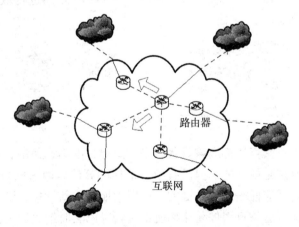

图 4-3　用路由器连接的互联网结构示意

1. **路由器的基本功能**　路由器和集线器、交换机等网络连接设备之间不仅是工作层次不同，最重要的是工作的网络不同。集线器和交换机作为多端口设备是连接局域网的核心设备，集线器和交换机上的每一个端口主要连接计算机。即使用集线器和交换机扩展局域网，对互联网来说也只是范围更大、主机数更多的一个网络（网络里所有计算机配置相同的网络号）。路由器也是多端口设备（图 4-4），它的每个端口（硬件接口）主要连接的是不同的独立网络。所以也可以称路由器是一台多宿主的特殊计算机，且每个端口都有一个唯一的 MAC 地址，再配置一个合适的 IP 地址才能有效地工作。换句话说，就是路由器不同端口，配置的 IP 地址的网络号必须不同。

（a）无线路由器

（b）思科路由器（有线）

图 4-4　路由器

　　路由器内部的逻辑结构可以划分为两大部分，即路由选择部分和分组转发部分。其中路由选择部分会根据配置执行不同的路由策略建立路由表，是路由器的核心控制部分；而分组转发部分则根据由路由表得出的转发表把从输入端口进来的 IP 数据报转发到合适的输出端口。一般情况下，并不严格区分路由表和转发表，往往笼统地使用路由表一词来描述路由器的转发工作。

　　2. **路由选择**　互联网组织结构太复杂了，每个网络又可能属于不同的国家和地区，想要制定统一的路由策略是不可能的。因此互联网被划分成了许多较小的自治系统，简称 AS。AS 是一个有权自主决定在本系统中采用何种路由策略的"小型"互联网单位，可以被一个 ISP 管控，也可以由几个 ISP 联合管控。一个自治系统就是一个路由选择域（routing domain），互联网因此把路由选择策略分为两大类，即：

　　（1）内部网关协议（IGP）。只在一个 AS 内部使用的路由策略，与其他 AS 无关，也无须对外通告。常用的是 RIP、OSPF 路由协议。

　　（2）外部网关协议（EGP）（图 4-5）。可以在不同 AS 之间进行数据传输的路由策略，常用的是 BGP4 路由协议。

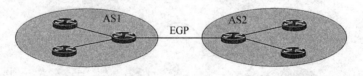

图 4-5　自治系统示意

　　不管哪一个路由策略其算法都应该具备公平、简单、准确、稳定、收敛快和自适用性的特点。我们总是期待算法是最佳的，但没有绝对最佳的算法，因为网络拓扑是经常变化的，所以算法具有动态的自适应性是最为关键的，可以周期性重新计算、刷新路由器的路由表以适应网络的新拓扑结构。这一点很像北斗导航系统，可以实时给我们更新最佳的路线。

　　3. **分组转发**　交换结构是路由器分组转发部分的硬件组件。其性能好坏直接可以影响路由器转发 IP 数据报的速度。现在常用的三种交换结构分别是通过存储器、通过总线、通过互联网络（路由器内部硬件结构）进行输入端口到输出端口的数据交换。即使路由器的输入和输出端口都设置了相应的缓存区，若路由器处理数据报的速率赶不上数据报进入队列的速率，则队列的存储空间最终必定减小到零，这就使后面再进入队列的分组由于没有存储空间而只能被丢弃。路由器的输入或输出队列产生溢出是造成 IP 数据报丢失的重要原因。所以说 IP 协议只是尽最大努力的交付，是不可靠的数据传输。

　　下面简单叙述路由器转发 IP 数据报的工作过程：

（1）从数据报的首部提取目的主机的 IP 地址 D，得出目的网络号为 N。

（2）若网络 N 与该路由器直接相连，则把数据报直接交付目的主机 D。否则就间接交付，执行步骤（3）。

（3）若路由表中有目的地址为 D 的特定主机路由，则把数据报传送给路由表中特定主机路由所指明的下一跳路由器。否则，执行步骤（4）。

（4）若路由表中有到达网络 N 的路由，则把数据报传送给路由表指明的下一跳路由器。否则，执行步骤（5）。

（5）若路由表中有一个默认路由，则把数据报传送给路由表中所指明的默认路由器。否则，执行步骤（6）。

（6）发送控制信息报告本次转发分组出错。

4.1.5 互联网服务提供者

互联网服务提供者（ISP），指的是面向公众提供互联网信息服务的网络经营者。根据其提供服务的覆盖范围大小以及所拥有的网络设备、网络资源的多少，ISP 分为三个层次，即主干 ISP、地区 ISP 和本地 ISP。互联网发展到今天已经逐渐形成了多层次的 ISP 结构（图 4-6）。

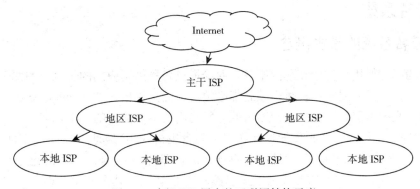

图 4-6 多级 ISP 层次的互联网结构示意

互联网中绝大多数的用户都是连接到本地 ISP，由本地 ISP 给用户直接提供互联网服务的。本地 ISP 也可以连接到地区 ISP，还可以直接连接到主干 ISP。本地 ISP 距离终端用户最近，就在我们身边。它可能是一个拥有网络的大企业，也可能就是一个提供互联网服务的小公司，还可以是一个运行着自己网络的非营利机构，如大学校园里的网络中心。而中国移动、中国电信、中国联通等公司都是我国最有名的 ISP。

ISP 一般拥有通信线路、路由器、交换机等连网设备，尤其拥有很多 IP 地址资源。"上网"就是指用户通过 ISP 获取 IP 地址接入互联网的过程。因为 ISP 也是需要花钱才能从互联网管理机构那里申请到若干 IP 地址的，而维护网络连接设备也有开销，所以"上网"不能免费，是用户使用 ISP 提供的 IP 地址及其他网络设备进入互联网应该支付的费用。我们每年交"网费"的公司就是一个本地 ISP，用户交费就意味着可以从本地 ISP 那里获取上网所需的 IP 地址使用权。

ISP 为互联网用户提供以下服务：
● 接入服务，即帮助用户接入互联网。

- 导航服务，即帮助用户在互联网上找到所需要的信息。
- 信息服务，即建立数据服务系统，收集、加工、存储信息，定期维护更新，并通过网络向用户提供信息内容服务。

现在的互联网＋新业态机构比比皆是，尤其是互联网电商平台，线上销售额已经远远超过线下实体店营业额。当然也会有不法之徒借助互联网进行商业欺诈活动，因此互联网服务提供商必须对其侵权行为承担相应的法律责任。互联网交易服务提供者（包括网络交易平台提供商和网络交易辅助服务提供者）的权利和义务如下：

- 提供合法的主体资质证明。
- 规范服务，完善制度。
- 信息披露。
- 维护交易秩序。
- 维护用户利益，保护消费者权益。
- 保存交易记录，保证数据安全。
- 监督平台信息。
- 维护系统安全。

4.2　域名系统

4.2.1　域名系统的基本概念

域名是为了方便用户使用互联网服务，而给提供各种网络应用的主机起的便于用户记忆的主机名字。为了不混淆应用，每个域名都必须唯一标记主机。如 www.baidu.com（百度，全球最大的中文搜索引擎）就是我们国家的互联网用户耳熟能详的一个域名。

学习 IP 时我们已经了解只要知道互联网中某台主机的 IP 地址（唯一），用户就可以与之通信。然而 32 位的二进制 IP 地址用户很难记忆，即使 IPv4 地址书写时已经简化成点分十进制（如 182.61.200.6）的形式，用户仍然不太容易记住几个，由此诞生了域名。域名就是 IP 地址的助记符，是用点分隔的按照一定规则组成的方便用户记忆和使用的字符串，总长度不能超过 255 个字符。

域名系统（domain name system，DNS）就是把域名转换成 IP 地址的一种互联网应用。DNS 为互联网的各种网络应用提供了核心服务。域名和 IP 地址是一一对应的，域名只是个逻辑概念，并不代表计算机所在的物理地点。

域名是变长的，域名中的"点"和点分十进制 IP 地址中的"点"并无一一对应的关系。IP 地址是定长的 32 位二进制数字，点分十进制 IP 地址中包含三个"点"，但每一个域名中"点"的数目则不一定正好是三个。域名便于用户使用，而 IP 地址则非常便于机器进行处理。只有使用 DNS 解析出对应的 IP 地址才可以执行 TCP/IP 体系结构中的 IP 协议在互联网主机之间传输数据。

互联网采用了层次树状结构的命名方法定义域名。域名由标号序列组成，各标号分别代表不同级别的域名，长度不超过 63 个字符，字母不区分大小写，标号之间用点隔开。域名格式如下：

……三级域名．二级域名．顶级域名

如百度域名 www. baidu. com 由三个标号组成，其中标号 com 是顶级域名，标号 baidu 是二级域名，标号 www 是三级域名。级别最高的顶级域名写在最右边，级别最低的域名写在最左边。各级域名由其上一级域名管理机构管理，最高级别的顶级域名则由 ICANN 管理，这样就能保证域名在互联网范围的唯一性。

常用的通用顶级域名如下：

（1）国家顶级域名 nTLD。如 . cn 表示中国，. us 表示美国，. uk 表示英国等。

（2）通用顶级域名 gTLD。最早的顶级域名有 . com（公司和企业）、. net（网络服务机构）、. org（非营利性组织）、. edu（美国专用的教育机构）、. gov（美国专用的政府部门）、. mil（美国专用的军事部门）、. int（国际组织）等。

（3）基础结构域名（infrastructure domain）。这种顶级域名只有一个，即 arpa，用于反向域名解析，因此又称为反向域名。

新增加的通用顶级域名：. aero（航空运输企业）、. biz（公司和企业）、. cat（加泰隆人的语言和文化团体）、. coop（合作团体）、. info（各种情况）、. jobs（人力资源管理者）、. mobi（移动产品与服务的用户和提供者）、. museum（博物馆）、. name（个人）、. pro（有证书的专业人员）、. travel（旅游业）等。

域名树可以非常直观地表示互联网的域名系统（图 4-7）。

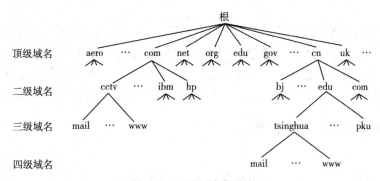

图 4-7　互联网域名系统

4.2.2　域名服务器的层次结构

域名到 IP 地址的解析是由若干域名服务器程序完成的。域名服务器程序在专设的节点上运行，运行该程序的机器称为域名服务器。域名服务器打开 53 号端口，使用 TCP/IP 协议簇中运输层的 UDP 协议，采用分布式协同完成域名解析工作。

1. 分区管理　一个服务器所负责管辖的（或有权限的）范围称为区。各单位根据具体情况来划分自己管辖范围的区。但在一个区中的所有节点必须是能够连通的。每一个区设置相应的权限域名服务器，用来保存该区中的所有主机的域名到 IP 地址的映射。DNS 服务器的管辖范围不是以"域"为单位，而是以"区"为单位。

2. 域名服务器的分类　域名服务器有以下四种类型：

（1）根域名服务器。根域名服务器是最重要的域名服务器。所有的根域名服务器都知道所有的顶级域名服务器的域名与 IP 地址。

不管是哪一个本地域名服务器，若要对因特网上任一个域名进行解析，只要自己无法解析，首先要求助根域名服务器。在因特网上共有13个不同IP地址的根域名服务器，它们的名字是用一个英文字母命名，从 a 一直到 m（前13个字母）。这些根域名服务器相应的域名分别为：

a. rootservers. net、b. rootservers. net、…、m. rootservers. net

到 2012 年底全世界已经安装了分别属于这13组的合计312个根域名服务器机器，分布在世界各地。这样做的目的是方便用户，使世界上大部分 DNS 域名服务器都能就近找到一个根域名服务器。

（2）顶级域名服务器。这些域名服务器负责管理在该顶级域名服务器注册的所有二级域名。当收到 DNS 查询请求时，就给出相应的回答（可能是最后的结果，也可能是下一步应当找的域名服务器的 IP 地址）。

（3）权限域名服务器。权限域名服务器是负责一个区的域名服务器。当一个权限域名服务器还不能给出最后的查询回答时，就会告诉发出查询请求的 DNS 客户，下一步应当找哪一个权限域名服务器。

（4）本地域名服务器。本地域名服务器对域名系统非常重要。当一个主机发出 DNS 查询请求时，这个查询请求报文首先发送给本地域名服务器。每一个互联网的 ISP 或一个机构（如工厂、大学等）都可以拥有一个本地域名服务器，这种域名服务器有时也称为默认域名服务器。

为了提高域名服务器的可靠性，DNS 域名服务器一般会把数据复制到几个域名服务器来保存，其中的一个是主域名服务器，其他的是辅助域名服务器。当主域名服务器出故障时，辅助域名服务器可以保证 DNS 的查询工作不会中断。主域名服务器定期把数据复制到辅助域名服务器中，而更改数据只能在主域名服务器中进行。这样就保证了数据的一致性。

4.2.3 域名解析的工作原理

域名的解析过程如下：

每个域名服务器里都事先配置了域名到 IP 地址的映射表。某个要进入互联网的主机以客户身份采用递归查询算法向本地域名服务器发出查询请求。如果主机所询问的本地域名服务器不知道被查询域名的 IP 地址，那么本地域名服务器就以 DNS 客户的身份，向其他根域名服务器继续发出查询请求报文。

本地域名服务器向根域名服务器发出查询时，通常采用迭代查询算法。当根域名服务器收到本地域名服务器（客户）的迭代查询请求报文时，要么给出所要查询的 IP 地址，要么告诉本地域名服务器下一步应当向哪一个域名服务器进行查询。然后让本地域名服务器继续进行后续的查询。所以一次域名解析的过程往往不是一个域名服务器的独立工作，而是若干域名服务器的协同工作。

为了提高 DNS 的查询效率，每个域名服务器里都会维护一个高速缓存，存放最近用过的域名以及从何处获得域名映射信息的记录。这样可以大大减轻根域名服务器的负荷，使互联网上的 DNS 查询请求和回答报文的数量大为减少。

为保持高速缓存中的内容正确，域名服务器应为每项内容设置计时器，并处理超过合理时间的项（如每个项目只存放一天）。当权限域名服务器回答一个查询请求时，在响应中都指明绑定有效存在的时间值。提高此时间值可减少网络开销，而降低此时间值可提高域名转换的准确性。

每个准备进入互联网通信的计算机里面必须至少配置一个 DNS 服务器 IP 地址，一般是本地域名解析服务器的 IP 地址。域名解析工作往往是用户使用互联网服务的第一步，即获取目的主机的 IP 地址是至关重要的。

4.2.4　域名注册

1. **管理机构**　为了保证域名在互联网的唯一性，域名必须在有关机构合理合法注册后才能使用。域名的注册根据管理机构之不同而有所差异。一般来说，gTLD 域名的管理机构，都仅制定域名政策，而不涉及用户具体注册事宜，这些机构会将注册事宜授权给通过审核的顶级注册商，再由顶级注册商向下授权给其他二、三级代理商。各种域名注册所需资格不同，gTLD 除少数（如 travel）外，一般不限资格；而 ccTLD 则往往有资格限制，甚至必须校验实体证件。

一个域名的所有者可以通过查询 WHOIS 数据库而被找到；对于大多数根域名服务器，基本的 WHOIS 由 ICANN 维护，而 WHOIS 的细节则由控制那个域的域注册机构维护。注册域名之前可以通过 WHOIS 查询提供商了解域名的注册情况。对于 240 多个国家代码顶级域名（ccTLDs），通常由该域名权威注册机构负责维护 WHOIS。

2. **注册申请**　申请者申请注册域名时，可以通过域名注册查询联机注册、电子邮件等方式向域名注册服务机构递交域名注册申请表，提出域名注册申请，并且与域名注册服务机构签订域名注册协议。

域名注册申请表内容应当包括：

（1）申请的域名。

（2）主域名服务器和辅域名服务器的主机名以及 IP 地址。

（3）域名持有者的单位名称、单位负责人、所在单位行业、通信地址、邮政编码、电子邮件、电话号码、传真号码以及认证信息。

（4）域名技术联系人、管理联系人、缴费联系人、承办人的姓名、所在单位名称、通信地址、邮政编码、电子邮址、电话号码以及传真号码。

域名的注册遵循先申请先注册原则，管理机构对申请人提出的域名是否违反了第三方的权利不进行任何实质审查。同时，每一个域名注册查询都是独一无二、不可重复的。因此，在网络上，域名是一种相对有限的资源，它的价值将随着注册企业的增多而逐步为人们所重视。

注册域名并非免费，各个国际、地区、机构的价格均有不同。一般按年交费。

有网站的域名还需要备案。域名备案的目的就是防止在网上从事非法的网站经营活动，打击不良互联网信息的传播，如果网站不备案，很有可能被查处以后关停。域名注册申请成功后，客服会主动进行域名备案，域名备案审核时间一般是 7 个工作日左右。审核成功后即可正常访问。根据中华人民共和国信息产业部（现工业和信息化部）第十二次部务会议审议通过的《非经营性互联网信息服务备案管理办法》精神，在中华人民共和国境内提供非经营性互联网信息服务，应当办理备案。未经备案，不得在中华人民共和国境内从事非经营性互联网信息服务。而对于没有备案的网站将予以罚款或关闭。备案是指向主管机关报告事由存案以备查考。行政法角度看备案，实践中主要是《中华人民共和国立法法》和《法规规章备案条例》的规定。

4.3　E-mail 服务

4.3.1　E-mail 的基本概念

电子邮件（E-mail）是互联网上使用较早、用得较多的和深受用户欢迎的一种应用。虽然近年来受到 QQ、微信等新型网络交流应用的冲击，但传输大容量文件的能力是其独到之处，其所占市场份额仍不可忽视。简单地说，电子邮件就是通过互联网把邮件发送到收件人使用的邮件服务器，并放在收件人的邮箱中，收件人可随时上网到自己使用的邮件服务器的邮箱中进行读取。它和 QQ、微信最大的区别是非实时通信方式。

电子邮件不仅使用方便，而且还具有传递迅速和费用低廉的优点。现在电子邮件不仅可传送文字信息，而且还可附上声音和图像，如传递电子贺卡等。

4.3.2　E-mail 的主要组成

1. **电子邮件的组成**　电子邮件主要由三部分组成，即用户代理（user agent，UA）、邮件服务器和邮件协议。

（1）用户代理是用户与电子邮件系统的接口，就是电子邮件客户端软件。比较著名的是 Office 中的 Outlook 组件。用户代理的功能有撰写、显示、处理、发送和接收邮件。

（2）邮件服务器的功能是为用户代理转发邮件、接收邮件，同时还要向发信人报告邮件传送的情况（已交付、被拒绝、丢失等）。邮件服务器工作时需要使用发送和读取两个不同的协议。

邮件服务器按照客户/服务器方式工作。一个邮件服务器既可以作为客户，也可以作为服务器，客户/服务器的角色是相对的。例如，当邮件服务器 A 向另一个邮件服务器 B 发送邮件时，邮件服务器 A 就作为 SMTP 客户，而 B 是 SMTP 服务器。当邮件服务器 A 从另一个邮件服务器 B 接收邮件时，邮件服务器 A 是 SMTP 服务器，而 B 是 SMTP 客户。

（3）现在常用的邮件发送协议是 SMTP 和 MIME，常用的邮件接收协议是 POP 和 IMAP。

2. **发送和接收**　下面简单叙述电子邮件的发送和接收过程：

（1）邮件发件人调用计算机中的某个邮件用户代理程序，撰写和编辑要发送的邮件。

（2）发件人的用户代理作为客户端把邮件用发送邮件协议 SMTP 发送给发送方邮件服务器。

（3）SMTP 服务器把邮件临时存放在邮件缓存队列中，排队等待发送。

（4）发送方邮件服务器的 SMTP 客户程序（注意，此时发方邮件服务器角色变成客户端）与接收方邮件服务器的 SMTP 服务器建立 TCP（TCP/IP 协议簇的运输层协议之一）连接，然后再把邮件从缓存队列中取出依次发送出去。

（5）运行在接收方邮件服务器中的 SMTP 服务器进程收到邮件后，把邮件放入收件人的用户邮箱中，等待收件人随时进行读取。

（6）收件人可以随时收信，运行计算机中的邮件用户代理程序（作为 POP3 客户端），使用 POP3（或 IMAP）协议到接收邮件服务器中自己的邮箱读取邮件（图 4-8）。

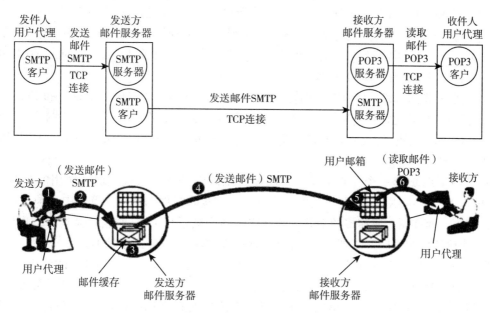

图 4-8　电子邮件的发送和接收

在收发电子邮件的过程中，邮件地址是唯一用来标记发方和收方身份的信息。TCP/IP 体系结构的电子邮件系统规定电子邮件地址的格式如下：

收件人邮箱名@邮箱所在主机的域名

其中符号"@"读作英文 at，表示在的意思。例如，电子邮件地址 xyz@qq.com。

4.3.3　SMTP 协议和 POP 协议

互联网的邮件系统在发送和接收邮件时使用不同的协议。

1. **发送邮件的协议**　发送邮件的协议有 SMTP（简单邮件传输协议）和 MIME（多用途互联网邮件扩展）协议，使用互联网 TCP/IP 体系结构的运输层协议 TCP，打开 25 号端口工作。两个发送邮件协议 SMTP 和 MIME 彼此互补，是协同工作关系。

由于早期的 SMTP 有缺陷，如只用了 ASCII 的 7 位，文字兼容性很差，而且也不能处理多媒体邮件信息等，后来就补充了 MIME 协议来完善邮件的编写和发送等过程。MIME 协议在其邮件首部说明了邮件的数据类型，如文本、声音、图像、视频等，使用 MIME 可在邮件中同时传送多种类型的数据。

SMTP 协议所规定的就是在两个相互通信的 SMTP 进程之间应如何交换信息。由于 SMTP 协议使用客户/服务器方式，因此负责发送邮件的 SMTP 进程就是 SMTP 客户，而负责接收邮件的 SMTP 进程就是 SMTP 服务器。SMTP 规定了 14 条命令和 21 种应答信息。每条命令由 4 个字母组成，而每一种应答信息一般只有一行信息，由一个 3 位数字的代码开始，后面附上很简单的文字说明。

面向连接的简单邮件传送协议的工作过程分三个阶段：

（1）连接建立。连接是在发送邮件的计算机的 SMTP 客户和接收邮件的计算机的 SMTP 服务器之间建立的。SMTP 协议是一站式服务，在发送邮件服务器和接收邮件服务器之间不再使用中间的邮件服务器进行中转。

（2）邮件传送。在邮件发送的整个过程中要维持 TCP 连接，保证"邮路"畅通可靠。

（3）连接释放。邮件发送完毕后，SMTP 应释放 TCP 连接，把占用的资源归还给互联网。

注意，发信人的用户代理向源邮件服务器发送邮件，以及源邮件服务器向目的邮件服务器发送邮件，都是使用 SMTP 协议，建立 TCP 连接。

2. 接收邮件的协议　接收邮件的协议有读取邮件协议 POP3（邮局协议）和 IMAP（网际报文存取协议），也使用互联网 TCP/IP 体系结构的运输层协议 TCP，但是两个读取协议 POP3 和 IMAP 不能同时工作，只能二选一。使用 POP3 打开 110 号端口工作，使用 IMAP 打开 143 号端口工作。

邮局协议 POP 是一个非常简单、但功能有限的邮件读取协议，现在使用的是版本 3，即 POP3。POP 也使用客户/服务器的工作方式，在接收邮件的用户计算机中必须运行 POP 的客户程序，而在用户所连接的 ISP 的邮件服务器中则运行 POP 的服务器程序。理论上使用 POP 协议读取邮件后，该邮件内容就在用户的邮箱里被服务器删除了。

网际报文存取协议（IMAP）也是按客户/服务器方式工作的，现在较新的是版本 4，即 IMAP4。IMAP 是一个联机协议，用户在自己的计算机上就可以很方便地使用某 ISP 的邮件服务器的邮箱，就像在本地操纵一样。当用户计算机上的 IMAP 客户程序打开 IMAP 服务器的邮箱时，用户就可以浏览邮件的首部摘要信息。只有在用户需要打开某个邮件时，该邮件才会下载传送到用户的计算机上。IMAP 协议优于 POP 协议的地方就是用户可以在不同的地方使用不同的计算机随时上网到自己的邮箱阅读和处理邮件，除非自己有意删除。

另外，IMAP 协议还允许收件人只读取邮件中的某一个部分。例如，收到了一个大容量的带有附件的邮件时，为了节省时间，可以先下载邮件的正文部分，等以后有时间再读取或下载很长的附件部分。IMAP 协议的另一个特点是如果用户没有将邮件下载到自己的计算机上，则邮件会一直存放在 IMAP 协议的服务器上。对服务器而言要开销大量的存储资源给用户邮箱，所以，ISP 一般会限定用户邮箱空间容量，同时用户也需要经常与 IMAP 服务器建立连接，以免重要邮件的丢失或溢出。

4.3.4　基于万维网的电子邮件

虽然互联网里面有像 Outlook 这样的专用邮件代理软件，但由于需要在专用软件中建立账户并进行相关参数配置，因此这对一般用户而言是难以操作的。另外，由于互联网中著名的 WWW 应用技术早已被大众所熟知，其简单易行的操作方式也被大众接受，所以现在互联网里的绝大部分用户使用的邮件代理是各式各样的浏览器。

当用户使用 WWW 技术的浏览器作为客户端发送和接收邮件时，其工作原理如下：

（1）用户 A 的电子邮件通过浏览器做邮件代理客户端，从 A 发送到网易邮件服务器时使用 HTTP 协议，建立 TCP 连接。

（2）发送邮件服务器和接收邮件服务器之间的邮件传送还使用 SMTP，建立 TCP 连接。

（3）用户 B 接收邮件时也使用浏览器做邮件代理客户端，邮件从新浪邮件服务器中用户 B 的邮箱下载传送到 B 时使用 HTTP 协议，建立 TCP 连接（图 4-9）。

基于万维网的电子邮件传输过程是互联网邮件服务系统和 WWW 技术服务系统的有机结合，优点就是操作简单，给用户带来了很大的便利。

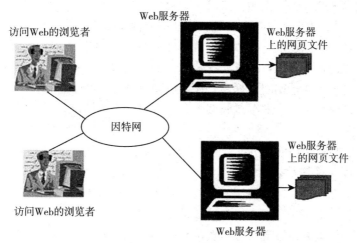

图 4-9　基于万维网的电子邮件

4. 4　FTP 服务

4. 4. 1　FTP 的基本概念

FTP（file transfer protocol），即文件传送协议，用来在互联网的两台计算机之间传输文件，是互联网中应用非常广泛的服务之一。FTP 提供交互式的访问，允许客户指明文件的类型与格式，并允许设置各用户对文件存取的权限。具有跨平台的特性，即在 UNIX、Linux 和 Windows 等操作系统中都可实现 FTP 客户端和服务器，FTP 相互之间可跨平台进行文件的传输。因此，FTP 服务也是计算机网络中经常采用的资源共享方式之一。

计算机网络环境中的一项基本应用就是将文件从一台计算机复制到另一台可能相距很远的计算机中。比如互联网用户上传、下载文件这种看似很寻常、很简单的应用，操作起来其实往往非常困难和复杂。因为不同的计算机厂商很可能使用不同的文件系统，多达成百上千的文件系统之间有如下诸多方面的差别：

- 计算机存储数据的格式不同。
- 文件的目录结构和文件命名的规定不同。
- 对于相同的文件存取功能，不同的操作系统使用的命令不同。
- 访问控制方法不同。

而 FTP 很好地屏蔽了各计算机系统的细节差异，因而适合于在互联网（异构网络）中的任意计算机之间传送文件。

4. 4. 2　FTP 服务的工作过程

互联网的文件传送协议只提供文件传送的一些基本服务，主要功能是减少或消除在不同操作系统下处理文件的不兼容性。FTP 服务收发双方采用客户/服务器交互方式，并使用运输层的 TCP 保证可靠的传输服务。一个 FTP 服务器进程可同时为多个客户进程提供服务。

1. FTP 的工作步骤　FTP 的服务器进程由两大部分组成：一个主进程，负责接收新的请求；另外有若干从属进程，负责处理单个请求。

FTP 的服务器的主进程工作步骤如下：

（1）首先打开 21 号熟知端口，被动等待客户进程发出的连接请求。

（2）接收到客户进程连接请求，响应后与之建立 TCP 连接。

（3）启动从属进程来处理客户进程发来的请求。从属进程对客户进程的请求处理完毕后即终止，但从属进程在运行期间根据需要还可以创建其他一些子进程。

（4）再次回到等待状态，继续接收其他客户进程发来的请求。主进程与从属进程的处理是并发进行的。

2. FTP 的 TCP 连接 FTP 协议有两个 TCP 连接：

（1）控制连接（服务器端端口号是 21）。在整个通信期间一直保持打开状态，由 FTP 客户发出来的传送文件请求通过控制连接发送给 FTP 服务器端的控制进程，但控制连接并不用来传送文件。

（2）数据连接（服务器端端口号一般是 20）。顾名思义，专门用于传输文件数据。服务器端的控制进程在接收到 FTP 客户发送来的文件传输请求后就创建"数据传送进程"和"数据连接"，用来连接客户端和服务器端的数据传送进程。文件传送完毕后关闭"数据传送连接"并结束运行（图 4-10）。

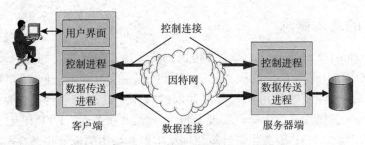

图 4-10 FTP 服务的两个 TCP 连接

3. FTP 的端口号 FTP 服务器端的两个不同的端口号作用如下：

首先，当客户进程用随机端口号 m 向服务器进程发出建立连接请求时，会找到服务器进程开放的熟知端口号 21 建立控制连接。客户进程同时还要告诉服务器进程自己的另一个端口号码 n，准备用于给 FTP 服务器建立数据传送连接。

其次，服务器进程用自己传送数据的熟知端口号 20 与客户进程所提供的端口号 n 建立数据传送连接。

由于 FTP 服务使用了两个不同的端口号，控制连接和数据连接可以并行处理数据（带外信令），不会发生混乱。这样使协议更加简单和更容易实现。在传输文件的同时还可以利用控制连接继续发送相关命令（如客户发送请求终止传输等）。

FTP 服务支持两种工作模式，主要区别是服务器端数据连接的进程端口号不同。

主动方式，也称为 PORT 方式，由客户端进程主动给服务器进程提供数据连接端口 n，然后服务器端进程启用 20 号端口和客户端端口 n 建立数据连接传输数据。

被动方式，也称为 PASV 方式，由服务器端进程主动给客户端进程提供数据连接端口（不是熟知端口 20，是大于 1024 的登记端口范围），然后客户端产生一个 49152～65535 范围的随机短暂端口号和服务器端进程来建立数据连接传输数据。

4.4.3　匿名 FTP 服务

安全性、可靠性要求高的 FTP 服务是需要认证和存取权限限制的。授权 FTP 服务器只允许该 FTP 服务器系统上的授权用户使用。在使用授权 FTP 服务器之前必须向系统管理员申请用户名和密码，用户连接此类 FTP 服务器时必须输入用户名和密码进行身份鉴别和安全验证。

而匿名 FTP 服务器允许任何用户以匿名账户"FTP"或"anonymous"登录到 FTP 服务器，并对授权的文件进行查阅和传输。有些 FTP 服务器习惯上要求用户以自己的 E-mail 地址作为登录密码，但这并没有成为大多数服务器的标准做法。

互联网中有很大一部分 FTP 服务器被称为"匿名"（anonymous）FTP 服务器。这类服务器的目的是向用户提供远程文件复制服务，并不要求用户事先在该服务器进行登记注册，也不用取得 FTP 服务器的授权。

匿名文件传输能够使用户与远程主机建立连接并以匿名身份从远程主机上复制文件，而不必是该远程主机的注册用户。用户使用特殊的用户名"anonymous"登录匿名 FTP 服务，就可访问远程主机上公开的共享文件。许多系统要求用户将 E-mail 地址作为口令，以便更好地对访问进行跟踪。匿名 FTP 一直是互联网上获取信息资源的最主要方式，在互联网成千上万的匿名 FTP 主机中存储着海量的文件，这些文件包含了各种各样的信息、数据和软件。用户只要知道特定信息资源的主机地址（目的 IP 地址），就可以用匿名 FTP 登录方式获取所需的共享信息资料。虽然现在的互联网 WWW 技术已经取代了匿名 FTP 而成为互联网最主要的信息查询方式，但是匿名 FTP 仍是互联网上传输共享信息资源的一种基本方法。

FTP 的客户程序很多，有专用于 FTP 协议工作的软件，也有嵌入其他程序兼顾做 FTP 客户的软件。用户使用时要慎重选择，合理使用。

4.5　WWW 应用

万维网应用技术发源于欧洲日内瓦量子物理实验室 CERN，它自一出现就以其简单易行的操作方式和直观丰富的信息窗口界面受到广大互联网用户的青睐和追捧，也因此使得互联网的发展速度以指数规模增长。可以说万维网的出现是互联网发展历史中一个非常重要的里程碑。

4.5.1　WWW 服务的基本概念

万维网（WWW）是 World Wide Web 的简称，也称为 Web、3W 等。万维网并不是一个物理意义的计算机网络，而只是互联网中最著名的、用户最喜欢使用的一个应用。WWW是一个大规模的、联机式的信息储藏所，万维网用链接的方法能非常方便地从互联网上的一个站点访问另一个站点，从而主动地按需获取丰富的信息。这种访问方式称为"链接"。

万维网是分布式超媒体（hypermedia）系统，它是超文本（hypertext）系统的扩充。一个超文本由多个信息源链接而成，利用一个链接可使用户找到另一个文档。这些文档可以位于世界上任一个接在互联网上的超文本系统中。超文本是万维网的基础。

万维网的链接分为远程链接和本地链接两种。远程链接就是从本网站页面链接到其他网站的页面，本地链接就是从本页面链接到本网站的其他页面。用户浏览万维网文档页面时，鼠标滑过的地方如果出现"小手"图标，就表明这个地方有一个链接。单击链接就会打开一个新的页面文档，如此这般会让用户有无穷无尽进入信息海洋的感觉。

超媒体与超文本的区别是文档内容不同。超文本文档仅包含文本信息，而超媒体文档还包含其他表示方式的信息，如图形、图像、声音、动画，甚至活动视频图像。

万维网采用客户/服务器方式工作。浏览器就是在用户计算机上的万维网客户程序。万维网文档所驻留的计算机则运行服务器程序，因此这个计算机也称为万维网服务器。客户程序向服务器程序发出请求，服务器程序向客户程序送回客户所要的万维网文档。在一个客户程序主窗口上显示出的万维网文档称为页面。

有三种万维网文档，即静态文档、动态文档和活动文档。

静态文档由专业技术人员创建完毕后存放于万维网的服务器中，在被用户浏览的过程中，网站的页面信息内容不会改变。这并不是说页面内容不能更新，而是在被专业人员再次维护刷新之前，用户读取得到的页面结果是不变的。

动态文档是指文档的内容可以根据用户需求，通过浏览器访问万维网服务器时由应用程序动态创建刷新当前页面。由于文档内容的生成方法不同，动态文档和静态文档之间的主要差别体现在服务器一端。而从浏览器的角度看，这两种文档并没有区别。要想实现动态文档，就要对万维网服务器的功能进行扩充，这无疑增加了万维网服务器的负担。

活动文档（active document）技术是把所有的网页动态刷新的工作都转移给浏览器（客户端）。每当浏览器请求一个活动文档时，服务器只是返回一段相应的程序副本在浏览器端运行，并刷新页面。活动文档程序可与用户直接交互，并可以连续地改变屏幕的显示。由于活动文档技术不需要服务器的连续更新传送，降低了服务器的负担，对网络的带宽资源要求也不会太高，所以成为现在万维网文档的主流。而 Java 语言就是一个用于创建和运行活动文档的流行语言。

4.5.2　超文本标记语言

超文本标记语言（hypertext markup language，HTML）就是一种创建万维网页面的标准语言，其中的 markup 的意思就是"设置标记"。HTML 定义了许多用于排版的标签命令。

HTML 把各种标签嵌入到万维网的页面中构成了 HTML 文档。HTML 文档是一种可以用任何文本编辑器创建的 ASCII 文件。仅当 HTML 文档是以 .html 或 .htm 为后缀时，浏览器才对此文档的各种标签进行解释。如果用 .txt 作为页面文档的后缀，则 HTML 解释程序就不会对标签进行解释，在浏览器里只能看见 .txt 的源代码文本。

HTML 的精妙之处在于，当作为客户端的浏览器进程从服务器读取 HTML 文档后，就会按照 HTML 文档中的各种标签，根据浏览器所在计算机的桌面（显示器）尺寸和分辨率大小，重新进行排版以适应该计算机显示器的尺寸并恢复所读取的页面。

通过浏览器打开的任一个 WWW 页面，都可以查看到 HTML 的源码文件。

4.5.3　HTTP

HTTP 是 WWW 技术的核心协议。HTTP 是互联网 TCP/IP 体系结构的应用层协议，使用运输层的 TCP 来实现其功能。WWW 网站服务器默认打开 80 端口工作。

　　HTTP 是基于 C/S 架构进行通信的，而 HTTP 的服务器端实现程序有 httpd、nginx 等，其客户端的实现程序主要是 Web 浏览器，例如 Firefox、Internet Explorer、Google chrome、Safari、Opera 等。此外，客户端的命令行工具还有 elink、curl 等。客户端浏览器和 Web 服务器之间可以通过 HTTP 进行通信。

　　为了使超文本的链接能够高效率地完成，需要用 HTTP 来传送一切必需的信息。从层次的角度看，HTTP 是面向事务的应用层协议，HTTP 是万维网上能够可靠地交换文件的重要基础。

　　HTTP 是面向事务的客户服务器协议。HTTP 1.0 是无状态的，HTTP 本身也是无连接的，虽然它使用了面向连接的 TCP 向上提供的服务。万维网浏览器就是一个 HTTP 客户，而在万维网服务器等待 HTTP 请求的进程常称为 HTTP daemon。HTTP daemon 在收到 HTTP 客户的请求后，把所需的文件返回给 HTTP 客户。

　　HTTP 格式只有两类报文：一种是请求报文，从客户向服务器发送请求报文；另一种是响应报文，是服务器对客户的回答。由于 HTTP 是面向正文的，因此在报文中的每一个字段都是一些 ASCII 码串，因而每个字段的长度都是不确定的。

　　HTTP 是基于客户/服务器模式，且面向连接的。典型的 HTTP 事务处理过程如下：

- 客户与服务器建立连接。
- 客户向服务器提出请求。
- 服务器接收请求，并根据请求返回相应的文件作为应答。
- 客户与服务器关闭连接。

　　在内部局域网环境经常使用 HTTP 代理服务器，又称为万维网高速缓存，可以更好、更快地进行 WWW 通信，解决带宽不足的瓶颈问题。HTTP 代理服务器可以代表浏览器发出 HTTP 请求，万维网高速缓存把最近的一些请求和响应暂存在本地磁盘中。当与暂时存放的请求相同的新请求到达时，万维网高速缓存就把暂存的响应发送出去，而不需要按 URL 的地址再去因特网访问该资源。

　　WWW 技术应用允许服务器上存放用户的信息。很多万维网站点都使用 Cookie 来跟踪用户。Cookie 表示在 HTTP 服务器和客户之间传递的状态信息。使用 Cookie 的网站服务器为用户产生一个唯一的识别码。利用此识别码，网站就能够跟踪该用户在该网站的活动。用户可以拒绝网站使用 Cookie 跟踪自己。

4.5.4　URL 与信息定位

　　统一资源定位符（URL）是对可以从互联网上得到的资源的位置和访问方法的一种简洁的表示。URL 给资源的位置提供一种抽象的识别方法，并用这种方法给资源定位。

　　互联网里的万维网站数不胜数，只要能够对网站资源定位，万维网技术就可以对互联网信息资源进行各种操作，如存取、更新、替换和查找其属性。

　　URL 相当于一个文件名在网络范围的扩展。因此 URL 是与互联网相连的机器上的任何可访问对象的一个指针，而且是唯一的。URL 由以冒号隔开的两大部分组成，并且在 URL 格式中的字符对大写或小写没有要求。

　　URL 是一个特殊的字符串，一般形式由四部分组成：〈协议〉://〈主机〉:〈端口〉/〈路径〉。

　　其中的〈协议〉可以是 FTP、HTTP、Mail、News 等协议之一；〈主机〉用来唯一标记互联网中存放资源的计算机，可以用该主机的域名或者 IP 地址；〈端口〉有时可省略，一般默认为 HTTP 的熟知端口号 80；〈路径〉通常可省略，默认路径指到由 URL 定位的主机上的 WWW 服务器的主页。

例如，有一个 URL 表示为 http://www.sina.com.cn，意思就是该用户要应用 WWW 技术进入"新浪"网站的主页进行信息浏览。端口号和路径都采用默认形式。

4.5.5　WWW 浏览器

1. 浏览器的窗口组成

（1）地址栏。用于输入网站的 URL，浏览器通过识别地址栏中的 URL 信息，在互联网中正确连接到用户要访问的主机内容。如要登录"百度"网，只需在地址栏中输入百度的 URL 即 http://www.baidu.com，然后按 Enter 键或单击地址栏右侧的按钮即可。在地址栏中还附带了浏览器常用命令的快捷按钮，如刷新、停止等，前进、后退按钮设置在地址栏前方。

（2）菜单栏。由"文件""编辑""查看""收藏夹""工具""帮助"菜单组成。每个菜单包含了控制 IE 工作的相关命令选项，这些选项包含了浏览器的所有操作与设置功能。

（3）选项卡。从 Internet Explorer 8 版本开始，IE 可以使用多选项卡浏览方式，以选项卡的方式打开网站的页面。

（4）页面窗口。是 IE 的主窗口，访问的网页内容显示在此。页面中有些文字或对象具有超链接属性，当鼠标指针放上去之后会变成手状，单击鼠标左键，浏览器就会自动跳转到该链接指向的网址；单击鼠标右键，则会弹出快捷菜单，可以从中选择要执行的操作命令。

（5）状态栏。实时显示当前的操作和下载 Web 页面的进度情况。正在打开网页时，还会显示网站打开的进度。另外，通过状态栏还可以缩放网页。

2. 浏览器的内核　　浏览器的种类很多，但是主流的内核只有四种，各种不同的浏览器就是在主流内核的基础上添加不同的功能构成的。

（1）Trident 内核。代表产品为 Internet Explorer，又称其为 IE 内核。Trident（又称为 MSHTML），是微软开发的一种排版引擎。使用 Trident 渲染引擎的浏览器有 IE、世界之窗、Avant、腾讯 TT、Netscape 8、NetCaptor、Sleipnir、GOSURF、GreenBrowser 和 KKman 等。

（2）Gecko 内核。代表作品为 Mozilla Firefox。Gecko 是一套开放源代码、以 C++ 编写的网页排版引擎，是最流行的排版引擎之一，仅次于 Trident。使用它的最著名浏览器有 Firefox、Netscape 6 至 Netscape 9。

（3）WebKit 内核。代表作品有 Safari、Chrome。WebKit 是一个开源项目，包含了来自 KDE 项目和苹果公司的一些组件，主要用于 Mac OS 系统，它的特点在于源码结构清晰、渲染速度极快。其缺点是对网页代码的兼容性不高，导致一些编写不标准的网页无法正常显示。

（4）Presto 内核。代表作品为 Opera。Presto 是由 Opera Software 开发的浏览器排版引擎，供 Opera 7.0 及以上使用。

3. 浏览器的逻辑组成　　浏览器由一组客户应用协议、一组解释程序，以及管理这些客户和解释程序的控制程序组成。控制程序是浏览器的核心部件，它可以解释鼠标的单击和键盘的输入，并调用有关的组件来执行用户指定的操作。当用户用鼠标单击一个超级链接的起

点时，控制程序就调用一个客户协议从所需文档所在的远地服务器上取回该文档，并调用解释程序向用户显示该文档。

浏览器里嵌入的 HTML 的解释程序是必需的，而其他应用的解释程序则是可选的。解释程序把 HTML 语法规格转换为适合用户计算机显示器尺寸显示的命令来处理网页版面的细节。

浏览器一般还包含 FTP 客户程序，用来获取文件传送服务。浏览器一般也包含电子邮件客户程序，使用户通过浏览器方便地发送和接收电子邮件。

浏览器将它取回的每一个页面文档的副本都存入本地磁盘的高速缓存区。当用户用鼠标单击某个选项时，浏览器首先检查本机的缓存，若缓存中保存了该项，浏览器就直接从缓存中取出该项副本使用而不必从网络获取，这样就能显著地改善浏览器的执行效率。但缓存也会占用磁盘大量的空间，而浏览器性能的改善只有在用户再次反复浏览与缓存中的内容一致的页面内容时才有体现。许多浏览器允许用户调整缓存策略（通过浏览器工具菜单选项）。

4.5.6 万维网的信息检索

随着互联网的发展，不计其数的万维网站分布其中，即使每个网站都有域名，用户也难以记住，在这样的信息海洋里用户又怎么判断哪个网站的内容是自己需要的呢？而且普通用户对网站提供的信息也难分良莠，甚至难辨真假。因此万维网的信息检索技术应运而生，已经成为目前最广泛使用的互联网应用技术之一。每分每秒在世界各地都有成千上万的用户在搜索万维网上的信息，期望找到自己满意的结果。

信息检索系统的核心是搜索引擎，它需要从纷繁复杂的海量信息中快速、准确地筛选出用户所需。万维网中的搜索引擎种类很多，一般分为两大类。

1. **全文检索搜索引擎** 全文检索搜索引擎，也称为主动搜索技术，是一种纯技术型的检索工具。它的工作原理是通过搜索软件（有复杂的算法支撑）遍历互联网上的各个网站进行信息收集，找到一个网站后可以从这个网站再链接到另一个网站。然后按照一定的规则建立一个很大的在线数据库记录各网站的 URL 和摘要信息供用户查询使用。用户在查询时只要输入一个自己感兴趣的关键词，就能在已经建立的索引数据库中进行匹配查询，查询结果不一定令用户满意，也不一定是最准确的，因为搜索引擎并不是实时地在互联网上检索信息、刷新数据库。我国比较有名的使用全文检索搜索引擎的网站是百度（www. baidu. com）。

2. **分类目录搜索引擎** 分类目录搜索引擎，也称为被动搜索技术。这种技术的搜索算法自己并不采集网站的任何信息，而是利用各网站在搜索引擎登记时提交的网站信息填写关键词和网站描述等信息，再经过人工审核编辑后，如果认为符合网站登录的条件，则写入分类目录的数据库中，提供给互联网用户查询使用。这很像网站给自己打广告，广告就难免有虚假夸大之词，所以用户使用信息检索工具时要谨慎。分类目录搜索也称为分类网站搜索，我们国家比较有名的使用分类目录搜索引擎的网站是雅虎（www. yahoo. com）。

4.6 VPN 技术

4.6.1 什么是 VPN

VPN，即虚拟专用网，属于互联网的远程访问技术，而不是一个物理网络。简单地说，就是利用公用的互联网络架设机构内部的专用网络。例如某公司员工出差到外地，想访问企业内网的服务器资源，就可以使用 VPN 技术进行远程访问（图 4-11）。

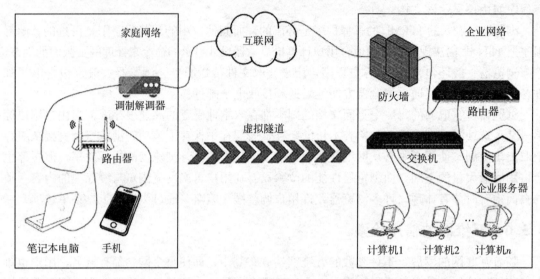

图 4-11　VPN 示意

　　VPN 技术需要解决两个问题：一是属于机构内部的数据往往是要保密的，经过公用互联网传输时如何保障安全；二是属于机构内部的网络都是局域网，内网的计算机配置专用 IP 地址就可以通信了，而互联网上的路由器是不会转发这种包含专用 IP 地址的数据报的。

　　VPN 的解决方法就是在内网中架设一台 VPN 服务器。内部员工在外地接入互联网后，通过互联网再连接到内网的 VPN 服务器（也可以是一个路由器，连接外网的接口使用全球 IP 地址，连接内网的接口使用专用 IP 地址），然后通过 VPN 服务器进入机构内网。为了保证数据安全，VPN 服务器和客户机之间的通信数据都进行了加密处理。可以认为加密的数据是在一条专用的数据链路上进行安全的传输，就如同机构自己专门架设了一个专用网络一样，但实际上 VPN 使用的是互联网上的公用链路，因此 VPN 称为虚拟专用网络，其实质就是利用加密技术在公共网络上封装出一个数据通信隧道。有了 VPN 技术，用户无论是在外地出差还是在家中办公，只要能上互联网就能利用 VPN 访问内网资源，这就是 VPN 在企业中应用得非常广泛的原因。使用 VPN 技术的计算机不但要能接入互联网，还需要安装专门的 VPN 客户端软件。

4.6.2　VPN 的工作原理

　　VPN 技术的网络构架和工作原理如下：

　　（1）每个使用 VPN 技术的内部网络都要设置 VPN 路由器（VPN 网关），而使用 VPN 技术通信的计算机要安装 VPN 客户端软件。

　　（2）VPN 路由器应该采取双网卡结构，外部接口网卡使用全球 IP 地址接入互联网，内部接口网卡使用专用 IP 地址接入内部局域网。

　　（3）假如内网一的一个主机 A（源主机，配置专用 IP 地址）要访问另一个内网二的主机 B（目的主机，也配置专用 IP 地址），则 A 发出的 IP 数据报的目的 IP 地址应该是 B 的内部专用 IP 地址。

（4）内网一的 VPN 网关在接收到主机 A 发出的 IP 数据报时对其目标地址进行检查，如果目标地址属于内网二，则将对该数据报进行封装。封装就是将主机 A 原始的 IP 数据报（包括要传输的数据、专用源 IP 地址和专用目的 lP 地址）先进行加密并附上数字签名，再加上新的 IP 数据报首部（包括目的网络 VPN 设备需要的安全信息和一些初始化参数，尤其是换上新的全球源 IP 地址即内网一的对外接口地址和全球目的 IP 地址即内网二的对外接口地址）重新封装成一个新的 IP 数据报，也称为 VPN 数据报。

（5）内网一的 VPN 网关将 VPN 数据报发送进入互联网，由于 VPN 数据报的目标地址是内网二的 VPN 网关的外部地址（是全球 IP 地址），所以该 VPN 数据报可以被互联网中的路由器存储转发，并正确送到内网二的 VPN 网关对外接口。

（6）内网二的 VPN 网关的对外接口会对收到的数据报进行检查，如果发现该数据报是从内网一的 VPN 网关发出的，即可判定该数据报为 VPN 数据报，然后对该数据报进行解封处理。解封的过程是先将 VPN 数据报的首部剥离，再将 VPN 数据报的数据部分解密（与加密算法相反）还原成属于源主机 A 的原始的 IP 数据报。

（7）内网二的 VPN 网关将还原后的属于源主机 A 的数据报发送至目标主机 B。由于原始数据报的目标地址是主机 B 的 IP 地址，所以该数据报能够被正确地发送到主机 B。在主机 B 看来，它收到的数据报就像从终端 A 直接发过来的一样。这也是"虚拟"一词的含义所在。

（8）主机 B 响应返回给主机 A 的数据报的处理过程和上述过程一样，这样两个内部网络中的主机就可以通过互联网相互通信了。

VPN 技术中对源 IP 数据报的封装、传输（可以途径多个路由器转发）、解封的过程就像在两个 VPN 网关之间有一条直通的点对点通路，即"隧道"，所以也经常有用 IP 隧道技术实现 VPN 技术的说法。由于网络通信是双向的，在进行 VPN 通信时，隧道两端的 VPN 网关都必须知道对方的 VPN 目标地址和与之对应的远端 VPN 网关地址。

4.6.3　VPN 的分类

根据不同的划分标准，VPN 可以按几个标准进行分类划分。

按 VPN 的隧道协议分类主要有三种，即 PPTP、L2TP 和 IPSec。其中 PPTP 和 L2TP 协议工作在 OSI 模型的第二层，又称为二层隧道协议；IPSec 是第三层隧道协议。

按 VPN 的应用分类有三种，即 Access VPN、Intranet VPN 和 Extranet VPN。Access VPN 也称远程接入 VPN，其客户端到网关使用公共网络作为骨干网，在设备之间传输 VPN 数据流量；Intranet VPN 也称内联网 VPN，网关到网关是通过公司的网络架构连接来自同公司的资源；Extranet VPN 也称外联网 VPN，一个机构的内网与信任的合作伙伴机构的内网构成的 Extranet，将一个机构与另一个机构的资源进行连接共享。

按 VPN 所用的设备类型进行分类有两种，即路由器式 VPN 和交换机式 VPN。路由器式 VPN 部署较容易，只要在路由器上添加 VPN 服务即可；交换机式 VPN 主要应用于连接用户较少的 VPN 网络。网络设备提供商针对不同客户的需求，开发出不同的 VPN 网络设备，主要为交换机、路由器和防火墙。

按 VPN 实现原理进行分类有两种，即重叠 VPN 和对等 VPN。重叠 VPN 需要用户自己建立端节点之间的 VPN 链路，主要包括 GRE、L2TP、IPSec 等众多技术；对等 VPN 由网络运营商在主干网上完成 VPN 通道的建立，主要包括 MPLS、VPN 技术。

4.6.4 VPN 的应用

1. VPN 的实现方法 VPN 的实现有很多种方法，常用的有以下四种：

（1）VPN 服务器。在大型局域网中，可以通过在网络中心搭建 VPN 服务器的方法实现 VPN。

（2）软件 VPN。可以通过专用的软件实现 VPN。

（3）硬件 VPN。可以通过专用的硬件实现 VPN。

（4）集成 VPN。某些硬件设备，如路由器、防火墙等，都含有 VPN 功能，但是一般拥有 VPN 功能的硬件设备通常都比没有这一功能的要贵。

2. VPN 的优缺点 目前，VPN 技术在互联网里应用很广，对用户而言也很方便。

（1）VPN 技术具有以下优点：

①VPN 能够让移动员工、远程员工、商务合作伙伴和其他人利用本地可用的高速宽带网（如 DSL、有线电视或者 Wi-Fi 网络）连接到企业网络。此外，高速宽带网连接提供一种成本效率高的连接远程办公室的方法。

②设计良好的宽带 VPN 是模块化的和可升级的。VPN 能够让应用者使用一种很容易设置的互联网基础设施，让新的用户迅速和轻松地添加到这个网络。这种能力意味着企业不用增加额外的基础设施就可以提供大量的容量和应用。

③VPN 能提供高水平的安全，使用高级的加密和身份识别协议保护数据，避免受到窥探，阻止数据被窃和其他非授权用户接触这种数据。

④完全控制，虚拟专用网使用户可以利用 ISP 的设施和服务，同时又完全掌握着自己网络的控制权。用户只利用 ISP 提供的网络资源，对于其他的安全设置、网络管理变化可由自己管理。在企业内部也可以自己建立虚拟专用网。

（2）VPN 技术存在以下缺点：

①企业不能直接控制基于互联网的 VPN 的可靠性和性能。机构必须依靠提供 VPN 的互联网服务提供商保证服务的运行。这个因素使企业与互联网服务提供商签署一个服务级协议非常重要，要签署一个保证各种性能指标的协议。

②企业创建和部署 VPN 线路并不容易。这种技术需要高水平地理解网络和安全问题，需要认真地规划和配置。因此，选择互联网服务提供商负责运行 VPN 的大多数事情是一个好主意。

③不同厂商的 VPN 产品和解决方案总是不兼容的，因为许多厂商不愿意或者不能遵守 VPN 技术标准。因此，混合使用不同厂商的产品可能会出现技术问题。另外，使用一家供应商的设备可能会提高成本。

④当使用无线设备时，VPN 有安全风险。在接入点之间漫游特别容易出问题。当用户在接入点之间漫游的时候，任何使用高级加密技术的解决方案都可能被攻破。

4.7 互联网宽带接入技术

宽带接入互联网的方式很多，目前在我们国家居民家里常用的宽带上网方式是 ADSL 和 HFC，高速以太网宽带接入方式以及光纤宽带接入方式都在发展之中。

4.7.1　ADSL

1. 什么是 ADSL　ADSL（asymmetric digital subscriber line），即非对称数字用户线路，其技术就是用数字技术对现有的模拟电话用户线进行改造，使它能够承载宽带业务。它以普通电话线作为传输媒介，使用的是 26kHz 以后的高频段，传输速率较高，能够充分利用现有的市话网络，有效降低了安装和维护成本。电话线在居民家中或办公场所具有较高的覆盖率，所以今后相当长的时间里大多数用户仍将继续使用现有的铜线环路进入互联网。ADSL技术受欢迎的另一个原因是利用电话线上网的同时不影响原有的电话业务，两种通信共享传输介质，同时通信，互不影响。ADSL 技术也可以说是电信营运商（ISP）在原有固话通信基础上的一次增值服务（图 4-12）。

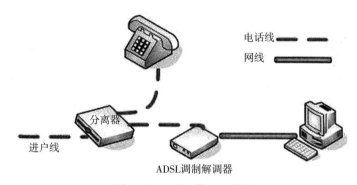

图 4-12　ADSL 接入互联网

实现 ADSL 技术时，用户端需要安装一个分离器，其出口分别接电话和计算机。用户端和交换节点还需要各安装一个 ADSL 调制解调器，其作用是在电话线（模拟信道）两端进行数字信号和模拟信号的互相转换。计算机还需要安装网卡（一般都内置了），网卡和ADSL 调制解调器之间通过双绞线连接。所以 ADSL 技术还嵌入了以太网技术。

标准模拟电话信号的频带被限制在 $300 \sim 3400$Hz 的范围，但电话线实际可通过的信号频率可以超过 1MHz。所以 ADSL 技术就把 $0 \sim 4$kHz 低端频谱继续留给传统电话使用，而把原来没有被利用的高端频谱留给用户上网使用。

2. ADSL 技术的特点　ADSL 技术的特点如下：

（1）由于电话线频率资源有限，上网通信时，上行和下行带宽做成不对称的。上行指从用户到 ISP，而下行指从 ISP 到用户。

（2）ADSL 在用户线（铜线）的两端各安装一个 ADSL 调制解调器（一对）。我国目前采用的方案是离散多音调（DMT，4kHz 带宽）调制技术。所谓 DMT 调制技术，就是采用频分复用方法，把 40kHz~ 1.1MHz 的高端频谱划分为许多子信道，其中 25 个子信道用于上行信道，而 249 个子信道用于下行信道。这就导致了上传、下载时速率不一致。每个子信道占据 4kHz 带宽（严格讲是 $4.312\,5$kHz），并使用不同的载波，采用频分复用方法进行数字调制。这种做法相当于在一对用户线上使用许多小的调制解调器并行地传送数据。

（3）ADSL 的极限传输距离和数据率与用户线的线径粗细都有很大的关系，而所能得到的最高数据传输速率与实际的用户线上的信噪比密切相关。如 0.5mm 线径的用户线，传输速率为 $1.5 \sim 2.0$Mb/s 时可传送 5.5km，但当传输速率提高到 6.1Mb/s 时，传输距离就缩短为 3.7km；如果把用户线的线径减小到 0.4mm，那么在 6.1Mb/s 的传输速率下就只能传送 2.7km。

（4）ADSL 的数据率。由于用户线的具体条件往往相差很大（距离、线径、受到相邻用户线的干扰程度等都不同），因此 ADSL 采用自适应调制技术使用户线能够传送尽可能高的数据率。当 ADSL 启动时，用户线两端的 ADSL 调制解调器就测试可用的频率、各子信道受到的干扰情况，以及在每一个频率上测试信号的传输质量。ADSL 虽然不能保证固定的数据率，但是它能自适应当前接入网络环境，尽量给用户提供一个较高的速率上网。通常下行数据率为 32Kb/s～6.4Mb/s，而上行数据率为 32Kb/s～640Kb/s。

二代 ADSL 技术通过提高调制效率得到了更高的数据率。ADSL2 要求至少应支持下行 8Mb/s、上行 800Kb/s 的速率。而 ADSL2＋则将频谱范围从 1.1MHz 扩展至 2.2MHz，下行速率可达 16Mb/s，而上行速率可达 800Kb/s。

二代 ADSL 技术采用了无缝速率自适应技术 SRA，可在运营中不中断通信和不产生误码的前提下，自适应地给用户调整出一个"最佳"数据率。二代 ADSL 技术改善了线路质量评测和故障定位功能，这大大提高了网络的运行维护水平。

总之，随着 ADSL 技术的不断改进和发展，ISP 给互联网用户带来的好处就是花越来越少的钱，享受越来越好的上网服务。

4.7.2　HFC

1. 什么是 HFC　HFC 也是目前使用比较广泛的宽带接入互联网技术，是在目前覆盖面很广的有线电视网（CATV）的基础上开发的一种居民宽带接入网。HFC 除了可以传送 CATV 基本业务外，还可以提供电话、数据和其他宽带交互型业务等增值服务，也是一种三网融合技术（图 4-13）。

现有的 CATV 网是树形拓扑结构的同轴电缆网络，同轴电缆的频率可达 1000MHz，带宽资源远远超过电话线。它采用模拟技术的频分复用对电视节目进行单向传输。HFC 其实也是非对称的，需要对 CATV 网进行改造才能使用。

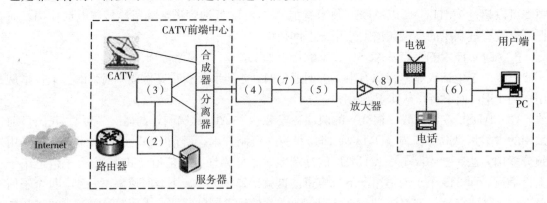

图 4-13　HFC 技术接入互联网

2. HFC 技术的特点　HFC 技术主要有以下特点：

（1）HFC 网的主干线路采用光纤。HFC 网将原 CATV 网中的同轴电缆主干部分改换为光纤，并使用模拟光纤技术。在模拟光纤中采用光的振幅调制（AM），这比使用数字光纤更为经济。模拟光纤从头端连接到光纤节点，即光分配结点（ODN）。在光纤节点，光信号被转换为电信号。在光纤节点以下就是同轴电缆。

（2）HFC 网采用节点体系结构。

（3）HFC 网具有比 CATV 网更宽的频谱，且具有双向传输功能。

（4）每个家庭要安装一个用户接口盒。用户接口盒（UIB）要提供三种连接：使用同轴电缆连接到机顶盒，然后再连接到用户的电视机；使用双绞线连接到用户的电话机；使用电缆调制解调器连接到用户的计算机。

（5）电缆调制解调器是为 HFC 网而使用的调制解调器。电缆调制解调器最大的特点就是传输速率高。其下行速率一般为 3～10Mb/s，最高可达 30Mb/s，而上行速率一般为 0.2～2Mb/s，最高可达 10Mb/s。电缆调制解调器比在普通电话线上使用的调制解调器要复杂得多，并且不是成对使用，而只安装在用户端。

和 ADSL 技术相比，HFC 具有更高的频带，并且能够利用覆盖面已经相当大的有线电视网进行技术融合并增值服务。但是要将现有的 450 MHz 单向传输的有线电视网络改造为 750MHz 双向传输的 HFC 网，还需要一定的时间。三网融合是大势所趋，你中有我、我中有你的业务上的高度融合，既能给网络用户带来更大的福利，也能使各级 ISP 所拥有的网络资源兼容并高度共享。

◆ **思考题**

1. IPv4 地址分几类？常用的三大类 IP 地址是什么？

2. 私有 IP 地址分几类？

3. IP 数据报由几部分组成？第一部分的固定长度是多少？

4. TCP/IP 运输层上的常用端口有哪几种？

5. 路由器的逻辑结构划分为哪几部分？

6. ISP 分为几个层次？

7. 域名服务器的四种类型是什么？

8. 电子邮件由哪三部分构件组成？

9. 发送邮件和接收邮件各用到哪些协议？

10. 简述 FTP 的两个 TCP 连接。

11. 简述 HTTP 协议的作用。

12. 简述 VPN 的优缺点。

参考答案

第 5 章　多媒体技术

多媒体技术使计算机具有了综合处理声音、文字、图像和视频的能力，它集多种媒体形式于一体，以形象生动、交互便捷的特点，让用户感受到一个丰富多彩的计算机世界，为计算机能够进入我们的生活、生产等多个领域打开了方便之门，给人们的工作、学习、娱乐生活带来了巨大的变化，是计算机信息处理技术的重大飞跃。

5.1　多媒体技术的基本概念

在 20 世纪 80 年代后期，多媒体计算机技术开始成为人们关注的热点之一。多媒体技术是计算机、通信、电子信息等多种技术综合而产生的一种新技术，它给传统的计算机系统、音频设备和视频设备带来了方向性的变革，对大众传媒产生了深远的影响，从而也加速了计算机进入家庭应用、社会生产等许多领域的时代进程。

5.1.1　媒体

1. **媒体的概念**　媒体（medium）是信息表示和传输的载体，是人与人之间沟通的媒介。在计算机领域，媒体具有两种含义，一种含义强调的是存储，另一种含义强调的是表示，即分别为存储媒体和表示媒体。其中，存储媒体是用以存储信息的实体，如光盘、磁带、录像带、纸和 U 盘等，也可称为媒质；表示媒体是指承载信息的载体，如文字、声音、图形、图像、动画、视频等，也可称为媒介（图 5-1）。

图 5-1　表示媒体

2. **媒体的分类**　媒体作为信息的形式载体，它被人们所感知、用来表示、使之显示、实现存储和传输的形式是完全不同的。国际电信联盟（ITU）建议将媒体分为 6 类：感觉媒体、表示媒体、显示媒体、传输媒体、存储媒体和交换媒体。

（1）感觉媒体。感觉媒体是能够直接作用于人的感官，使人产生感觉（视、听、嗅、味、触）的媒体。感觉媒体帮助人类来感知环境，人类主要靠听觉和视觉来感知外部环境中的信息，如我们听觉能感知的语言、音乐，视觉能感知的图像、动画和视频等。

（2）表示媒体。表示媒体是为了对感觉媒体进行加工、处理和传输，而人为构造出的一种媒体，是感觉媒体数字化后的表示形式，如图像视频编码（JPEG、MPEG）、文本编码（ASCII）、声音编码等。表示媒体是一种中介媒体，借助该媒体，能够更有效地存储感觉媒体，或将感觉媒体从一个地方传送到另一个地方。

（3）显示媒体。显示媒体也称表现媒体，分为输入显示媒体和输出显示媒体两种。输入显示媒体是指将感觉媒体转换为表示媒体，即获取信息的媒体，如键盘、摄像机、话筒等；输出显示媒体是指将表示媒体转换成感觉媒体，即输出信息的媒体，如显示器、音响、打印机和绘图仪等。

（4）传输媒体。传输媒体是将媒体从一个地方传送到另一个地方的通信载体，即传输信息的物理载体，如电话线、同轴电缆、光纤、双绞线、电磁波等。

（5）存储媒体。存储媒体是存储信息的物理介质，用来存放表示媒体。这里存放的表示媒体多是感觉媒体被数字化编码后的产物，常见的存储媒体有硬盘、软盘、光盘、磁带、纸张和 U 盘等。

（6）交换媒体。交换媒体是在系统之间交换信息的手段和类型，可以是存储媒体或者传输媒体，也可以是两种媒体的组合，如网络、电子邮件、FTP 服务等。

5.1.2 多媒体

1. 多媒体的概念　多媒体（multimedia），是由 multiple（多）和 media（媒体）复合而成的。多媒体就是多个媒体的组合，它是相对于单个媒体而形成的概念，是指把多种不同但又相互关联的媒体（如文字、声音、图形、图像、动画、视频等）综合集成而产生的一种在存储、传播和表现形式方面都全新的载体，它包括了计算机处理信息的多元化技术和手段。

2. 多媒体技术　多媒体技术（multimedia technology）就是利用计算机把文字、图形、图像、动画、声音及视频等媒体信息进行数字化，使多种信息建立起逻辑关系，并将其整合在一定的交互式界面上来展示的技术。

多媒体技术可以对这些不同的媒体进行获取、压缩、编辑、存储、检索、展示、传输等各种操作，它是信息传播技术、信息处理技术和信息存储技术的高度融合。多媒体技术的含义和范围极其广泛，很难给出精确的定义，这里参考的是 Lippincott 和 Robinson 于 1990 年给出的定义。

5.1.3 多媒体技术的特征

多媒体技术所处理的媒体信息是一个有机的整体，各种媒体之间在时间上、空间上存在着紧密的联系。多媒体具有集成性、交互性、实时性、非线性和多样性等特征。

1. 集成性　多媒体技术是集文字、图形、图像、声音、动画、视频等各种媒体于一身的应用，它是建立在数字化基础之上的。计算机综合处理多种媒体，包括两个方面：一是多种媒体信息的集成，二是多种媒体设备的集成。这些集成不只是简单地将各种不同的媒体信息堆积起来，而是要通过各种媒体设备进行各种变换、组合、加工等综合处理，使各种媒体通过集成，被有效地协调起来，以发挥各种媒体的综合效果。

2. 交互性　交互性是指通过各种方式，有效地控制和使用信息，让用户完成交互式沟通的特性，它是人们获取和使用信息的方式由被动变为主动的最为重要的特征。交互可以增强用户对信息的关注和理解，充分延长信息的保留时间。即用户可以按照自己的意愿来选择信息的内容、参与多媒体信息的播放和节目的组织与控制，从而达到用户对有效信息的获取和解决实际问题的目的。

3. **实时性**　由于声音、视频、图像等信息是与时间密切相关的连续媒体，有些甚至是强实时的，所以多媒体技术在信息处理过程中必须支持实时性处理，即当用户给出操作命令时，相应的多媒体信息都能够得到实时控制和响应。例如，视频会议系统中的声音和图像都必须同步传送，不允许有一方停顿。也就是说，只有在多种媒体的实时、共同作用下，人们才能通过视觉、听觉、触觉及味觉等多种感觉器官使我们得到的信息更加丰富和真实。

4. **非线性**　非线性特点将改变传统的循序性的读写模式。以往人们读写文章时都采用线性的顺序读写，而多媒体技术借助超文本链接（hyper text link）的方法，把内容以一种更灵活、更具变化的方式呈现给读者，大大简化了使用者查询资料的过程，读者可以根据自己的需要进行跳跃式阅读。

5. **多样性**　多媒体技术的多样性体现在信息承载载体的多样性和处理信息技术的多样性两个方面。多样化的信息载体包括磁盘、光盘、声音、图形、图像、视频和动画等，和当初最简单的媒体形式相比已经有了质的飞跃。处理信息技术的多样性体现在信息采集、生成、传输、存储、处理及显现的过程中，人们可以根据自己的想法、创意进行加工、组合和变换，使得这些信息更加生动、灵活和自然。

5.2　多媒体技术中的关键技术

随着多媒体应用越来越广泛，多媒体技术一直是信息技术研究的热门课题。多媒体技术是一门综合学科，它涉及计算机软硬件系统、图像处理、动画制作、音频与视频处理、网站技术等领域。在多媒体技术的整个发展过程中，有很多关键技术支撑着多媒体逐渐走向成熟，走向辉煌。

5.2.1　信息的采集和输出

信息的采集和输出主要是指计算机内部和外部的信息交换。早期，键盘是主要的输入工具，一般都是靠手工的方式把字符输入。出现了多媒体之后就要面临处理更多种类的信息形式，如声音、图形、图像等，因此要求多媒体计算机能够解决视频信号、音频信号的获取问题。

现在，我们可以利用各种多媒体设备，通过多种途径将各种信息输入计算机，例如手写笔、摄像头、话筒、数码相机、智能手机等。这些多媒体设备使得人们能够采集到更多、更加丰富的信息。同时，在输出设备方面，各式各样的多媒体输出设备也是层出不穷，可以完成各种形式的媒体输出，例如视频会议、画中画电视视频和数字环绕立体声音响设备等。

多媒体技术中的一个重要发展方向是计算机的语音识别和语音合成。语音识别是指计算机能够听懂人类的语言，该技术和人工智能技术相结合，可以把语音信号转变为相应的文本和命令。语言合成技术是使计算机具有人类一样的说话能力，通过文本和语音的转换技术，把计算机内部的各种文本信息，利用音响设备播放出人类能够听懂的语言来。

5.2.2　数据的压缩

在多媒体计算机系统中，大量的媒体数据需要在有限的磁盘上存储，所以数据压缩技术是多媒体技术中最为关键的核心技术之一。多媒体的数据文件都比较大，这样就给数据的处理、存储和传输带来了非常大的麻烦，要想解决这个问题，就必须对多媒体数据进行压缩处理。

研究和开发新型有效的多媒体数据压缩编码方法，以数码压缩的形式存储和传输这些数据是最好的选择。压缩技术研究的主要问题包括数据压缩比、压缩和解压缩速度以及简捷的算法，现在业界已经制定了一些视频压缩标准，比如 H.261、JPEG 和 MPEG 等。

压缩形式又分为无损压缩和有损压缩两种：

1. 无损压缩　无损压缩，顾名思义，就是没有损失地对数据进行压缩处理。解压缩以后可以完全恢复原来的数据而没有引起任何的损失，非常安全。但缺点是压缩比率较低，一般为 2∶1 到 5∶1。这种压缩方法一般用于文本文件、程序文件和一些特殊要求的图像数据文件的压缩。

2. 有损压缩　有损压缩是指经过压缩和解压缩处理后的数据与原始数据存在一定的差异，但非常接近原始数据的压缩方法。有损压缩也称破坏型压缩，它保留了绝大多数主要的信息内容，将一些次要的信息压缩掉，也就是通过牺牲了一些质量来减少数据量，提高压缩比率。这种压缩虽然不能完全恢复原始数据，但可以帮助我们舍弃原有信息中某些不敏感的特性数据，减少数据总量，产生很大的压缩比。常见的声音、图像、视频压缩基本都是有损压缩，涉及的文件格式有 MP3、DivX、JPEG、RM、RMVB、WMA、WMV 等。

5.2.3　信息的同步处理

多媒体的应用包括了多种媒体形式，它们之间存在着密切的联系，这就要求我们在使用的时候保持实时性和一致性。例如，实时性较强的音频和视频信息，它们之间的同步关系是非常密切的，如果破坏了原来同步的信息，就会造成用户在观看的时候出现严重的失真现象。

造成破坏原有同步关系的原因有很多，其中最主要的还是各种媒体的性质不同，在传输时会产生不同的延迟和损耗，打破了原来的同步状态。如何解决各种不同媒体之间的同步问题非常重要，因为它会直接影响多媒体产品最后的展示效果。

5.2.4　信息的存储和检索

多媒体信息的存储和检索是多媒体技术里最重要的两个方面，一个决定了大量多媒体信息如何来保存，一个决定了如何快速、高效地找到需要的信息。

数据的存储技术最早起源于 20 世纪 70 年代的终端/主机计算模式，到了 20 世纪 90 年代，在 Internet 的迅猛发展带动下，存储技术发生了革命性的变化。随着多媒体技术的蓬勃发展，尤其多媒体数据的多样性以及网络地理位置的分散性特点，都在重要数据的安全、共享、管理等方面，对存储系统提出了更高的要求。

多媒体信息包括了各种媒体类型，其数量是海量的，这就对存储系统提出了更高的要求。我们现在的存储能力已经从原来的磁带、软盘发展到大容量硬盘、光盘，容量高达几十太字节、数百太字节的硬盘、移动硬盘、U盘已经出现，给巨量的多媒体信息存储提供了很好的条件。

那么如何在巨量的存储数据里找到我们想要的信息呢？这就需要我们找到针对多媒体信息有效的检索方式，它已经成为多媒体技术需要解决的核心问题之一。

多媒体信息的检索就是根据用户的具体要求，对文本、图形、图像、声音、视频、动画等多媒体信息进行检索，从而得到用户所需要的信息。由于多媒体信息的数据量巨大，而且数据类型具有多样性，不同的媒体类型的数据结构都不同，信息的搜索方式也就不一样。但不管什么媒体类型都必须首先进行数字化处理，使得这些信息以数字形式存储在计算机系统中，这样才能保证利用数字检索技术对其进行处理操作（图5-2）。

图5-2　多媒体信息检索

5.3　多媒体技术的发展

在计算机出现初期，人们只能通过计算机来实现一些简单的数值计算和字符处理的操作，要想看到图形图像等媒体信息，那个时代只能通过报纸。人们一直希望计算机能够处理更多的媒体信息，在经过了漫长的信息革命之后，终于迎来了多媒体计算机时代。

5.3.1　多媒体技术的三个发展阶段

1. 启蒙发展阶段　多媒体技术最早起源于20世纪80年代中期。那时人们开始致力于研究如何将声音、图形和图像作为新的信息媒体输入计算机内部并能够从计算机输出，这样会使计算机的应用更加直观、方便和生动。1984年，Apple公司的Macintosh个人计算机研制成功，使得计算机具有了统一的图形处理界面，并增加了鼠标，完善了人机交互的方式，大大方便了用户的操作。从此，人们告别了计算机的黑白显示风格，而且使得非计算机专业的人士都能使用计算机。

1985年，美国Commodore公司的Amiga计算机问世，成为多媒体技术先驱产品之一。同年，激光只读存储器（CD-ROM）问世，为大容量多媒体数据的存储和处理提供了条件。这一年，Microsoft公司推出了Windows操作系统，它是一个多用户的图形化操作环境。1986年3月，Philips和Sony两家公司联合推出了交互式光盘系统CD-I（compact disc interactive），这是集文字、图像和声音于一体的多媒体系统。1987 年 3 月，美国无线电公司（RCA）展示了交互式数字影像系统（digital video interactive，DVI），这算是多媒体技术产品的雏形，它利用标准光盘来存储和检索活动的影像、静止图像和其他数据。

2. **标准化阶段**　多媒体技术的发展促进了人们对标准化问题的重视。1990 年，Microsoft 公司和其他几家公司一起成立了多媒体个人计算机市场协会，负责制定多媒体计算机的规范化管理和多媒体计算机的标准。该协会 1991 年提出了 MPC 1 标准，1993 年又发布了 MPC 2 标准，1995 年又推出了 MPC 3 标准。1996 年以后，新的个人计算机均支持基本多媒体功能，即基本多媒体功能已经成为新出厂个人计算机的标准配置了。

1988 年，ISO 和 CCITT 联合成立专家组，先后提出了静止图像的数字压缩标准 JPEG（joint photographic experts group）和动态图像压缩标准 MPEG（moving picture expert group），这两个标准的出现推动了多媒体应用的快速增长。

3. **普及应用阶段**　随着多媒体技术的快速普及发展，多媒体产品越来越丰富，它迅速扩展到社会的各个领域。凭借着多媒体产品友好的用户界面、生动的展示效果、方便灵活的交互操作，越来越多的人开始使用多媒体产品，尤其在教育培训、信息服务、数据通信、娱乐、大众媒体传播、广告等方面已经显露出强劲的发展势头。

随着多媒体计算机的普及，多媒体走进家庭，用于家庭教育、信息查询、娱乐、游戏；多媒体走进学校校园，用于学生的交互式学习，进行模拟教学实验和演示、信息查询检索；多媒体在社会上的商业应用也越来越多，分布式多媒体电视电话会议、多媒体视频点播系统、多媒体监控和监测系统、安全防护监控、远程医疗诊断、远程教学系统等都被广泛应用。

伴随着移动互联网的蓬勃发展，多媒体技术目前正把计算机技术、通信技术、大众传媒技术以及 5G 技术融合在一起。我们已经开始利用人工智能技术把各种媒体形式有机地结合起来，为用户提供功能更加强大的多媒体平台。

5.3.2　多媒体技术的应用领域

多媒体技术是一种实用性很强的技术，它的应用领域十分广阔，基本上已经覆盖了计算机的绝大部分应用领域。它大大改善了人机交互界面，集声、文、图、像处理于一体，极其方便地改善了人们之间的信息交流方式。随着多媒体技术的深入发展，其应用领域必定会越来越广泛，将不可避免地渗透到社会的各个领域和国民经济的各个方面。

1. **多媒体在教学和培训中的应用**　以多媒体计算机为核心的现代教育技术加入了音频、动画和视频，使教学手段变得丰富多彩。多媒体教学系统有如下特点：学习效果好，说服力强，教学信息的集成使教学内容丰富、信息量大；感官整体交互，学习效率高；各种媒体与计算机相结合可以使人类的感官和想象力相互配合，产生前所未有的思维空间与创造资源。同时，多媒体教学可以将文字、图表、声音、动画和视频等组合在一起构成计算机辅助教学产品。

多媒体技术应用于军事、体育、医学和驾驶培训等各个方面，不仅可以使受训者在生动直观、逼真的场景中完成训练过程，还能够方便灵活地设置各种复杂环境，提高受训人员对困难和突发事件的应对能力，极大地节约训练成本。

2. **多媒体在网络通信中的应用**

（1）视频会议。多媒体会议系统可以是点对点多媒体信息的交互和传输，也可以是点对多或多对多的交互和传输，其网络平台可以在局域网上运行，也可以在广域网及 Internet 上运行。通过计算机远程参加会议，可以通过可视化、实时的、交互性的方式实现在不同地理位置的参会人员的信息交流。目前，多媒体会议系统一般分为两大类，一类是基于会议室的视频会议系统（room-base video conferencing），如图 5-3 所示，另一类是基于桌面的视频会议系统（desktop video conferencing）。

图 5-3　基于会议室的视频会议系统

（2）远程医疗。随着多媒体技术发展，现医疗方面已具备了进行远程医疗的条件。利用电视会议系统进行双向或全双工音频及视频交互，与病人面对面地交谈，进行远程咨询和检查，从而进行远程会诊（图 5-4）。可以在远程专家的指导下进行复杂的手术，并在不同的医院之间，甚至跨国的医疗机构之间建立信息交流通道，实现重大医疗信息共享。

图 5-4　多媒体远程医疗

（3）远程教学。网络远程教育模式依靠现代通信技术及多媒体技术的支持，大幅度地扩大了教育传播的范围并提高了时效，使教育传播不受时间、地点、国界和气候的影响。目前，国内很多院校都投入力量重点实施远程教育，以解决边远地区的教育问题。通过网络远程教育，也使学生们打破了校园界限，改变了传统的"课堂教学"模式，可以接受来自不同国家、不同机构的教师的指导，可以获得课堂之外更丰富、更直观的多媒体教学信息，充分共享教学资源。

（4）视频点播。视频点播（VOD）系统是一种为用户提供不受时间、空间限制的浏览和播放多媒体信息的人机交互应用系统。通过该系统，用户可以任意点播系统中的影片，并可以随意切换、重复点播，用户能够控制快进与快退、向前与向后查看、开始、暂停、取消等操作，这为用户提供了极大的方便。点播系统还可以提供对信息、新闻、音乐、游戏等进行点播功能，可以通过网络实现对信息的搜索与自主播放等操作。

3. 多媒体在办公自动化中的应用　多媒体技术突出强化了控制各种媒体信息的能力，因而，在办公自动化领域随即产生了许多新型的多媒体办公系统。这些系统都是为了提高工作人员的工作效率而设计的，这些程序将数据库、多媒体结合在一起，使文档管理、人事档案管理、公共信息查询、客户地址、名片、电话服务等日常办公业务活动，完成起来更加形象、方便、高效。由于采用了先进的数字影像和多媒体计算机技术，可以把重要的文件利用文件扫描仪、图文传真机、文件资料微缩系统等技术手段实现数字化并有机地管理起来，这些现代化的多媒体办公设备构成了全新的办公自动化系统（图 5-5）。

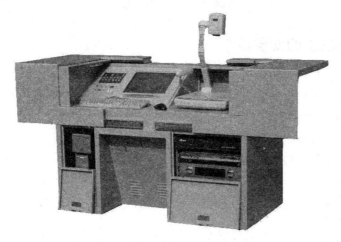

图 5-5　多媒体办公自动化

在办公自动化应用中还可以利用视频电视会议系统，使得在不同办公地点的人员可以通过显示器或电视屏幕来传达文件、进行讨论、协调工作等，降低了会议成本，缩短了决策周期，极大地提高了工作效率。

4. 多媒体在家电中的应用　多媒体家电是计算机应用中一个很大的领域。现在数字电视技术已经非常成熟并进入市场，多媒体计算机只要随便接入一个公用计算机网络，就能播放电视节目。人们已经把电视台所拥有的丰富的信息资源都以数字化多媒体信息的形式保存在一个巨大的信息库中，用户可以通过计算机网络访问信息库，选择所需要的内容，安排播放的顺序。人们不再满足被动地接受电视台安排的播放时间来观看电视节目内容，而是选择在任何时刻都可以随意享用电视台的信息资源，电视台变成了一个公用的多媒体信息库。

目前，多媒体家电产品已经进入市场。多媒体冰箱除了具有传统冰箱的功能外，还可以看电视、连接计算机、连接网络，支持 MP3、MPEG、JPEG 格式文件的播放。多媒体微波炉可以用来听音乐，其表面显示屏还能观看图片、文字、视频等多媒体信息，它还内置各种烹饪菜单，可以直接通过画面学做菜和烹调。大量的数字化音乐和影像进入家庭，由于数字化的多媒体产品具有传输存储方便、高保真、高性能的特点，在家电用户中受到广泛青睐（图 5-6）。

图 5-6 多媒体家电

5.3.3 多媒体技术的发展前景

伴随着社会信息化步伐的加快及低成本、高速处理芯片的应用，多媒体正以迅速、令人意想不到的方式进入人们生活的方方面面。总的来看，多媒体技术正向以下几个方面发展。

1. **网络化** 网络化是多媒体技术的发展趋势，通过与宽带网络通信技术互相结合，使多媒体技术进入科研设计、企业管理、办公自动化、远程教育、远程医疗、文化娱乐、自动检测等领域。在当前的形势下，有线电视网、通信网络和 Internet 实现三网合一的步伐正在加快，在技术上不断改进，将给我们提供充裕的带宽。各种多媒体系统尤其是基于网络的多媒体系统，如可视电话系统、视频点播系统、电子商务系统、远程教学系统和远程医疗系统等将会得到迅速发展。

多媒体技术在网络环境的支持下，可以消除空间距离的障碍，也消除时间方面的限制，多种媒体形式协同工作，为人类提供完善的信息服务，交互的、动态的多媒体技术能够在网络环境中创建出更加生动逼真的二维与三维场景，用户还可以借助摄像机等设备，把办公室和娱乐工具集成在多媒体计算机上。同时，计算机技术的创新和发展也促使诸如服务器、路由器、转换器等网络设备的性能越来越高，包括用户端 CPU、内存、图形卡等在内的硬件性能空前扩展，使用户改变以往被动地接收、处理信息的状态，并以更加积极主动的姿态去参与眼前的网络虚拟世界。

2. **智能化** 随着计算机技术和人工智能研究的不断深入，未来的计算机将不仅能够以多媒体的形式表达和传递信息，而且能够更好地识别多媒体信息、理解多媒体信息。它能够理解语言的含义、识别人的情感、认识图像的含义，并能够在基于网络的分布式数据库中搜索到用户想要的多媒体信息。

智能多媒体数据库可以将具有推理功能的知识库与多媒体数据库结合起来，形成智能多媒体数据库。另外，基于内容检索的多媒体数据库使多媒体终端设备更智能化，对多媒体终端增加诸如文字的识别和输入、汉语拼音的识别和输入、自然语言的理解和机器翻译、图形的识别和理解、机器人视觉和计算机视觉等智能功能，这些探索已经将人工智能领域某些研究课题和多媒体技术很好地结合起来。因此，智能化将是多媒体计算机的未来发展方向之一。

3. **集成化** 过去的计算机系统在芯片结构设计时较多地考虑计算功能，主要用于数学运算及数值处理。现在随着多媒体技术的发展，需要把多媒体和通信的功能集成到 CPU 芯片中，使计算机具有综合处理声音、文字、图像、视频信息及通信的功能。

现在的计算机芯片多数已经集成了多媒体和通信功能，同时融合了 CPU 原有的计算功能，可以用在多媒体专用设备、家电及宽带通信设备上。随着数字电视技术的发展，计算机和电视互相融合，数字机顶盒技术适应了这种发展趋势，使多媒体终端集家庭购物、家庭办公、家庭医疗、交互教学、交互游戏、视频点播等全方位服务应用于一身。集成化代表了多媒体终端的发展方向。

嵌入式多媒体系统可以应用在人们生活和工作的各个方面，有智能控制设备、POS 机、ATM 机、IC 卡、数字机顶盒、数字式电视、智能冰箱、智能空调等，此外，嵌入式多媒体系统还在医疗类电子设备、多媒体手机、车载导航、娱乐、军事等领域有着良好的应用前景。

5.4　多媒体应用系统

多媒体技术的不断发展以及各种标准的制定和应用，极大地推动了人们对多媒体技术的开发研究。下面介绍几个具有发展前景的多媒体应用系统。

5.4.1　虚拟现实

虚拟现实（virtual reality，VR）是指利用计算机生成一种模拟环境，通过多种多媒体专业设备使用户融入该环境中，并与之进行自然交互的技术。这种多媒体技术通过综合利用计算机图像处理、模拟与仿真、传感技术、显示系统、控制技术和设备，以模拟仿真的方式，给用户提供一个能够真实反映操作对象变化与相互作用的三维立体环境，构成一个虚拟的世界，并可以通过特殊的穿戴设备（如头盔、数据手套等）给用户提供一个与虚拟世界交互作用的用户界面（图 5-7）。

图 5-7　虚拟现实技术

虚拟现实技术的主要特征有多感知性、浸没感、交互性和构想性，它所具备的实时三维空间表现能力以及人机交互的操作环境能够给人们带来身临其境的感觉，它将一改人与计算机之间枯燥、生硬和被动关系的现状。

5.4.2 多媒体会议系统

多媒体会议系统是多媒体技术在网络通信中的成功应用，随着计算机网络技术的发展，实时的分布式多媒体应用成为可能。凭借成熟的广域网技术以及多媒体操作系统的支持，视频会议系统已经成为多媒体技术应用的热点，它充分利用各种媒体信息，以可视化、实时、交互的方式来实现并完成不同地理位置的参加会议人员之间的消息交流。

多媒体会议系统一般分为两大类，一类是基于会议室的视频会议系统，另一类是基于桌面的视频会议系统。它集计算机交互性、通信的分布性以及电视的真实性为一体，具有明显的优越性，是一种快速、高效、不断发展、应用范围非常广泛的通信业务（图5-8）。

图 5-8　基于桌面的视频会议系统

5.4.3 视频点播系统

视频点播系统（video on demand，VOD）是近年来新兴的一种网络传媒方式，它以电视技术、计算机技术、网络通信技术、多媒体技术为基础，用户根据自己的需要来点播节目。传统的基于电视的信息服务都是采用广播形式来传播的，在这种形式中用户是被动的，只有选择频道的权利，没有视频播放的控制权，更不能对节目的视频和声音进行交互式的操作。视频点播系统从根本上改变了传统的电视节目单向传输、用户对视频内容无权选择的状况，用户可以选择存放在视频点播系统中的视频节目，随时播放和控制自己想看的节目（图5-9）。

图 5-9　视频点播系统

现在以网络直播、网络在线视频、网络在线音乐等网上娱乐节目和服务为代表的娱乐产品迅猛发展，各大电视台、广播媒体和娱乐公司都纷纷推出其网上节目，VOD 模式受到越来越多用户的青睐，具有巨大的潜在市场。

5.4.4　计算机辅助教学系统

计算机辅助教学（computer assisted instruction，CAI）是指利用计算机系统，根据一定的教学目标，通过使用一系列教学程序软件来完成学习任务。在 CAI 系统中，多媒体能够产生一种新的图文并茂、丰富多样的人机交互方式，而且可以对教学的效果立即进行反馈。采用这种方式，学习者可按自己的学习基础、兴趣来选择自己想要学习的内容，更加主动地进行学习（图 5-10）。

图 5-10　计算机辅助教学系统

目前移动互联网技术快速发展，计算机辅助教学系统更大大地扩大了教育传播的范围，远程教学得以实现，使学生可以不再受到时间、空间、国界和气候的影响与限制。多媒体技术的发展将会彻底改变传统的教学模式、教学内容、教学手段、教学方法，最终引起整个教育思想、教育理念甚至教育体制的根本变化。

5.4.5　地理信息系统

地理信息系统（geographic information system，GIS）是一种特定的、十分重要的空间信息系统，它用于获取、处理、操作、应用地理空间信息，主要应用在测绘、资源环境利用等领域。GIS 是在计算机硬件、软件系统支持下对整个或部分地球表层空间中的有关地理分布数据进行采集、储存、管理、运算、分析、显示和描述的技术系统。

地理信息系统可以充分利用多媒体技术优势，结合地理学、地图学、遥感和计算机科学应用在不同的领域，它同时又是用于输入、存储、查询、分析和显示地理数据的计算机系统。随着 GIS 的发展，地理信息服务（geographic information service）凭借多媒体计算机可以对空间信息进行分析和处理，GIS 利用多媒体的可视化技术把地图这种独特的视觉化效果和地理分析功能集成在一起，形成一个信息丰富、功能强大的数据库系统（图 5-11）。

图 5-11 地理信息系统

5.4.6 多媒体监控系统

目前，监控系统已经广泛应用到工业生产、交通安全、银行保安、酒店管理等领域，新一代的多媒体技术设备已经改善了原有的模拟报警系统。多媒体视频采集终端通过图像压缩算法，将视频信号转换为数字图像，并将经压缩后的音、视频数据流通过网络转发到视频监控中心，视频监控中心的监控计算机对收到的来自前端的图像和声音数据，进行解压缩并通过计算机显示屏幕和声卡进行实时监控。这种监控方式使得人机交互界面友好，表现形式更为生动、直观（图 5-12）。

图 5-12 多媒体监控技术

多媒体监控系统可以把视频监控设备接入互联网，以实现通过计算机或手机等终端设备观看远程的视频图像。接入方式有多种，可以通过端口映射以及 IP 地址访问，也可以通过域名解析方式观看。监控系统采用多媒体硬件压缩和软件解压技术，在相关的计算机终端利用应用软件或者通过 Windows 自带的 IE 就可实现远程视频监控功能，使之设置成为视频远程监控工作站。

◆ **思考题**

1. 什么是媒体？简述媒体的分类。
2. 什么是多媒体？什么是多媒体技术？
3. 多媒体技术的特征有哪些？
4. 简述多媒体技术中的关键技术。
5. 多媒体数据压缩形式分为哪两种？
6. 多媒体技术发展的三个阶段是什么？
7. 多媒体技术有哪些应用领域？
8. 简述多媒体技术的发展前景。
9. 目前的多媒体应用系统有哪些？

参考答案

第 6 章　网页设计与网站建设

计算机网络，简单地说，就是用通信线路把若干计算机连起来，再配以适当的软件和硬件，以达到计算机之间资源共享和信息交换的目的。Internet 是目前世界上应用最广的计算机网络，它已经成为一个全球性的综合信息网。Internet 提供的服务主要有万维网（WWW）服务、电子邮件（E-mail）服务、文件传输（FTP）服务、远程登录（TELNET）服务和新闻与公告类（usenet）服务等。

Internet 上信息的基本组织形式是网站和网页，网页是构成一个网站最基本的元素，它能存放在全球的任一台计算机上。一旦与 WWW 连接，用户就可以轻松地接收全球任何地方的信息，Internet 上链接在一起的网页构成了一个庞大的信息网。因此，具备网页和网站设计的基本技能就显得非常有必要。

网页设计与制作是一门综合技术。本章介绍网页设计的基础知识，包括网页设计的基本概念、HTML 的基本语法、初识 Dreamweaver、网站建设的流程等。

6.1　网页及网站基础知识

6.1.1　网页设计的基本概念

1. 常用术语

（1）WWW。WWW（world wide web，万维网）是 Internet 上基于客户/服务器体系结构的分布式多平台的超文本、超媒体信息服务系统，它是一个基于超文本方式的信息检索服务工具，是基于客户机/服务器方式的信息发现技术和超文本技术的综合体。WWW 服务器通过超文本标记语言（HTML）把信息组织成为图文并茂的超文本，利用链接从一个站点跳到另一个站点。WWW 把 Internet 上现有资源统统连接起来，使用户能在 Internet 上浏览已经建立了 WWW 服务器的所有站点提供的超文本媒体资源。

对 WWW 的访问是通过一种称为 Web 浏览器的软件实现的，它是用户通向 WWW 的桥梁和获取 WWW 信息的窗口。当用户想进入万维网上一个网页，或者查找其他网络资源的时候，首先要在浏览器中键入想访问的网页的统一资源定位符（uniform resource locator，URL），或者通过超链接方式链接到某个网页或网络资源。然后，URL 的服务器名部分被域名系统分布于全球的因特网数据库解析，并根据解析结果决定进入哪一个 IP 地址。接着，所要访问的网页向在那个 IP 地址工作的服务器发送一个 HTTP 请求。通常情况下，HTML 文本、图片和构成该网页的一切其他文件会被逐一请求并发送回用户。网络浏览器接下来的工作是把 HTML、CSS 和其他接收到的文件所描述的内容，加上图像、链接和其他必需的资源显示给用户。这些就构成了所看到的"网页"。

万维网联盟（W3C，http：//www.w3.org）是 Web 技术领域最具权威和最具影响力的国际中立性技术标准机构，在提供与网络相关的建议和建立技术模型上扮演着重要的角色。到目前为止，W3C 已发布了 200 多项影响深远的 Web 技术标准及实施指南，如广为业界采用的 HTML（标准通用标记语言下的一个应用）、可扩展标记语言（XML，标准通用标记语言下的一个子集）以及帮助残障人士有效获得 Web 信息的无障碍指南（WCAG）等，有效地促进了 Web 技术的互相兼容，对互联网技术的发展和应用起到了基础性和根本性的支撑作用。

（2）网页。网页（web page）是保存在 WWW 服务器中供用户访问的主要的 WWW 资源。网页是构成网站的基本元素。网页是一个纯文本文件，网页中包含文本、图片、动画、声音以及一些用高级语言编写的应用程序。网页通过客户端浏览器进行解析，从而向浏览者呈现网页的各种内容。

通常把进入网站首先看到的第一个页面称为首页，大多数首页的文件名是 index、default、main 或 portal 加上扩展名。网站首页应易于了解该网站提供的信息，并引导互联网用户浏览网站其他部分的内容。

（3）网站。网站（web site）是指在因特网上根据一定的规则，使用 HTML 等制作工具制作的用于展示特定内容相关的网页集合。它包含一个或多个网页，这些网页以一定的方式链接在一起，成为一个整体，人们可以通过网站来发布自己想要公开的信息，或者利用网站来提供相关的网络服务。

网站同时也是指在互联网上拥有域名或地址并提供一定网络服务的主机，是存储文件的空间，以服务器为载体。人们可通过浏览器等进行访问、查找文件，也可通过远程文件传输方式上传、下载网站文件。复杂的网站由域名、空间服务器、DNS 域名解析、网站程序、数据库等组成。

如果把网站比作一本书，那么网页就是这本书中的一页。网页是构成网站的基本单位，是承载各种网站应用的平台，是网站信息发布和表现的主要形式。归根结底，网站是由网页组成的，如果只有域名和虚拟主机而没有制作任何网页，任何人都无法访问网站。

（4）浏览器。Web 浏览器是专门用于显示 HTML 文档内容的软件，它是通过 HTTP 复原并显示来自 Web 服务器的信息。浏览器可以使用户轻松地访问服务器，它不需要知道服务器的物理位置，只需要知道 URL 就可以找到并访问服务器。从用户的角度，浏览器是一个智能化的客户端，集成了多种网络应用，例如，即时通信、信息、网购、影视、网课、游戏等。

浏览器通常分为 Shell 和内核两大部分。Shell 是浏览器的外壳，包括窗口、菜单、工具栏等，是浏览器与用户的交互界面。通过 Shell 可以对浏览器进行各种设置，调用内核的各种功能。而内核是浏览器的核心，是一些程序和模块的集成，为浏览器提供主要功能，负责取得网页的内容（如 HTML、XML、图像、CSS）并进行分析、显示，执行网页中的 JavaScript 等。

浏览器内核负责解析网页语法并渲染（显示）网页，也就是将网页的代码转换为浏览者看得见的页面。不同的浏览器内核对网页编写语法的解析是有所不同的，这就使得同一网页在不同内核的浏览器里渲染展示的效果也可能不同。因此，制作的网页需要在不同内核的浏览器中测试网页的显示效果，使得网页适合不同内核的浏览器。常见的浏览器内核有 Trident 内核、WebKit 内核、双内核等。

Trident 内核也称 IE 内核，是一款开放的内核，这种开放性使得许多非 IE 也采用了 IE 内核。随着非 IE 内核浏览器的市场占有率的提高也使许多网页开发人员开始注意网页标准和非 IE 浏览器的浏览效果问题。常见的采用 IE 内核的浏览器有 IE、360 安全浏览器、搜狗浏览器等。

WebKit 内核是一个开源的浏览器引擎，相对于 Trident 内核，WebKit 具有高效稳定、兼容性好、源代码结构清晰以及易于维护等优势。基于 WebKit 内核的常见浏览器有 Google Chrome（谷歌浏览器）、Safari 浏览器、360 极速浏览器等。

（5）HTTP。HTTP 是网络浏览的最常用、最基本的协议。HTTP 是专门为 Web 服务器和 Web 浏览器之间交换数据而设计的网络协议。HTTP 使得用户的浏览器与各 Web 服务器的资源建立链接关系，从而奠定了用户对 Internet 透明访问的基础。Web 浏览器通过 HTTP 协议向服务器请求文档，再由服务器向 Web 浏览器做出响应。

HTTP 不仅保证计算机正确、快速地传输超文本文档，还确定传输文档中的哪一部分，以及哪部分内容首先显示（如文本先于图形）等。超文本是一种用户接口方式，用以显示文本及与文本相关的内容，具有极强的交互能力，用户只需单击文本中的字或词组，即可阅读另一文本的有关信息，这就是超文本链接（hyperlink）。超文本链接是一种全局性的信息结构，它将文档中的不同部分通过关键字建立链接，使信息得以用交互方式搜索。用户不仅能从一个文本跳到另一个文本，而且可以激活一段声音，显示一个图形，甚至可以播放一段视频，这就是超媒体。Internet 采用超文本和超媒体的信息组织方式，将信息的链接扩展到整个 Internet。

（6）客户端/服务器模型。客户端/服务器（client/server）表示通过网络连接起来的个人计算机。客户端/服务器也可用于描述两个计算机程序间的关系即客户程序和服务器程序。客户向服务器请求某种服务（比如请求一个页面或数据库访问），服务器满足请求并通过网络将结果传送给客户端。虽然客户端和服务器程序可存在于同一台计算机中，但它们通常都运行在不同的计算机上。一台服务器处理多个客户端请求也是很常见的。

Internet 是客户端/服务器架构的一个典型例子。比如某用户在客户端的浏览器上访问网站 http：//www.baidu.com，服务器就是在与域名 baidu.com 对应的 IP 地址处运行一个 Web 服务器程序。它收到连接请求后，会定位和查找所请求的网页和相关资源，并将它们发送给客户端。

2. **网页的技术构成**　网页的技术构成主要有 HTML、CSS、JavaScript、Ajax、jQuery、PHP 等。

（1）HTML。网页最基础的技术是 HTML，它是一种页面描述性语言，用 HTML 编写的超文本文档称为 HTML 文档，它是由很多标签组成的一种文本文件，HTML 标签符号（tag）对网页中的各种对象（如文字、图像、声音等）的位置、外形、色彩和附加的动作等进行标注，控制网页的显示风格，指定网页的输出格式。

使用 HTML 描述的文件，能独立于各种操作系统平台，访问它只需要一个 WWW 浏览器。我们浏览看到的网页，就是浏览器对 HTML 文件进行解释的结果。

XHTML（extensible hypertext markup language，可扩展超文本标记语言）的表现方式与超文本标记语言类似，它是在 HTML 4.0 基础上优化和改进的语言，目的是基于 XML（extensible markup language，可扩展标记语言）的应用，不过在语法上比 HTML 更加严格。

HTML 已发展到了 HTML 5，HTML 5 设计的主要目标是提供所有内容而不需要任何额外的插件。HTML 5 已经远远超越了标记语言的范畴，其背后是一组技术集，HTML 5 更倾向于 Web 应用。

（2）CSS。CSS（cascading style sheets，层叠样式表），是一组用于定义 Web 页面外观格式的规则。在网页制作时使用 CSS 技术，可以有效地对页面的布局、字体、颜色、背景和其他效果实现更加精确的控制。只要对相应的代码做一些简单的修改，就可以改变同一页面的不同部分，或者不同网页的外观格式。

CSS 是 HTML 元素外观规则，用于控制 Web 页面的表现形式。通过使用 CSS 样式设置页面的格式时，可以将页面内容与表现形式进行分离，即页面内容和用于定义表现形式的 CSS 规则存放在不同的文档中，将内容与表现形式分离不仅使 HTML 文档代码更加简练，而且使维护网站的外观更加容易，也缩短了浏览器的加载时间。

（3）JavaScript。JavaScript 是为了适应动态网页制作的需要而诞生的一种编程语言，而且越来越广泛地使用于 Internet 网页制作方面。JavaScript 是由 Netscape 公司开发的一种脚本语言，也被称为描述语言。在 HTML 的基础上，使用 JavaScript 可以开发交互式网页。JavaScript 的出现使得网页和用户之间出现了一种实时、动态、交互的关系，使网页可以包含更多活跃的元素和更加精彩的内容。JavaScript 短小精悍，又是在客户机上执行的，大大提高了网页浏览的速度和交互能力，使有规律的、重复的 HTML 文档得以简化，缩短了下载时间。JavaScript 能及时响应用户的操作，可对提交表单做即时的检查，无须浪费时间交由 CGI 验证。

（4）Ajax。Ajax（asynchronous JavaScript and XML，异步 JavaScript 和 XML），Ajax 不是一种新的编程语言，而是一种用于创建更好、更快以及交互性更强的 Web 应用程序的技术，在无须重新加载整个网页的情况下，能够更新部分网页的技术。JavaScript 可在不重载页面的情况与 Web 服务器交换数据，即在不需要刷新页面的情况下，就可以产生局部刷新的效果。Ajax 技术在浏览器与 Web 服务器之间使用异步数据传输（HTTP 请求），这样就可使网页从服务器上请求少量的信息，而不是整个页面。Ajax 技术可使因特网应用程序更小、更快、更友好。

（5）jQuery。jQuery 是一个快速、简洁的 JavaScript 框架，是一个优秀的 JavaScript 代码库（或 JavaScript 框架）。jQuery 倡导编写更少的代码，做更多的事情。它封装 JavaScript 常用的功能代码，提供一种简便的 JavaScript 设计模式，优化 HTML 文档操作、事件处理、动画设计和 Ajax 交互。

jQuery 的核心特性：具有独特的链式语法和短小清晰的多功能接口；具有高效灵活的 CSS 选择器，并且可对 CSS 选择器进行扩展；拥有便捷的插件扩展机制和丰富的插件。

（6）PHP。PHP 即超文本预处理器，是一种通用开源脚本语言。PHP 是在服务器端执行的脚本语言，与 C 语言语法类似，是常用的网站编程语言。可以利用 PHP 和 HTML 生成网站主页，当打开主页时，服务器端便执行 PHP 的命令并将执行结果发送至访问者的浏览器中。PHP 消耗的资源较少,当 PHP 作为 Apache Web 服务器的一部分时,运行代码不需要调用外部二进制程序,服务器不需要承担任何额外的负担。

与其他常用语言相比,PHP 语言优势明显。较好的可移植性、可靠性以及较高的运行效率使 PHP 语言在当下行业网站建设中独占鳌头。

3. 网页的基本元素 网页的基本元素有文字、图像、超链接、表单、Logo、导航、广告等。

(1) 文字是构成网页最基本的元素,是向浏览者传递信息最直接和有效的方式,文字的显示无须任何外部程序或模块的支持。网页中通用的字体有宋体、黑体等。

(2) 图像是构成网页的基本元素之一,但并不是所有图像格式都可以在网页中正常显示。一般来说,网页中常用的图像格式有 GIF、JPEG、PNG 等。

(3) 超链接是从一个网页指向另一个目的端的地址。该链接既可以指向本地网站的另一个网页,也可以指向其他网站的网页。

(4) 表单是网站交互中最重要的组成部分之一,比如搜索框、用户注册、评论区等都会用到表单及表单元素。网页中的表单是用来收集用户信息、实现网站与用户进行交互的重要的功能性网页元素。

(5) Logo 不仅可以作为网站标识,而且也可以为网站树立良好的形象。

(6) 导航实现了网站信息的基础分类,也是网站浏览者的路标,导航一般位于顶部或左侧显眼位置,导航里的各要素应反映各个目录和子目录以及各主题间的逻辑性与相关性,方便用户找到信息。

4. 网页分类 网页分为静态网页和动态网页。通俗地讲,静态页是照片,每个人看都是一样的。而动态页则是镜子,不同的人(或不同的参数)浏览结果都不相同。

静态网页通常是标准的 HTML 文件,它的文件扩展名通常是 .htm、.html、.shtml、.xml 等,静态网页是相对于动态网页而言的,是指没有后台数据库、不含程序和不可交互的网页。静态网页,其内容是预先确定的,并存储在 Web 服务器或者本地计算机/服务器之上。其特点是制作速度快、成本低;模板一旦确定下来,不容易修改,更新比较费时费事;常用于制作一些固定版式的页面;通常由文本和图像组成,常用于子页面的内容介绍;对服务器性能要求较低,但存储压力较大。

动态网页,就是服务器端可以根据客户端的不同请求动态产生网页内容。动态网页一般以数据库技术为基础,可以大大降低网站维护的工作量。采用动态网页技术的网站可以实现更多的功能,拥有更好的交互性、安全性和友好性,如用户注册、用户登录、在线调查、用户管理、订单管理等。动态网页 URL 的后缀有 .asp、.jsp、.php、.perl、.cgi 等。动态网页实际上并不是独立存在于服务器上的网页文件,只有当用户请求时服务器才返回一个完整的网页,因此动态网页在访问速度和搜索引擎收录方面并不占优势。

6.1.2 网站建设基础

1. 域名及其注册

(1) 域名。Internet 域名是 Internet 上的一个服务器或一个网络系统的名称。域名是一种基于 IP 地址的层次化的主机命名方式,使用域名可以解决 IP 地址不容易记忆的问题。域名具有世界唯一性,域名注册机构保证全球范围没有重复的域名。域名系统是一种分布型层次式的命名机制，这种层次化的域名体系使得 IP 地址的使用更有秩序、更容易管理。

英文域名由 26 个英文字母和 10 个阿拉伯数字以及符号"-"组成，并由点号"."分隔成几个子域。对于一个全称域名，从最右边开始，第一个子域是最高层，称为顶级域名或一级域名，从右向左层次逐级降低，最左边的子域是该计算机的名字。例如，在域名 abc. edu. cn 中，cn 是一级域名，edu 是 cn 下的二级域名，abc 是 edu. cn 下的三级域名。

域名分为国内域名和国际域名两种。国内域名是由中国互联网络信息中心来管理的，国际域名由网络信息中心来管理。

在上网访问某主机时，需要将被访问主机的域名转换成主机的 IP 地址，这种解析工作是由域名服务器（DNS）来完成的。域名服务器实际上是一个数据库，它存储着一定范围主机和网络的域名及相应的 IP 地址。域名地址本身是分级结构的，所以域名服务器也是分级的。Internet 上的每一个域都必须设置 DNS，负责本域内主机名的管理并与其他各级域名服务器相配合，完成 Internet 上 IP 地址与主机名的查询。

（2）域名注册。一般来说，企业要在服务器网站上发布信息，为了便于用户访问，都需要注册网站的域名。域名注册服务由 CNNIC 认证的域名注册服务机构提供。域名注册时只需要选择注册服务机构，并登录到注册服务机构的网站上进行联机注册即可。在 CNNIC 主页下方可以查询到注册服务机构和星级注册服务机构。域名遵循"先申请先注册"的原则。用户在申请注册域名时，需要与域名注册服务机构签订域名注册协议，保证遵守相关的法律规定。

在注册服务机构的网站上按照其注册流程操作即可。对于个人来说，还可以到一些提供免费域名的网站去申请注册免费的域名。一般情况下，注册个人域名时只需提供注册的域名、密码和电子邮件就可以了。

2. Web 服务器　服务器是网站运行的基础平台，Web 服务器软件的选择与网站的规模、面向的用户、管理能力以及网站未来发展规划等有关。在满足需求的情况下，尽量考虑选择简单易维护的 Web 服务器管理软件。常见的服务器管理软件有 Apache、IIS、IBM Web-Sphere、WebLogic、Tomcat 等。

Apache 是最流行的 Web 服务器管理软件之一，可以运行在包括 Linux、Windows 等多种操作系统平台之上。Apache 是免费的，支持 HTTP 和 HTTP 认证，支持通用网关接口（CGI）、支持虚拟主机等协议，还集成了 Perl 脚本编程语言。Apache 可作为集成的代理服务器。

Internet 信息服务器（Internet information server，IIS）是微软公司为 Windows 设计的专业网络服务器软件。IIS 提供了一个图形界面的管理工具，称为 Internet 服务管理器，可用于监视配置和控制 Internet 服务。IIS 是一种 Web 服务组件，其中包括 Web 服务器、FTP 服务器、NNTP 服务器和 SMTP 服务器，分别用于网页浏览、文件传输、新闻服务和邮件发送等方面，它使得在网络上发布信息成了一件很容易的事。IIS 还提供一个 Internet 数据库连接器，可以实现对数据库的查询和更新。

3. 虚拟主机　对于想在 Internet 上拥有自己的网站的微小企业或个人来说，建立独立主机将面临一些管理和维护上的问题。这个问题可以借助"虚拟主机"技术来解决。

虚拟主机实际上是租用某个 ISP 主机的部分系统空间作为租用者自己的网站空间，不需要另外配置专门的设备和线路，维护工作也可以交给 ISP 完成，因而成本可大大降低，但效果可以与独立主机完全一样。虚拟主机采用虚拟技术，把一台服务器主机分成几个或几十个完全独立的虚拟服务器主机，每一台虚拟主机都具有独立的域名和 IP 地址（也可以共享 IP 地址），具有完整的 Internet 服务器功能。在访问者看来，每一台虚拟主机和一台独立的服务器主机完全一样。

4. 网站分类

（1）按照构建网站的主体来进行划分，网站可以分为企业网站、政府网站、服务机构网站几种类型。企业网站是以企业为主体而构建的网站，其域名一般采用".com"类别。这类网站以企业介绍、产品介绍、技术服务等为主要内容。政府网站是以政府机构为主体而构建的网站，其域名一般采用".gov"类别。这类网站是政府与民众的网络化交流平台，其内容主要包括行政区域内政治、经济、文化的介绍，以及政府网上办公和便民服务等。服务机构网站是以服务机构为主体而构建的网站，其域名一般采用".net"类别。这类网站主要提供某一方面的服务，这些服务包括行业服务、商业服务、金融服务、通信服务或休闲娱乐服务等。

（2）按照网站的功能进行划分，网站可以分为门户网站、信息咨询服务网站等。门户网站内容丰富，并提供多种服务，如主页服务、股票行情、电子信箱、天气预报、即时新闻、网上论坛、网上商城、网络游戏等。另外，门户网站一般还提供搜索引擎。信息咨询服务网站的功能主要有信息发布、信息检索、在线咨询、资源服务等。提供的资源一般有软件、图书、图片、技术资料、音乐和影视等。这类网站上一般建立有 BBS 虚拟社区等。

远程互动网站提供远程教育、医疗诊断等交互性应用服务。娱乐游戏网站专门提供各种娱乐、游戏服务。电子商务网站以提供电子商务平台或从事网上贸易为主要目的。

5. 网页设计的原则　网页是构成网站的基本元素，色彩的搭配、文字的变化、图片的处理等，都应遵循一定的设计原则。网页设计的核心是传达信息，网页的设计主要遵循以下几个原则：

（1）内容明确。一个网页在设计的时候首先应该考虑网页内容、网页功能和用户需求等方面，整个设计都应该围绕这些方面来进行。不了解网页用户的需求，设计出的网络文档几乎毫无意义。

（2）色彩和谐统一。网页设计要达到传达信息和美观两个目的，悦人的网页配色可以使浏览者过目不忘。网页色彩设计应该遵循"总体协调、局部对比"的原则。主页上的主体颜色一般不超过 6 种。

（3）平台的兼容性好。网页设计制作完成后，最好在不同的浏览器和分辨率下进行测试，基本原则是确保在 IE 9 以上的版本中都有较好效果，在 1024 像素×768 像素和 800 像素×600 像素的分辨率下都能正常显示。

（4）页面越小越好。为了给用户更好的上网体验，网页下载的速度应尽可能快，避免下载等待的时间过长而使用户失去耐心，从而放弃对网页的浏览。因此可以适当降低图片质量、采用压缩图片文件、减少音频视频对象，以提高网页传输速度。

（5）导航简洁明确。导航的项目不宜过多，一般用 5～9 个链接比较合适，可只列出几个主要页面。如果信息量比较大，确实需要建立很多导航链接时，则尽量采用分级目录的方式列出，或者建立搜索的表单，让浏览者通过输入关键字即可进行检索。明朗的浏览导航，能方便用户快捷地转向站点的其他页面。

（6）定期更新。除了及时更新内容之外，还需要每隔一定时间对版面、色彩等进行改进，让浏览者对网页保持一种新鲜感，否则会失去大量的浏览者。

6. 网站建设流程　网站建设流程包括提出建立网站需求后，从网站策划开始到最终网站上线的全部过程。

（1）网站策划环节。在市场调研分析的基础上，指出要建一个什么样的网站，提供什么样的产品或服务，为谁提供服务等功能定位。网站策划还要说明网站的盈利模式、推广运营方案、网站的投资与风险控制等。

（2）网站总体规划环节。主要是对策划的网站进行总体部署，提出总体要求。在明确建站目的和目标的基础上对网站的内容、文件目录等进行整体规划。

（3）网站后台应用系统分析环节。主要是从信息系统的角度出发，对网站的后台应用系统进行分析，确定后台管理系统的总体结构，包括应用系统的数据分析。这个环节是为后面的应用程序设计做准备的。

（4）网站设计环节。主要是按照网站总体规划对网站的内容结构、网站表现形式（网页界面）、栏目设计、链接设计、可视化设计、首页设计、后台数据库等进行详细设计。

（5）站点搭建环节。主要是按照网站设计去搭建网站的框架，包括注册域名、Web 服务器的构建、建立网站的运行环境和站点，为网页制作和后台编程做好准备。

（6）后台应用编程与网页制作环节。主要是按照网站设计开始制作各个页面，编写各个应用程序。

（7）网站测试环节。主要是对网站在链接有效性、网页下载速度、网页语言正确性、网站可用性、网站交互性、网站兼容性等方面进行测试。

（8）网站发布与宣传推广环节。主要是将上传到服务器上的网站连接到 Internet 并进行推广，包括域名申请、建立搜索链接、站点宣传等。

（9）网站管理和维护环节。包括网站的日常内容维护、表现形式维护、站点功能升级等。

6.2　HTML

6.2.1　HTML 文档

HTML 不受用户平台的限制，能够将文本、多媒体文件、邮件和菜单命令等巧妙地连接在一起，而且每个超文本文件都可以通过链接互相访问，突破了传统文件的限制。

用 HTML 编写的文档实际上是一种典型的带有标记的文本文件，其扩展名通常为 .htm 或 .html。所有的标记用一对尖括号"〈　〉"括起来。

一个 HTML 文档通常可以通过以下 4 种方式生成：

（1）利用各种文本编辑器（如 Windows 的记事本）直接使用 HTML 编写。

（2）借助 HTML 的编辑工具，如 Dreamweaver 等。

（3）由其他格式的文档（如 Word 文档）转换成 HTML 文档。

（4）由 Web 服务器实时动态地生成。

6.2.2　HTML 文档的基本结构

HTML 文件的开头和结尾是由〈HTML〉和〈/HTML〉来标记的。所有 HTML 文件都可以分为标题和正文两个部分，每个部分用特定的标记标出：在 HTML 中规定〈HEAD〉和〈/HEAD〉标记标题部分，〈BODY〉和〈/BODY〉标记正文部分。HTML 文件的基本结构如图 6-1 所示。在正文中，可以使用各种标记进行文本格式化、建立超链接、插入图像、建立表格、加入多媒体、提供交互式表单等操作。

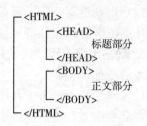

图 6-1　HTML 文档的基本结构

【例 6-1】一个简单的 HTML 文件示例。新建一个记事本文件，输入如下的 HTML 代码，命名为 6-1. html 并保存。HTML 代码如图 6-2 所示。

```
<html>
  <head>
  <title>示例6-1</title>
  </head>
  <body>
  <h1>这是一个简单的HTML文件示例</h1>
  <p> HTML还是很好学的哟</p>
  </body>
</html>
```

图 6-2　例 6-1 代码

双击打开该文件，在浏览器中的浏览效果如图 6-3 所示。

图 6-3　例 6-1 浏览效果

其中，〈HTML〉〈/HTML〉在文档的最外层，文档中的所有文本和 HTML 标签都包含在其中，它表示该文档是以超文本标记语言编写的。〈HEAD〉〈/HEAD〉是 HTML 文档的头部标签，在浏览器窗口中，头部信息是不被显示的，在此标签中可以插入其他标记，用以说明文件的标题和整个文件的一些公共属性。〈BODY〉〈/BODY〉之间的文本是正文，是浏览器要显示的页面内容。

6.2.3　HTML 的常用标记

在 HTML 文档中，用"〈"和"〉"括起来的部分，称为标记或标签，用来分割和标记网页元素，以形成不同的布局、文字的格式及多彩的页面。一般的 HTML 由标签、代码、注释组成。HTML 标签的基本格式如下：

〈标签名称〉内容〈/标签名称〉

HTML 的标签分为成对标签和单标签。

1. **成对标签**　成对标签是由开始标签〈标签名称〉和结束标签〈/标签名称〉组成的，成对标签的作用域只限于这对标签之间的对象。如例 6-1 中的标签〈h1〉和〈/h1〉，只对内容"这是一个简单的 HTML 文件示例"起作用。

2. **单标签**　单标签的格式是〈标签名称/〉，单标签在相应的位置插入元素就可以了。例如〈br /〉，表示插入一个回车换行符。

大多数标签都有自己的一些属性及属性值。属性要写在开始标签内，用于进一步改变显示的效果，各属性之间无先后次序，属性是可选的，属性也可以省略而采用默认值，格式如下：

〈标签名称 属性名＝"属性值"〉内容〈/标签名称〉

3. **常用的 HTML 标签**　表 6-1 列举了部分常用的 HTML 标签及功能。

表 6-1　常用的 HTML 标签及功能

标签	功能	常用属性说明
〈body〉	网页主体	bgcolor，背景色；text，文本颜色；link，超链接颜色 例如，〈body text="blue" bgcolor="#ffffff"〉〈/body〉
〈title〉	设置网页标题，位于头部	显示在浏览器的标题栏中 例如，〈title〉最简单网页示例〈/title〉
〈meta〉	元标记，位于头部	name 和 content 属性配合可以定义文档关键词、Web 页面描述、页面作者、页面刷新时间等 例如，〈meta name="keywords" content="电子商务，教学网站"〉
〈h1〉～〈h6〉	标题 1 至标题 6	align，对齐方式，取值可为 center、left、right 例如，〈h3 align="center"〉HTML 语言的学习〈/h3〉
〈font〉	设置文本属性	face，字体；color，文字颜色；size，文字大小 例如，〈font size="6" color="blue"〉欢迎光临我的主页〈/font〉
〈p〉	创建一个段落	〈p〉和〈/p〉之间的所有文本形成一个段落 例如，〈p align="center"〉今天我们学习了标记〈/p〉
〈br/〉	插入一个回车换行符	两段文字间不会加入空白行
〈!- -...- -〉	注释	"..." 为注释的内容
〈a〉	创建超链接	href，值为 URL 地址、E-mail 地址或需下载文件名；target，控制打开链接网页的窗口；name，定义锚的名称 例如，〈a href="intro. html"〉企业简介〈/a〉
〈img〉	标记一副图像	src，图像（相对）路径及文件名；alt，替代文本；width，图像宽度；height，图像高度 例如，〈img src="素材 1. jpg" alt="欢乐谷"　width="300" height="212"/〉
〈div〉	区块容器	〈div〉和〈/div〉之间可以容纳段落、标题、表格、图片等各种 HTML 元素

（续）

标签	功能	常用属性说明
〈span〉	行内元素	用于对文档中的行内元素进行组合，提供了一种将文本的一部分或者文档的一部分独立出来的方式 例如，〈p〉我的母亲有〈span color="blue"〉蓝色〈/span〉的眼睛。〈/p〉 （这段代码将文字"蓝色"设置为蓝色）
〈form〉	表单	action，指定处理该表单的动态或脚本的路径；method，选择将表单数据传输到服务器的方式，可以为 post 或 get 方式
〈input〉	定义文本框、密码框、按钮等（由 type 属性决定）	type，指定表单元素类型，取值为 text、password、submit 等；id，表单元素表示；name，表单元素名称；value，元素值 例如，〈form〉账户：〈input type="text"〉〈/form〉
〈ol〉	有序列表：序号为数字	〈ol〉　　　　　　　　　　〈ul〉 　〈li〉北京〈/li〉　　　　　〈li〉北京〈/li〉
〈ul〉	无序列表：默认符号为圆点	〈li〉上海〈/li〉　　　　　〈li〉上海〈/li〉
〈li〉	列表项	〈/ol〉　　　　　　　　　　〈/ul〉
〈hr/〉	水平线	size，设置水平线长度；width，设置水平线宽度；color，设置水平线颜色 例如，〈hr align="left" width="15%" size="8" color="#00FF00" /〉
〈table〉	定义一个表格	〈table width="500" border="1"〉
〈tr〉	定义表格的一行	〈tr〉〈td〉单元格中的文字〈/td〉 　　〈td〉单元格中的文字〈/td〉〈/tr〉
〈td〉	定义一个单元格	〈/table〉

4. 目标地址　网站中的文件是按照类型和功能进行划分的，网站中的文件包括网页、多媒体等素材文件，这些文件可能不在同一目录下，因此目录之间的位置是相对复杂的，用来描述文件之间的位置关系，即路径。路径分为绝对路径和相对路径。

（1）绝对路径。绝对路径是包括网站域名在内的完全路径，一般用于实现外部链接。

（2）相对路径。相对路径又分为根相对路径和文档相对路径。在编辑网页时，要在本地磁盘上选定一个文件夹，作为站点的本地文件夹，站点内链接用到的所有本地文件，都应该放在该文件夹内，以确保将这个文件夹上传到服务器后，所有的链接仍能保持有效。这个模拟服务器上的站点的文件夹，就是站点的根文件夹，系统根据这个文件夹确定本地文件的位置。

根相对路径以"/"开头，路径从当前站点的根文件夹开始计算，但使用根相对路径在本地浏览时，必须设置本地站点，否则在进行本地浏览时链接失效，这是因为 Windows 不支持把站点文件夹作为根目录。

建议不要使用本地绝对路径来描述目标文件的位置，如 d:\myweb2\html\web1.htm。因为本地绝对路径在本地浏览时链接正常，但上传到服务器后，链接失效。

文档相对路径是以当前网页文档的位置为基础开始计算路径的。相对路径多用于链接保存在同一文件夹（如站点根文件夹）中若干子文件夹中的文档，这种路径在本地和服务器上都是可靠的，是使用最多的一种。

5. 颜色表示　HTML 设计网页时可以使用 RGB 值或颜色名来表示颜色。

（1）十六进制颜色表示。RGB 是一种广泛应用的颜色模式标准，它将不同量的红色（red）、绿色（green）、蓝色（blue）叠加在一起，几乎可以得到人类视力所能感知的所有颜色。计算机将三原色（红、绿、蓝）所占的比例进行量化，RGB 三原色的颜色分量在 0～255 取值，即有 256 个强度值。如果用十六进制表示 0～255，由弱到强是 00～FF，00 表示没有该颜色分量，FF 表示该颜色分量最强。

语法格式：♯RRGGBB

例如，纯红色的 R 值为 FF，G 值为 00，B 值为 00；白色的 R、G、B 值都为 FF；黑色的 R、G、B 值都为 00。RGB 颜色模式常用六位十六进制数来表示一个颜色值，如红色用♯FF0000 表示，♯是必不可少的。RGB 值越小颜色越暗，RGB 值越大颜色越亮。

（2）十进制颜色表示。RGB 值也可以用十进制值来表示。

语法格式：RGB（0～255，0～255，0～255）

括号中的三个十进制数取值范围为 0～255，分别代表红、绿、蓝三种颜色的成分。例如，RGB（255，0，0）代表红色。

（3）颜色名称表示。在 HTML 中，也可以用颜色名称来表示颜色，如红色用 red 表示，蓝色用 blue 来表示。

【例 6-2】利用 HTML，创建一个简单的个人主页。网站包括"首页""我的爱好""我的影集""意见建议"4 个页面，两张图片。"意见建议"网页中的核心是一个表单，用于收集用户信息，"与我联系"是一个电子邮件链接，用户可通过电子邮件与网站管理员联系。

操作提示：

- 创建站点文件夹，然后在文件夹中创建每一个网页。
- 站点中用的所有文件，包括网页、图像、音乐、动画等都必须放置在站点文件夹中。
- 网站的首页文件名应保存为"index. html"或"index. htm"，这是一般服务器默认搜索的站点首页文件名。

首页 index. html 的 HTML 代码如图 6-4 所示，浏览效果如图 6-5 所示。

```
<html>
 <head>
  <title>我的主页</title>
 </head>
 <body>
  <h3 align="center">这是我的主页，欢迎光临</h3>
  <hr>
  <table border="0" cellpadding="1" cellspacing="1" width="100%">
   <tr>
    <td align="center" width="12%">首页</td>
    <td align="center" width="22%"><a href="favorite.htm">我的爱好</a></td>
    <td align="center" width="22%"><a href="photo.htm">我的影集</a></td>
    <td align="center" width="22%"><a href="advice.htm">意见建议</a></td>
    <td align="center" width="22%"><a href="mailto:abc@163.com">与我联系</a></td>
   </tr>
  </table>
  <hr>
  <br>
   我正在学习网站建设，请多帮助！
 </body>
</html>
```

图 6-4　首页代码

注意：在表示长度单位的时候，默认的单位是像素（px），是固定值；％是相对的，比如父容器宽度为 100px 的话，如果它里面的标签定义了宽度为 50％，那么这个标签的宽度

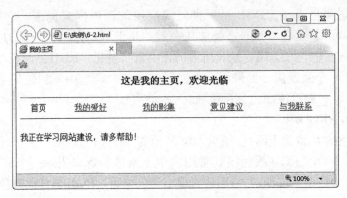

图 6-5　首页浏览效果

就是 50px。

页面中的"与我联系"文本创建的是电子邮件链接，"mailto："后面跟电子邮件地址。在网页中单击"与我联系"链接时，会打开一个新的空白邮件窗口。在电子邮件消息窗口中，"收件人"域会自动填写为电子邮件链接中指定的地址。

"我的爱好"和"我的影集"页面的建立与主页类似。

"意见建议"页面 advice.html 的 HTML 代码如图 6-6 所示，浏览效果如图 6-7 所示。

```
<html><head><title>意见建议</title></head>
<body>
 <form method="POST" action="WEBBOT-SELF">
   <h3 align="center">这是我的主页，欢迎光临</h3>
   <hr>
   <table border="0" cellpadding="1" cellspacing="1" width="100%">
     <tr>
       <td align="center" width="12%"><a href="index.htm">首页</a></td>
       <td align="center" width="22%"><a href="favorite.htm">我的爱好</a></td>
       <td align="center" width="22%"><a href="photo.htm">我的影集</a></td>
       <td align="center" width="22%">意见建议</td>
       <td align="center" width="22%"><a href="mailto:abc@163.com">与我联系</a></td>
     </tr>
   </table>
   <hr>
   <table border="0" cellpadding="0" cellspacing="1" width="100%">
   <caption>请您填写详细资料并提出宝贵意见</caption>
   <tr><td>登录名：</td>
       <td><input name=username value="" type=text maxlength="16"></td></tr>
   <tr><td>输入登录密码：</td>
       <td><input name=password type=password value="" maxlength="16"></td></tr>
   <tr><td>性别：</td>
       <td><input type=radio name=sex value="1" checked>男
           <input type=radio name=sex value="2">女
   <tr><td>个人爱好</td>
       <td><input type="checkbox" name="music" value="ON">音乐
           <input type="checkbox" name="sport" value="ON">运动</td></tr>
   <tr><td>请提供附加文件</td>
       <td><input type="file" name="myview"></td></tr>
   <tr><td align="right"><input type="submit" value="提交" name="B1"></td>
       <td><input type="reset" value="全部重写" name="B2"></td></tr>
   </table>
 </form>
</body></html>
```

图 6-6　"意见建议"页面代码

在"意见建议"页面中，需要用户填写一些信息，然后提交给系统。这一部分主要使用表单，表单中的各项内容都放在表格的单元格中。表单元素的类型由 type 属性决定，当 type 值为 text 时，表单元素为文本框；当 type 值为 password 时，表单元素为密码框，maxlength 代表最大字符长度；当 type 值为 radio 时，表单元素为单选按钮，checked 表示此单选按钮处于选中状态；当 type 值为 checkbox 时，表单元素为复选按钮；当 type 值为 file 时，表单元素为一个空白文本域和一个"浏览"按钮，文件域让用户可以浏览硬盘上的文件，并将文件作为表单数据上传。在表单中插入文本按钮，当按钮被单击时便执行任务，如提交或重置表单。也可以为按钮自定义名称或标签，或者使用预定义好的标签——"提交"或"重置"。此处的按钮功能尚不完善。

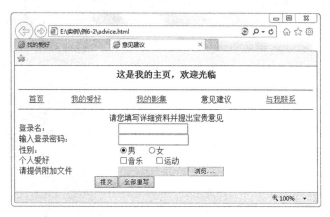

图 6-7　"意见建议"页面浏览效果

6.3　初识 Dreamweaver CS6

6.3.1　Dreamweaver CS6 界面介绍

Dreamweaver 是 Adobe 推出的一套拥有可视化编辑界面、用于制作并编辑网站和移动应用程序的网页设计软件。它支持用代码、拆分、设计、实时视图等多种方式来创作、编写和修改网页，初学者无须编写任何代码就能快速创建 Web 页面。

运行 Dreamweaver CS6 后，就会弹出一个起始页，如图 6-8 所示。在这个页面上，不仅可以快速创建网页，还可以显示最近操作过的网页信息、主要功能以及其他帮助信息。

图 6-8　Dreamweaver CS6 起始页面

当初次启动 Dreamweaver CS6 时，显示的是"设计器"界面布局这个工作界面，包括菜单栏、文档工具栏、插入面板、浮动面板、属性面板等，如图 6-9 所示。

图 6-9　Dreamweaver CS6 工作页面

（1）文档窗口是网站设计和开发的主要区域，显示当前创建和编辑的文档。在文档窗口编辑网页时，显示的效果与在浏览器中的效果接近，即所见即所得。

（2）文档工具栏包含一系列的操作按钮，使用这些按钮可以在编辑文档的不同视图间快速切换，例如"代码"视图、"设计"视图、实时视图和"拆分"视图。工具栏中还包括查看文档、传输文档相关的常用命令，如图 6-10 所示。

图 6-10　文档工具栏

（3）属性面板是网页中非常重要的面板，是用于查看和编辑所选对象或文本的各类属性（如格式、样式、字体等）的功能面板，如图 6-11 所示。

属性面板并不是将所有的对象和属性都加载到面板上，而是根据用户选择的不同对象来动态地显示对象的属性。制作网页时，可以根据需要随时打开或关闭属性面板，或者通过拖动属性面板的标题栏将其移到合适的位置。选定页面元素后系统会显示相应的属性面板，例如，图像属性面板、表格属性面板、框架属性面板、Flash 影片属性面板、表单元素属性面板等。

图 6-11　属性面板

在属性面板中有两个选项卡：HTML 和 CSS。在 HTML 选项卡中可以设置当前对象的一些基本属性，如需要进一步设置当前对象的其他属性，则需要在 CSS 选项卡中通过新建 CSS 来进行设置。

（4）插入面板包含用于创建和插入对象（如链接、图像、表格等）的按钮。这些按钮按类别进行组织，如图 6-12 所示，每个对象都是一段 HTML 代码，并允许用户在插入它时设置不同的属性。

大部分的对象都可以通过插入面板插入文件中。插入面板包括"常用"插入面板、"布局"插入面板、"表单"插入面板、"数据"插入面板、"Spry"插入面板、"jQuery Mobile"插入面板、"InContext Editing"插入面板、"文本"插入面板和"收藏夹"插入面板。

图 6-12　插入面板

（5）CSS 样式面板。使用 CSS 样式面板可以跟踪影响当前所选页面元素的 CSS 规则和属性（"当前"模式）或影响整个文档的规则和属性（"全部"模式）。单击 CSS 样式面板顶部的相应按钮可以在两种模式之间切换，在"全部"和"当前"模式下还可以修改 CSS 属性。

在"当前"模式下，CSS 样式面板包括 3 个窗格："所选内容的摘要"窗格，显示文档中当前所选内容的 CSS 属性；"规则"窗格，显示所选属性的位置（或所选标签的层叠规则）；"属性"窗格，允许用户编辑、定义所选内容的规则的 CSS 属性，如图 6-13 所示。

在"全部"模式下，CSS 样式面板包括两个窗格："所有规则"窗格显示当前文档中定义的规则及附加到当前文档的样式表中定义的所有规则的列表；使用"属性"窗格可以编辑"所有规则"窗格中任一所选规则的 CSS 属性，如图 6-14 所示。

图 6-13　CSS 样式面板"当前"模式

图 6-14　CSS 样式面板"全部"模式

（6）文件面板。在文件面板中查看站点、文件或文件夹时，可以查看区域的大小，还可以展开或折叠文件面板。当文件面板折叠时，它以文件列表的形式显示本地站点、远程站点或测试服务器的内容。在展开时，它显示本地站点和远程站点或者显示本地站点与测试服务器。文件面板还可以显示本地站点的视觉站点地图。使用文件面板可查看和管理 Dreamweaver 站点中的文件，如图 6-15 所示。

图 6-15 文件面板

6.3.2 创建和管理网站

Dreamweaver 的站点是一种管理网站中所有相关联文件的工具。通过站点可以对网站的相关页面及各类素材进行统一管理，还可以使用站点管理将文件上传到网页服务器，测试网站。简单地说，站点就是一个文件夹，这个文件夹包含了网站中所有用到的文件。通过这个文件夹（站点），可以对网站进行管理，做到有次序，一目了然。

Dreamweaver 中的站点包括本地站点、远程站点和测试站点 3 类。本地站点用于存放整个网站框架的本地文件夹，是用户的工作目录，一般制作网页时只需建立本地站点。远程站点是存储于 Internet 服务器上的站点和相关文件。通常情况下，为了不连接 Internet 而对所建的站点进行测试，可以在本地计算机上创建远程站点，来模拟真实的 Web 服务器进行测试。测试站点是 Dreamweaver 处理动态页面的文件夹，使用此文件夹生成动态内容并在工作时连接到数据库，用于对动态页面进行测试。

1. **规划站点**　站点目录结构的好坏，直接影响站点的上传和维护、内容的更新和移动。规划站点时应注意以下几点：

（1）不要将所有的文件都存放在根目录下，否则不易于文件的管理。

（2）按照文件的类型建立不同的子目录，比如站点的每个栏目目录下都应创建 images、music、flash、css、JavaScript 等文件夹，以存放图像、音乐、动画、样式表、脚本等文件，如图 6-16 所示。

（3）目录的层次不能太多，最好不要超过 3 层。

（4）文件和文件夹的名称最好有具体的含义，应尽量避免使用中文文件名。

2. **创建本地站点**

（1）在菜单栏中选择"站点"→"新建站点"命令，打开站点定义向导（图 6-17）。

图 6-16 站点结构

在"站点名称"文本框中输入站点的名称，例如，"网站制作教程"，在"本地站点文件夹"文本框中输入或选择完整的站点文件夹路径。

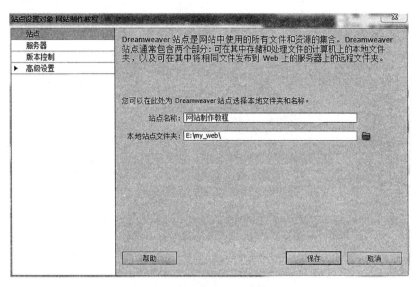

图 6-17　"站点设置对象"对话框

（2）在"站点设置对象"对话框中单击左侧窗格中"服务器"，单击左下角的"＋"号，可以进行远程服务器的设置，如图 6-18 所示。

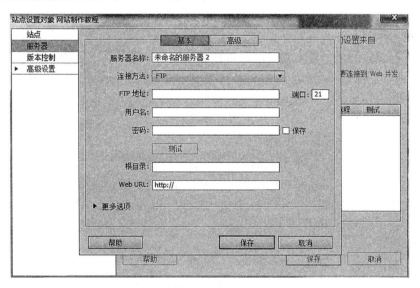

图 6-18　远程服务器的设置

- 服务器名称：指定新服务器的名称，可以是所选择的任何名称。
- 连接方法：在设置远程文件夹时，需要为 Dreamweaver 选择连接方法，以将文件上传和下载到 Web 服务器。一般采用 FTP 方式。
- 用户名和密码：输入用于连接 FTP 服务器的用户名和密码。
- 测试：测试 FTP 地址、用户名和密码。

- 根目录：输入远程服务器上用于存储公开显示的文档的目录（文件夹）。
- Web URL：输入 Web 站点的 URL。Dreamweaver 使用 Web URL 创建站点根目录相对链接，并在使用连接检查器时验证这些链接。

（3）在"站点设置对象"对话框中，单击左侧窗格中"高级设置"前的三角形按钮，可以展开其下级列表。然后单击"本地信息"选项，如图 6-19 所示。

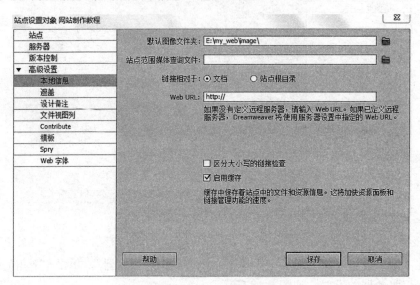

图 6-19 "本地信息"选项

- 默认图像文件夹：设置默认存放网站图片的文件夹。
- 链接相对于：有"文档"和"站点根目录"两种链接方式供选择。
- Web URL：输入网站在 Internet 上的网址，将在验证使用绝对地址的链接时发挥作用。网址前需要包含"http://"。

3. 管理站点

（1）编辑站点。执行"站点"→"管理站点"命令，在打开的"管理站点"对话框中选择要编辑的站点。然后单击"编辑当前选定的站点"按钮 ✐，在打开的"站点设置"对话框中可修改站点的名称，更改站点的位置。完成后单击"保存"按钮即可。

用户还可以单击"文件"浮动面板上的"站点"下拉列表，从中选择"站点管理"命令，然后再进行编辑操作。

（2）复制站点。在 Dreamweaver CS6 中，如果需要将一个站点复制一份或多份，可以直接选择"复制"命令，而不必重新建立一个站点。

执行"站点"→"管理站点"命令，打开"管理站点"对话框，选择要复制的站点，然后单击"复制当前选定的站点"按钮 ⬚，即可复制一个站点。单击"完成"按钮，在"文件"浮动面板中显示复制的站点。

（3）删除站点。如果不再需要一个站点，可将这个站点删除。

执行"站点"→"管理站点"命令，打开"管理站点"对话框，选择要删除的站点，然后单击"删除当前选定的站点"按钮 ━，在弹出的确定对话框中单击"是"按钮，返回"管理站点"对话框，单击"完成"按钮，该站点被删除。

（4）添加文件夹。站点中的所有文件被统一存放在单独的文件夹内，根据包含文件的多少，可以细分到子文件夹中。在本地站点中创建文件夹的具体操作步骤如下：

①打开文件面板，可以看到所创建的站点。在面板的"本地文件"窗口中右击站点名称，弹出右键快捷菜单，选择"新建文件夹"命令。

②新建文件夹的名称处于可编辑状态，可以为新建的文件夹重新命名。

③在不同的文件夹名称上右击鼠标，并选择"新建文件夹"命令，就会在所选择的文件夹下创建子文件夹。

（5）添加文件。文件夹创建完成后，就可以在文件夹中创建相应的文件了，创建文件的具体操作步骤如下：

①打开文件面板，在准备新建文件的文件夹上单击鼠标右键，在弹出的快捷菜单中选择"新建文件"命令。

②新建文件的名称处于可编辑状态，可以为新建的文件重新命名。新建的文件名默认为"untitled. html"，可将其改为"index. html"。

（6）删除文件。要从本地站点中删除文件或文件夹，具体操作步骤如下：

①在文件面板中，选中要删除的文件或文件夹。

②单击鼠标右键，在弹出的菜单中选择"编辑"→"删除"命令，或直接按"Delete"键。

③这时会弹出提示对话框，询问是否要删除所选的文件或文件夹。单击"是"按钮，即可将文件或文件夹从本地站点中删除。

6.4　Div＋CSS 网页布局基础

6.4.1　Div 标签

Div 全称为"division"，意为"区分"，称为区隔标记。Div 标签是 HTML 中重要的一类块级标签元素，作为布局的容器，可以装载几乎任何网页元素，包括其本身。Div 标签常见的用途是文档布局，它取代了使用表格定义布局的老式方法，Div 标签可以把文档分割为独立的、不同的部分，可以有效组织各种网页元素，但必须与 CSS 样式规则相结合，否则无法实现网页的布局排版。

Div 标签以〈Div〉开始，以〈/Div〉结束。Div 标签表示一个块，属于块级元素。在默认状态下，块状元素的宽度为 100％，而且后面隐藏附带有换行符，使块状元素始终占据一行。Div 标签没有任何实际的效果，可以通过 CSS 样式为其赋予不同的表现。

Div 对象在使用的时候，与其他 HTML 对象一样，可以加入其他属性，如 id、class 等。class 用于元素组（即类似的元素，或者可以理解为某一类元素），而 id 用于标识单独的、唯一的元素。为了实现内容与表现分离，一般不将样式属性用于 Div，所以 Div 代码拥有以下两种形式：

形式一：〈div id＝"id 名称"〉内容〈/div〉

形式二：〈div class＝ "class 名称"〉内容〈/div〉

6.4.2　Div＋CSS 布局

在 Web 1.0 时代，Web 工程师通过表格进行页面布局，现在页面布局大都推荐 Div＋

CSS 的布局方式。在 Web 前端开发中，HTML、CSS 和 JavaScript 这三驾马车分别代表着结构、展示和交互。在 Web 1.0 时代，页面的逻辑并不是特别复杂，对用户体验的要求也不是很高，表格被大量开发者用来做布局元素。

但是在 Web 前端逻辑越来越复杂，用户体验要求越来越高的情况下，对这三者的解耦是必需的，再用表格来做布局就不太合适了。因为 Table 标签的语言根本不是用来做布局的，而是用来传递数据的。而 Div+CSS 是符合解耦这一思想的，Div 用来控制布局，CSS 用来控制样式。这种布局使整个页面的代码组织结构更合理，耦合度更低，更利于前端开发的深度分工和复杂合作。

Div+CSS 布局相对于 Table 布局更为灵活，用 Table 布局，代码臃肿；从语义上来说，Table 应该只是表格数据的容器，不应该是布局的工具；Table 布局要等内容全部加载完毕后才渲染样式，如果用户网速不好，用户体验会很差；Div+CSS 布局在修改设计时更有效率而代价更低，让站点可以更好地被搜索引擎找到。

Div+CSS 布局概括起来，即 Div 就是给整个网页布局，CSS 就是负责控制 Div 的样式，想让 Div 在哪里怎么显示，都可以通过 CSS 来实现。

6.4.3 CSS 盒模型

盒模型是 CSS 网页布局的基础，只有掌握了盒模型的各种规律和特征，才可以更好地控制网页中各个元素所呈现的效果。

所谓盒模型，就是把 HTML 页面中的元素看成一个矩形的盒子，也就是一个装着内容的容器。每个矩形都由元素的内容（content）、内边距（padding）、边框（border）和外边距（margin）组成，如图 6-20 所示。盒模型的常用属性如图 6-21 所示。

图 6-20　盒模型

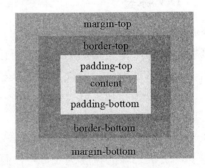

图 6-21　盒模型的常用属性

margin 和 padding 通常有下面三种书写方法：

写法一："margin:0px" 表示四条边取相同的值 0px。

写法二："margin:1px 2px" 表示 top（上边）和 bottom（下边）的值是 1px，right（右边）和 left（左边）的值是 2px。

写法三："margin:1px 2px 3px 4px"，四个值依次表示 top、right、bottom、left，即"上、右、下、左"的顺序。

6.4.4 CSS 样式表的类型

CSS 是层叠样式表，它是 HTML 的美容师，CSS 文件可以控制网页的布局格式和网页内容的样式，是将样式与网页内容分离（CSS 文件）的一种标记性语言。要改变网页的外观时，只需更改 CSS 样式。

根据样式表代码的不同位置，CSS 样式表可分为三类，即行内样式表、内部样式表和外部样式表。

1. **行内样式表**　行内样式表（也称内联样式表）就是将样式代码写在相应的标签内，仅对该标签有效，行内样式使用元素标签的 style 属性定义。行内样式表不符合结构与表现分离的规则，修改比较麻烦。因此，不建议使用行内样式表。

2. **内部样式表**　内部样式表（也称内嵌样式表）是指将样式表代码放在文档的内部，一般位于 HTML 文件的头部，即〈head〉与〈/head〉标记内，并且以〈style〉开始，以〈/style〉结束。

3. **外部样式表**　外部样式表，就是将 CSS 样式规则存放在一个独立的以".css"为扩展名的文件中，HTML 文件可以通过链接等方式引用它。

通过链接方式将 HTML 文件和 CSS 文件彻底分成两个或者多个文件，实现了页面框架 HTML 代码与 CSS 代码的完全分离，使得前期制作和后期维护都十分方便。并且如果要保持页面风格统一，只需要把这些公共的 CSS 文件单独保存成一个文件，其他的页面就可以分别调用自身的 CSS 文件了，如果需要改变网站风格，只需要修改公共 CSS 文件就可以了，能够实现代码的最大化使用及网站文件的最优化配置。

将样式单独编写在 style.css 文件中，在应用时，可在 HTML 代码中使用〈link〉标签将 link 指定为 stylesheet 样式表方式，并使用 href="style.css" 指明外部样式表文件的路径。例如：

〈link href="rel="stylesheet" type="text/css"/〉

行内样式表、内部样式表和外部样式表各有优势，它们的优先级为：行内样式表优先级最高，其次是内部样式表，再次是外部样式表。

6.4.5　CSS 样式表规则

使用 HTML 时，需要遵从一定的规则。使用 CSS 也如此，要想熟练地使用 CSS 对网页进行修饰，首先需要了解 CSS 样式规则。其具体格式如下：

选择器{ 属性 1:属性值 1;属性 2:属性值 2;属性 3:属性值 3; … }

在样式规则中，选择器用于指定 CSS 样式作用的 HTML 对象，大括号 {} 内是对该对象设置的具体样式。其中，属性和属性值以"键值对"的形式出现，属性是对指定的对象设的样式属性，如字体大小、文本颜色等。属性和属性值之间用":"连接，多个"键值对"之间用";"进行分隔。注意：以上的符号应为英文半角字符。

一个简单的 CSS 规则如图 6-22 所示。其中，p 为选择器，color、font-size、font-family 为属性名，分别代表段落文本颜色、文本大小和字体；red、30px、隶书分别为 3 个属性的属性值。

除了要遵循 CSS 样式规则，还必须注意 CSS 代码结构的几个特点，具体为：

- CSS 样式中的选择器严格区分大小写，属性和属性值不区分大小写，按照书写习惯，选择器、属性和属性值一般都采用小写形式。
- 多个属性之间必须用英文状态下的分号隔开，最后一个属性后的分号可以省略，但是为了便于增加新样式最好保留。

- 如果属性值由多个单词组成且中间包含空格，则必须为这个属性值加上英文状态下的引号，如 p｛ font-family:"Times New Roman"；｝。
- 在编写 CSS 代码时，为了提高代码的可读性，通常会加上 CSS 注释，如"/ ＊ 这是 CSS 注释文本，此文本不会显示在浏览器窗口中 ＊/"。
- 在 CSS 代码中，空格是不被解析的，大括号以及分号前后的空格可有可无。因此，可以使用空格键、Tab 键、回车键等对样式代码进行排版，即所谓的格式化 CSS 代码，这样可以提高代码的可读性。

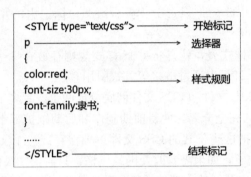

图 6-22　CSS 规则示例

6.4.6　CSS 选择器

将 CSS 应用到 HTML 之中，首先要做的是选择合适的选择器，选择器是 CSS 控制 HTML 文档中对象的一种方式，用来告诉浏览器这一样式将应用到哪个对象。

1. 标记选择器　将 CSS 应用到 HTML 之中，首先要做的是选择合适的选择器，选择器是 CSS 控制 HTML 文档中对象的一种方式，用来告诉浏览器这一样式将应用到哪个对象。

标记选择器是指用 HTML 标记名称作为选择器，按标记名称分类，为页面中某一类标记指定统一的 CSS 样式。其基本语法格式如下：

标记名｛ 属性 1：属性值 1；属性 2：属性值 2；属性 3：属性值 3；… ｝

该语法中，所有的 HTML 标记名都可以作为标记选择器，常用的有 body、h1、p、span、strong 等。用标记选择器定义的样式对页面中该类型的所有标记都有效。例如，可以使用 p 选择器定义 HTML 页面中所有段落的样式，代码如下：

p｛ font-size：12px；color：#666666；font-family："微软雅黑"；｝

这段样式代码用于设置 HTML 页面中所有的段落文本，字体大小为 12 像素，颜色为 #666666，字体为微软雅黑。

标记选择器的最大优点是能快速为页面中同类型的标记统一样式，同时这也是它的缺点，不能设计差异化样式。

2. 类选择器　类选择器使用点号"．"进行标识，后面紧跟着类名，基本语法格式为：

．类名｛ 属性 1：属性值 1；属性 2：属性值 2；属性 3：属性值 3；… ｝

在该语法中，类名即为 HTML 元素的 class 属性值，大多数 HTML 元素都可以定义 class 属性。类选择器最大的优势是可以为元素对象定义单独或相同的样式。

类选择器与标记选择器实现了让同类标签共享统一样式的目的。如果有两个不同的类别标签，如一个〈p〉标签，一个〈h1〉标签，它们都采用了相同的样式，在这种情况下就可以采用 class 类选择器。使用方式如下：

〈p class= "类名"〉…〈/p〉
〈h1 class= "类名"〉…〈/h1〉

〈h1〉和〈p〉段落都采用了 class 类选择器，如果这两个标签中的"类名"相同，则这两个标签中的内容将应用相同的 CSS 样式。如果"类名"不同，则可以分别为这两个标签中的内容应用不同的 CSS 样式。

3. **id 选择器**　id 选择器使用"♯"进行标识，后面紧跟 id 名，其基本语法格式如下：

♯id 名{ 属性 1:属性值 1;属性 2:属性值 2;属性 3:属性值 3;… }

该语法中，id 名即为 HTML 元素的 id 属性值，大多数 HTML 元素都可以定义 id 属性，元素的 id 值是唯一的，只能对应于文档中某一个具体的元素。如使用〈div id= "top"〉〈/div〉代码来表示 HTML 中的一个 div 标签被指定了名为 top 的 id 选择器。

注意：id 和 class 的不同之处在于，id 用在唯一的元素上，而 class 用在多个元素上。

4. **通配符选择器**　通配符选择器用星号"＊"标识，它是所有选择器中作用范围最广的，能匹配页面中所有的元素，其基本语法格式如下：

＊ {属性 1:属性值 1;属性 2:属性值 2;属性 3:属性值 3;… }

常见的通配符选择器样式定义用来清除所有 HTML 标记的默认边距为：

```
＊ {
    margin:0;      / ＊定义外边距 ＊/
    padding:0;     / ＊定义内边距 ＊/
}
```

实际网页开发中不建议使用通配符选择器，因为其设置的样式不管标记是否需要，对所有的 HTML 标记都生效，这样反而降低了代码的执行速度。

5. **群选择器**　CSS 可以对单个 HTML 对象进行样式指定，也可以对一组标签进行相同样式的指派，如：

```
h2,h3,p,span {
    font-family:仿宋;
    font-size:20px;
    color:♯CCCCCC;
}
```

使用逗号对选择符进行分隔，使得页面所有的 h2、h3、p 和 span 标签中的内容均具有同的样式。这样做可以使页面中需要使用相同样式的地方只需定义一次样式表，减少了代码冗余，改善了 CSS 代码结构。

6. **派生选择器**　当只想对某个对象中的子对象进行样式指定时，可以使用派生选择符。

派生选择符可以使组合中的前一个对象包含后一个对象，对象之间使用空格作为分隔符，如：

```
h1 span{
    color：#FF0000；    /＊设置文字颜色为红色＊/
}
```

上述语句对 h1 标签内的 span 进行了样式指派。

7. 伪类选择器　用于向某些选择器添加特殊的效果，比如下列 4 种链接状态可以设置不同的颜色。

```
a：link {color：#FF0000}        /＊ 未被访问过的链接：红色 ＊/
a：visited {color：#00FF00}      /＊ 已被访问过的链接：绿色 ＊/
a：hover {color：#FFCC00}        /＊ 鼠标悬浮在上的链接：橙色 ＊/
a：active {color：#0000FF}       /＊ 鼠标单击激活链接：蓝色 ＊/
```

【例 6-3】一个 CSS 例子，代码如图 6-23 所示。

（a）代码　　　　　　　（b）浏览效果

图 6-23　一个 CSS 例子

例 6-3 中，在〈style〉和〈/style〉之间定义了 CSS 的内部样式表。其中，p 为段落标记选择器，将页面主体中的段落"床前明月光，"和"举头望明月，"的文字颜色定义为红色，字体大小为 24 像素；二级标题"静夜思"和段落"低头思故乡。"应用了相同的类选择器 .blue，文字颜色定义为蓝色，字体大小为 28 像素；段落"疑是地上霜。"应用了 id 选择器 #green，文字颜色定义为绿色，字体大小为 20 像素。

6.4.7　CSS 定位

CSS 排版是一种比较新的排版理念，它首先将页面在整体上进行〈div〉标记的分块，然后对各个块进行 CSS 定位，最后在各个块中添加相应的内容。通过 CSS 排版的页面，更新十分容易，甚至页面的拓扑结构都可以通过修改 CSS 属性来重新定位。

1. 浮动定位　浮动定位是 CSS 排版中非常重要的手段，浮动属性作为 CSS 的重要属性，被频繁地应用在网页制作中。所谓元素的浮动，是指设置了浮动属性的元素会脱离标准文档流的控制，移动到其父元素中相应位置的过程。通过 float 属性来定义浮动，基本语法格式如下：

选择器｛float:属性值；｝

常用的 float 属性值有 3 个，分别表示的描述情况见表 6-2。

浮动出现的意义，其实只是用来让文字环绕图片而已。

（1）浮动后的盒子将以块级元素显示，但宽度不会自动伸展；浮动的盒子将脱离标准流，即不再占据浏览器原来分配给它的位置；未浮动的盒子将占据浮动盒子的位置，同时未浮动盒子内的内容会环绕浮动后的盒子，元素及其内部子元素将按照标准文档流的样式排列，块元素占据整行。

（2）多个浮动元素不会相互覆盖，一个浮动元素的框碰到另一个浮动元素的框后便停止运动。

（3）若包含的容器太窄，无法容纳水平排列的三个浮动元素，则其他浮动块向下移动。但如果浮动元素的高度不同，那当它们向下移动时可能会被卡住。

（4）要想阻止元素围绕浮动框，需要对该元素应用 clear 属性。

利用浮动定位，可将元素移动到页面范围外，如果选择"左对齐"，则将元素放置到左页面空白处；如果选择"右对齐"，则将元素放到右页面空白处。

表 6-2　float 的常用属性值

属性值	描述
left	元素向左浮动
right	元素向右浮动
none	元素不浮动

2. position 定位　　position 定位与 float 定位一样，也是 CSS 排版中非常重要的概念。position 从字面上理解就是指定块的位置，即块相对于其父块的位置和相对于它自身应该在的位置。position 可选参数见表 6-3。

表 6-3　position 的可选参数

属性值	描　　述
static	自动定位（默认定位方式）
relative	相对定位，相对于其原文档流的位置进行定位
absolute	绝对定位，相对于其上一个已经定位的父元素进行定位
fixed	固定定位，相对于浏览器窗口进行定位
inherit	规定应该从父元素继承 position 属性的值

（1）相对定位。相对定位是将元素相对于它在标准文档流中的位置进行定位，当 position 属性的取值为 relative 时，可以将元素定位于相对位置。对元素设置相对定位后，可以通过边偏移属性改变元素的位置，但是它在文档流中的位置仍然保留。

（2）绝对定位。绝对定位是将元素依据最近的已经定位（绝对、固定或相对定位）的父元素进行定位，若所有父元素都没有定位，则依据 body 根元素（即浏览器窗口）进行定位。当 position 属性的取值为 absolute 时，可以将元素的定位模式设置为绝对定位。

6.4.8　CSS 样式规则

在"CSS 规则定义"对话框中，可定义类型、背景、区块、方框、边框、列表、定位等类型属性。

● 类型：该类型属性可定义 CSS 样式的基本字体和类型设置。

- 背景：该类型属性可对页面中任何元素应用背景属性，还可设置背景图像的位置。Background-repeat：用于使用图像当背景时是否需重复显示，一般适用于图片面积小于页面元素面积的情况。
- 区块：该类型属性可精确定义整段文本中文字的字距、对齐方式等属性。display（显示）用于指定是否及如何显示元素。
- 方框：该类型属性可定义特定元素的大小及其与周围元素的间距等属性。
- 边框：该类型属性可设置网页元素周围的边框属性，如宽度、演示和样式等。
- 列表：该类型属性可设置列表标签属性，如项目符号大小和类型等。
- 定位：该类型属性可设置与 CSS 样式相关的内容在页面上的定位方式。

6.4.9 Div+CSS 布局实例

要实施 Div+CSS 布局，首先要将网页元素插入 Div 标签中，然后用 CSS 样式规则对该 Div 标签区域进行定位和样式设置，即可实现对网页元素的定位和布局。在页面中通过多个 Div 标签对各种网页元素进行有效的分割、定位和样式修饰，就是 Div+CSS 设计方式的基本原理。

【例 6-4】制作如图 6-24 所示的网页。

图 6-24　例 6-4 完成效果

1. Div+CSS 布局　从实例的浏览效果来看，此页面采用上、中、下的结构框架，所采用的 Div+CSS 布局结构如图 6-25 所示，HTML 结构代码如图 6-26 所示。

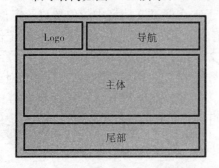

图 6-25　例 6-4 采用的 Div+CSS 布局结构

图 6-26　例 6-4 结构代码

页面的上、中、下三部分结构中包含：
（1）顶部部分，包括 Logo 图片和导航文字。

（2）页面中间部分，这是页面的主题部分，此例中放置了一幅图片。

（3）底部，包括一些版权信息。

2. 操作步骤

（1）建立站点根文件夹"E:\A001\guohua\"。

（2）准备素材。启动 Dreamweaver，选择"站点"→"管理站点"命令，站点名称为"国画展览"，将本地硬盘上"E:\A001\guohua\"文件夹设置为站点所在文件夹。建立子文件夹 material，将素材文件（photo00.gif、pic.jpg、logo.jpg）复制到 material 中。

（3）建立首页文件。在"文件"面板中右键单击站点"国画展览"，利用快捷菜单新建网页文件 index.html，如图 6-27 所示。

（4）设置页面标题和背景。

- 页面标题：在文档工具栏上，在"标题"后的文本框中输入页面标题"国画欣赏"。

- 背景图像：将光标放在 index.html 页面的空白处，单击"属性面板"中的"页面属性"按钮，在"分类"中选中"背景"类别，单击"Background-image"文本框后面的"浏览"按钮，在弹出的"选择图像源文件"对话框中选择文件"photo00.gif"，单击"确定"按钮，完成页面的背景图片设置，如图 6-28 所示。

图 6-27 站点文件

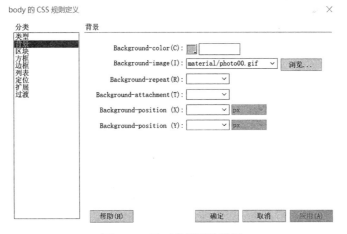

图 6-28 页面背景图片设置

将页面文件从设计窗口切换至代码窗口，会显示以上操作自动形成的 HTML 代码，如图 6-29 所示。其中从第 6 行到第 10 行为设置页面背景图片所形成的 CSS（层叠样式表）代码。

（5）搭建上、中、下的 Div 结构框架。

①插入 ID 为"container"的 Div 标签，设置 Div 容器的宽度为 1000px，并在水平方向上居中。

选择"插入"→"布局对象"→"Div 标签"命令，插入一个 Div 标签。系统弹出"插入 Div 标签"对话框，在"ID"列表框中输入"container"，即将插入的 Div 标签的 ID 属性设置为"container"，如图 6-30 所示。

```
1  <!DOCTYPE html PUBLIC "-//W3C//DTD XHTML 1.0 Transitional//EN" "http:/
2  <html xmlns="http://www.w3.org/1999/xhtml">
3  <head>
4  <meta http-equiv="Content-Type" content="text/html; charset=utf-8" />
5  <title>国画欣赏</title>
6  <style type="text/css">
7  body {
8      background-image: url(material/photo00.gif);
9  }
10 </style>
11 </head>
12
13 <body>
14 </body>
15 </html>
```

图 6-29 页面的代码窗口

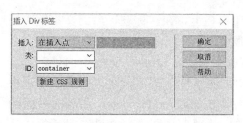

图 6-30 "插入 Div 标签"对话框

单击"插入 Div 标签"对话框下部的"新建 CSS 规则"按钮，打开"新建 CSS 规则"对话框，如图 6-31 所示。

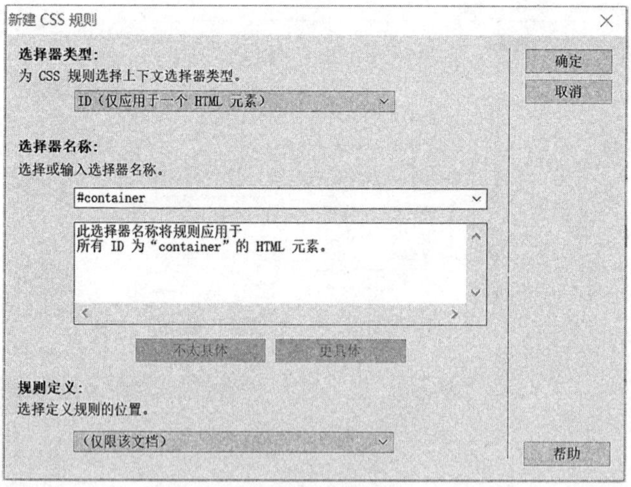

图 6-31 "新建 CSS 规则"对话框

单击"确定"按钮，弹出"#container 的 CSS 规则定义"对话框，选择"分类"栏中的"方框"，设置 Width 为 1000px；Margin 属性的上、下边距为 0，左、右边距设为 auto，可使 Div 标签在页面上居中显示，如图 6-32 所示。

将页面文件从设计窗口切换至代码窗口，会显示以上操作自动形成的 HTML 代码，如图 6-33 所示。

②插入结构框架中的其他 Div 标签。按照前面的方法，插入结构框架中的其他 Div 标

签，或切换到代码窗口，在〈div id＝"container"〉和〈/div〉之间手工输入插入其他 Div 标签的代码，快速搭建 Div 框架结构，各个 Div 标签的 id 属性及位置如图 6-34 所示。

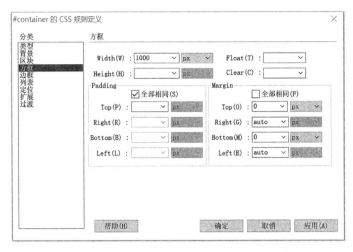

图 6-32　"♯container 的 CSS 规则定义"对话框

```
5   <title>国画欣赏</title>
6   <style type="text/css">
7   body {
8       background-image: url(material/photo00.gif);
9   }
10  #container {
11      width: 1000px;
12      margin-top: 0px;
13      margin-right: auto;
14      margin-bottom: 0px;
15      margin-left: auto;
16  }
17  </style>
18  </head>
19
20  <body>
21  <div id="container">
22  </div>
23  </body>
24  </html>
```

图 6-33　添加 Div 标签的 HTML 代码

```
20  <body>
21  <div id="container">
22  <div id="logo"></div>
23  <div id="navigation"></div>
24  <div id="main"></div>
25  <div id="footer"></div>
26  </div>
27  </body>
28  </html>
```

图 6-34　添加 Div 标签的 HTML 代码

（6）设置页面顶部的内容及 CSS 样式。

①设置 Logo 及其 CSS 样式。

a. 插入 Logo：将页面文件切换至代码窗口，光标定位在〈div id＝"logo"〉和〈/div〉之间，单击"常用"工具中的"图像"按钮，在"选择图像源文件"对话框中选择图片文件"logo.jpg"，单击"确定"按钮，完成 Logo 图片的插入，代码及效果如图 6-35所示。

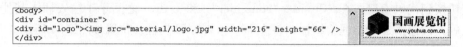

```
<body>
<div id="container">
<div id="logo"><img src="material/logo.jpg" width="216" height="66" />
</div>
```

图 6-35　Logo 图片插入代码及效果

b. 设置 Logo 的宽度和定位：将页面文件切换至代码窗口，光标定位在代码"〈div id="logo"〉"内任意位置，单击"CSS 样式"浮动面板下方的"新建 CSS 规则"按钮，弹出"新建 CSS 规则"对话框，选择器类型选为"ID"，输入选择器的名称为"♯logo"，单击"确定"按钮，在弹出的"♯logo 的 CSS 规则定义"对话框中选择"分类"栏中的"方框"，设置 Width 为 275px，浮动属性 Float 值为"left"，如图 6-36 所示。

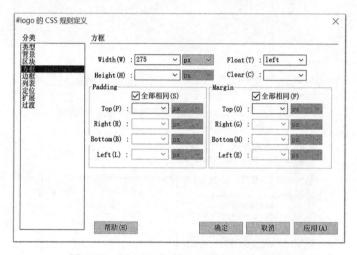

图 6-36　"♯logo 的 CSS 规则定义"对话框

②插入导航。

a. 插入导航文字列表：将页面文件切换至代码窗口，光标定位在〈div id="navigation"〉和〈/div〉之间，将页面文件切换至设计窗口，在"属性"面板中选择 HTML 选项卡，单击"项目列表"按钮，在光标处输入作为导航菜单的文字段落。效果及代码如图 6-37 所示。

（a）导航文字列表效果　　　　　　　（b）导航文字代码

图 6-37　插入导航文字列表及代码

b. 设置导航的宽度和列表格式：将页面文件切换至代码窗口，光标定位在〈div id="navigation"〉内任意位置，单击"CSS 样式"浮动面板下方的"新建 CSS 规则"按钮，弹出"新建 CSS 规则"对话框，选择器类型选为"ID"，输入选择器的名称为"♯navigation"，单击"确定"按钮，在弹出的"♯navigation 的 CSS 规则定义"对话框中选择"分类"栏中的"方框"，设置 Width 为 625px。

将光标定位在列表标签〈ul〉内，单击"CSS 样式"浮动面板下方的"新建 CSS 规则"按钮，直接单击"确定"按钮，在弹出的"♯container ♯navigation ul 的 CSS 规则定义"对话框中，选择"分类"栏中的"列表"，将 List-style-type 属性值设置为 none，取消列表项前面的符号，如图 6-38 所示；选择"分类"栏中的"方框"，将内、外边距设为 0，如图 6-39 所示。

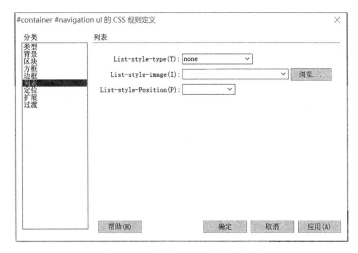

图 6-38　设置〈ul〉的列表类型

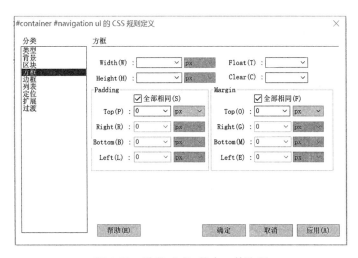

图 6-39　设置〈ul〉的内、外边距

c. 设置列表项格式：将光标定位在任一个列表项标签〈li〉内，单击"CSS 样式"浮动面板下方的"新建 CSS 规则"按钮，直接单击"确定"按钮，在弹出的"♯container ♯navigation ul li 的 CSS 规则定义"对话框中，选择"分类"栏中的"类型"，将"行内高度"属性 line-height 值设置为 30px；选择"分类"栏中的"区块"，将"文本对齐"属性 textalign属性值设置为 center，使列表项文本居中显示；选择"分类"栏中的"方框"，设置高度为 60px，宽度为 104px，内边距 padding 的上、右、下、左边距分别为 15px、6px、3px、6px，外部上边距设为 22px，浮动属性 Float 值设为 left，使列表项呈水平排列，代码及浏览效果如图 6-40 所示。

图 6-40　导航列表文字格式代码及浏览效果

d. 设置列表项超链接：

插入超链接：选中导航文字"首页"，在"属性"面板中选择 HTML 选项卡，在"链接"后面的文本框中输入"♯"，为文字设置空链接，将其他导航文字执行类似的操作，全部设置为空链接。

设置超链接格式：将光标定位在任一个超链接标签〈a〉内，单击"CSS 样式"浮动面板下方的"新建 CSS 规则"按钮，直接单击"确定"按钮，在弹出的"CSS 规则定义"对话框中选择"分类"栏中的"类型"，在 font-family 的下拉列表中选择"编辑字体列表"，在"可用字体"中选择"黑体"，单击 ≪ 按钮，然后单击"确定"按钮，将"黑体"加入字体列表，回到 font-family 的下拉列表，选中"黑体"，完成字体设置；将文本修饰 text-decoration 属性的属性值设为 none，以去掉超链接的下画线。选择"分类"栏中的"区块"，将文本对齐属性 text-align 的属性值设置为 center，display 属性值设为 block，将超链接文字设为块状元素。选择"分类"栏中的"方框"，设置高度为 30px，外边距全部为 2px。除了可以按上述的方法设置 CSS 规则之外，也可以在代码区直接输入 CSS 规则代码，代码及效果如图 6-41 所示。

图 6-41　导航文字超链接格式代码及浏览效果

下面设置超链接的伪属性，实现超链接的动态效果。

设置超链接正常状态和访问过的状态：选中任一个超链接标记〈a〉，新建 CSS 规则，选择器名称为"♯navigation ul li a：link，♯navigation ul li a：visited"，设置颜色属性 color 为♯FFF，背景颜色属性 background-color 为♯9CC，单击"确定"按钮。

设置超链接鼠标经过时的状态：选中任一个超链接标记〈a〉，新建 CSS 规则，选择器名称为"♯navigation ul li a:hover"，设置颜色属性 color 为♯F93，背景颜色属性 background-color 为♯FFC，单击"确定"按钮，代码及效果如图 6-42 所示。

图 6-42　导航文字超链接动态代码及浏览效果

（7）设置页面中部的内容及 CSS 样式。将页面文件切换至代码窗口，光标定位在〈div id="main"〉和〈/div〉之间，单击"常用"工具中的"图像"按钮，在"选择图像源文件"对话框中选择图片文件"pic.jpg"，单击"确定"按钮完成图片的插入，效果如图 6-43 所示。

图 6-43　插入主体图片效果

（8）设置页面底部的内容及 CSS 样式。

①插入文本信息：将页面文件切换至代码窗口，光标定位在〈div id="footer"〉和〈/div〉之间，输入文本信息"关于我们 | 创作案例 | 画框定制 | 招聘信息 | 付款方式 | 联系我们"。为了使各个文本之间产生间距，可以在各开头文字之前和结尾文字之后分别插入空格，将光标分别放在插入点，选择"插入"→"HTML"→"特殊字符"→"不换行空格"命令，完成空格的插入。在最后一个空格的后面插入换行符标签〈br/〉，然后插入版权等文本信息，HTML 代码及效果如图 6-44 所示。

图 6-44　底部信息及效果

②设置底部文本信息格式：将光标定位底部文本信息内，单击"CSS样式"浮动面板下方的"新建CSS规则"按钮，选择器类型为"ID"，选择器名称为"♯footer"，单击"确定"按钮，在弹出的"CSS规则定义"对话框中选择"分类"栏中的"类型"，设置font-family属性值为"微软雅黑"，字体大小属性font-size设为12；选择"分类"栏中的"区块"，将文本对齐属性text-align设置为center；选择"分类"栏中的"方框"，设置外部上边距为10px。CSS代码及效果如图6-45所示。

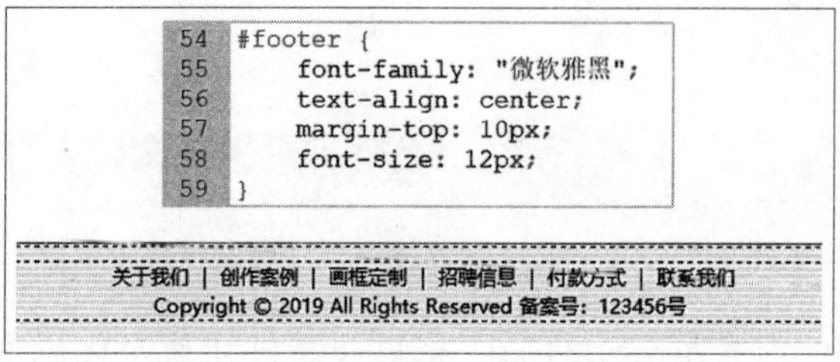

```
54  #footer {
55      font-family: "微软雅黑";
56      text-align: center;
57      margin-top: 10px;
58      font-size: 12px;
59  }
```

关于我们 | 创作案例 | 画框定制 | 招聘信息 | 付款方式 | 联系我们
Copyright © 2019 All Rights Reserved 备案号：123456号

图 6-45　底部信息 CSS 代码及浏览效果

◆ **思考题**

1. 对 WWW 的访问是怎样实现的？
2. 简述网页文件的基本结构。
3. 什么是浏览器内核？常见的浏览器内核有哪些？
4. 类选择器和 ID 选择器有什么区别？
5. 用 Div＋CSS 如何设计三列居中布局？

参考答案

第7章 图形图像处理

制作网页的第一步是加工处理素材，这是网页制作的基础工作。网页的素材通常包含了大量的图像，对这些图像素材进行适当的编辑加工处理，成为网页制作前期的基本工作。通过本章的学习，要了解图形图像的基础知识，熟悉 Photoshop 的基本操作，会利用 Photoshop 对图形图像进行加工处理。

7.1 图形图像基础知识

7.1.1 像素与分辨率

1. **像素** 像素（pixels）是指基本原色素及其灰度的基本编码，是构成图像的基本单元。如果把图像放大数倍，会发现这些图像其实是由许多色彩相近的小方点组成的，这些小方点就是构成图像的最小单元即像素。这种最小的图形单元在屏幕上的显示通常是单个的染色点。

2. **分辨率** 分辨率是指单位长度内包含的像素点的数量，单位为像素/in*，通常情况下分辨率越高，图像就会越清晰，不同分辨率图像的清晰度是不一样的。

分辨率可以分为显示分辨率与图像分辨率。

显示器上单位长度所显示的像素或点的数目，通常用每英寸的点数（dpi）来表示，显示器分辨率取决于该显示器的大小及其像素设置。显示分辨率（屏幕分辨率）是屏幕图像的精密度，是指显示设备所能显示的像素有多少。由于屏幕上的点、线和面都是由像素组成的，因此显示器可显示的像素越多，画面就越精细。可以把整个图像想象成一个大棋盘，而分辨率的表示方式就是所有横线和纵线交叉点的数目。在显示分辨率固定的情况下，显示屏越小图像越清晰，反之，显示屏大小固定时，显示分辨率越高图像越清晰。

图像分辨率（dpi）是图像中每英寸像素点的数目，通常用像素/in 来表示。例如一幅 2in×3in 的图像的分辨率是 300dpi，则在此图像中宽度方向上有 600 像素，在高度方向上有 900 像素，图像的像素总量是 600 像素×900 像素。高分辨率的图像比相同打印尺寸的低分辨率图像包含的像素多，因而图像在打印输出时会更清晰、细腻。

图像分辨率则是单位英寸中所包含的像素点数，其定义更趋近于分辨率本身的定义。

---

* in（英寸）为非法定计量单位，1in（英寸）＝2.54cm（厘米）。——编者注

7. 1. 2　位图与矢量图

数字图像按存储方式的不同分为两种类型：位图与矢量图。

1. 位图　位图图像（bitmap），也称为点阵图像或栅格图，是由像素点组合而成的图像，通常 Photoshop 和其他一些图像处理软件如 PhotoImpact、Paint 等生成的都是位图，由于位图图像由像素点组成，这些像素点由其位置值和颜色亮度值表示，将像素点进行不同的排列和染色可构成丰富多彩的图样。位图适合表现大量的图像细节，可以很好地反映明暗的变化、复杂的场景和颜色。但由于在保存位图时，计算机需要记录每个像素点的位置和颜色，所以图像像素点越多（分辨率越高），图像越清晰，文件也就越大，所占硬盘空间也越大，在处理图像时机器运算速度也就越低。

2. 矢量图　矢量图是由一系列数学公式表达的线条所构成的图形，在此类图形中构成图像的线条颜色、位置、曲率、粗细等属性都由许多复杂的数学公式表达。用矢量表达的图形，线条非常光滑、流畅，当我们对矢量图形进行放大时，线条依然可以保持良好的光滑性及比例相似性，从而在整体上保持图形不变形。

由于矢量图以数学公式的表达方法保存，通常文件所占空间较小，而且进行放大、缩小、旋转等操作时，不会影响图形的质量，此种特性也被称为无级平滑缩放。矢量图形由矢量软件生成，此类软件所绘制图形的最大优势体现在印刷输出时的平滑度上，特别是文字输出时具有非常平滑的效果。

但矢量图难以表现色彩层次丰富的逼真图像效果，所以主要用于插图、文字和可以自由缩放的徽标等图形设计。位图放大后会出现明显的锯齿状边缘，图像失真明显，而矢量图并无明显变化。

7. 1. 3　颜色和色彩模式

1. 颜色　物体的颜色具有色相、明度、饱和度三要素，在 Photoshop 中经常使用。色相即色彩的相貌，也就是物体本身的颜色；明度即颜色的深浅、明暗变化差异；纯度又称为饱和度，指色彩的鲜艳度。

2. 色彩模式　色彩模式是描述色彩的一种方式，在 Photoshop 中，有 RGB 色彩模式、Indexed（索引）色彩模式、CMYK（四色印刷）色彩模式等，最常用的是 RGB 模式。各种模式间可通过"图像"→"模式"菜单命令相互转换。

（1）RGB 色彩模式。RGB 色彩模式是工业界的一种颜色标准，是通过对红（R）、绿（G）、蓝（B）3 个颜色通道的变化以及它们相互之间的叠加来得到各种各样的颜色，是目前运用最广的颜色系统之一。显示器就是采用 RGB 方式显示色彩的。这种模式的色彩分别用整数 0～255 来表示。红色的 RGB 值为（255，0，0），绿色的 RGB 值为（0，255，0），蓝色的 RGB 值为（0，0，255），黑色的 RGB 值都设为 0，白色的 RGB 值都设为 255，灰色只要将 3 个数值设为相同即可。

（2）Indexed 色彩模式。为了减小图像文件所占的存储空间，人们设计了 Indexed 色彩模式。这种模式，只能存储一个 8 位色彩深度的文件，将图像转换为 Indexed 模式后，系统将从图像中提取 256 种典型的颜色作为颜色表。把图像限制成不超过 256 种颜色，主要是为了有效地缩减图像文件的大小，而且可以适度保持图像文件的色彩品质，很适合制作网页上的图像文件。

（3）CMYK 色彩模式。CMYK 色彩模式，主要用来印刷。CMYK 分别代表青、洋红、黄和黑，在印刷中代表 4 种颜色的油墨。CMYK 色彩模式使用 4 个通道，包含 256 个亮度级。

（4）位图模式。位图模式的图像也称为黑白图像或一位图像，因为它只使用两种颜色值，即黑色和白色来表现图像的轮廓，黑白之间没有灰度过渡色，因此图像占用的内存空间非常少。

（5）灰度模式。灰度模式的图像由 256 种不同程度明暗的黑白颜色组成，因为每个像素可以用 8 位或 16 位来表示，因此色调表现力比较丰富。将彩色图像转换为灰度模式时，所有的颜色信息都将被删除。

虽然 Photoshop 允许将灰度模式的图像再转换为彩色模式，但是原来已丢失的颜色信息不能再返回，因此，在将彩色图像转换为灰度模式之前，应该利用"存储为"命令保存一个备份图像。

（6）Lab 颜色模式。Lab 颜色模式是 Photoshop 在不同颜色模式之间转换时使用的内部安全模式。它的色域能包含 RGB 颜色模式和 CMYK 颜色模式的色域，因此，将 Photoshop 中的 RGB 颜色模式转换为 CMYK 颜色模式时，先要将其转换为 Lab 颜色模式，再从 Lab 颜色模式转换为 CMYK 颜色模式。

在 Photoshop 中，可以将图像从原来的模式转换为另一种模式，转换模式后，就永久更改了图像中的颜色值，一些图像数据可能会丢失并且无法恢复。

7.1.4　常用的图像文件格式

Photoshop 支持的文件格式非常多，了解各种文件格式有助于对图像进行编辑、保存以及转换等操作。

（1）PSD 格式。PSD 格式是 Photoshop 的专用格式，能够保存图像数据的细小部分，如图层、通道等信息，图层之间相互独立，在图像编辑完成前暂存时可以使用这种格式便于以后修改。

（2）BMP 格式。BMP 是 Bitmap 的缩写，是 Windows 操作系统中的标准图像文件格式，它支持 RGB、索引、灰度和位图颜色模式的图像。

（3）EPS 格式。EPS 格式是一种跨平台的通用格式，由于该标准制定得早，几乎所有的平面设计软件都能够兼容，所以用 Photoshop、Illustrator、Corel Draw、Freehand 等软件都可以打开。

（4）JPEG 格式。JPEG 是第一个国际图像压缩标准，JPEG 格式是最常用的一种图像文件格式，可用于 Windows 和 Mac 平台，是所有压缩格式中的佼佼者。它是一种有损压缩式，使用此格式存储时可以选择压缩品质，以控制数据的损失程度。Photoshop 从低到高共提供了 12 档品质。

（5）TIFF 格式。TIFF 是使用最广泛的位图文件格式行业标准之一，几乎所有工作中涉及位图的应用程序都能处理 TIFF 格式的文件。TIFF 格式广泛应用于对图像质量要求较高的图像的存储与转换。

（6）AI 格式。AI 格式是一种矢量图格式。在 Photoshop 中可以将保存了路径的图像文件输出为"＊.ai"格式，然后在 Illustrator 或 CorelDRAW 等应用程序中直接打开并进行编辑。

（7）GIF 格式。GIF 格式是 Web 上使用最普遍的图像文件格式，它只能处理 256 种色彩。GIF 文件小且成像相对清晰并能存储背景透明的图像，可将多幅彩色图像存成一个文件而形成动画效果，适合网络传输。

（8）PNG 格式。PNG 格式是专门为 Web 开发的，它是一种将图像压缩到 Web 上的文件格式。它支持 244 位图像并产生无锯齿状的透明背景，可以实现无损压缩，常用来存储背景透明的素材。

7.2　初识 Photoshop

Adobe Photoshop，简称 PS，主要用于处理以像素所构成的数字图像。Photoshop 是 Adobe 公司旗下专业的图像处理软件，Photoshop 集图像扫描、编辑修改、图像制作、广告创意、图像合成、图像输入/输出、网页制作于一体，为美术设计人员提供了无限的创意空间。设计人员可以通过各种绘图工具的配合使用及图像调整方式的组合，在图像中任意调整颜色、明度、彩度、对比度，甚至轮廓及图像；还可以通过几十种特殊滤镜的处理为作品增添变幻无穷的魅力。

7.2.1　工作界面

启动 Photoshop CS6，其工作界面由菜单栏、工具属性栏、工具箱、状态栏、图像编辑窗口和各式各样的控制面板组成，如图 7-1 所示。

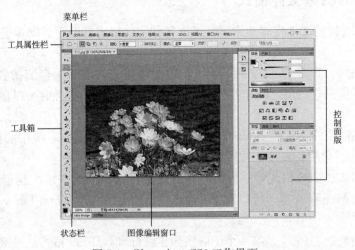

图 7-1　Photoshop CS6 工作界面

7.2.2　文件操作

1. **新建文件**　若需要制作一个新的文件，可以执行"文件"→"新建"菜单命令或按 "Ctrl＋N"组合键，打开"新建"对话框，在对话框中可以设置文件的名称、尺寸、分辨率、颜色模式等。

● 名称：默认情况下的文件名为"未标题-1"。

- 预设：可以快速选择一些内置的常用尺寸，单击下拉列表选择即可。
- 大小：用于设置预设类型的大小。
- 宽度/高度：设置文件的宽度和高度，常用单位有像素、英寸和厘米等。
- 分辨率：用来设置文件的分辨率大小，单位有"像素/in"和"像素/cm"两种。"默认 Photoshop 大小"和"Web"均为 72dpi。
- 颜色模式：用来设置文件的颜色模式以及相应的颜色深度。
- 背景内容：用来设置文件的背景内容，有"白色""背景色""透明"3 种选择。单击"确定"按钮即可创建新的文件了。

2. **打开文件**　打开文件的方法有很多种，可以直接执行"文件"→"打开"菜单命令，在弹出的对话框中选择需要打开的文件，然后单击"打开"按钮；或者直接双击文件。也可以在 Photoshop 工作区中双击鼠标左键，或者使用"Ctrl＋O"组合键，弹出"打开"对话框。注意：选择正确的文件类型才能找到文件。

3. **存储文件**　和其他应用程序操作类似，若需要将打开的文件保存回原位置，可执行"文件"→"存储"菜单命令或按"Ctrl＋S"组合键对文件进行快速保存。

当不希望覆盖掉源文件时，可以执行"文件"→"存储为"菜单命令或按"Shift＋Ctrl＋S"组合键将文件保存到另一个位置或保存为另一个文件名。

4. **关闭文件**　当编辑完图像以后，需要先将图像保存，然后关闭文件。执行"文件"→"关闭"菜单命令、按"Ctrl＋W"组合键或者单击文档名称选项卡旁的"关闭"按钮，均可以关闭当前处于激活状态的文件。若需要快速关闭所有文件，则执行"文件"→"关闭全部"菜单命令或按"Alt＋Ctrl＋W"组合键。

7.2.3　常用的辅助工具

1. **标尺**　标尺的主要作用是度量当前图像的尺寸，定位图像或元素的位置，从而更精确地设计。执行"视图"→"标尺"菜单命令，或者使用"Ctrl＋R"组合键，即可在文档窗口的顶部和左侧显示标尺。

默认情况下，标尺的原点位于窗口的左上角（0，0）标记处，将鼠标放置在原点上，单击并向右下方拖动，图像上会出现十字线，在需要的位置松开鼠标，该处即成为新的原点位置，而在原点处的方形区域双击鼠标即可恢复默认原点设置，如图 7-2 所示。

如果要修改标尺的测量单位，可以双击标尺，在弹出的"首选项"对话框中可以对其进行设置，还可以在标尺上单击右键，在弹出菜单中进行设置，如图 7-3 所示。

图 7-2　拖动标尺原点

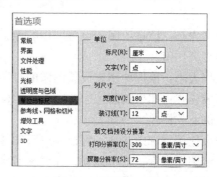

图 7-3　设置标尺单位

2. **参考线** 参考线的使用可以有效地帮助用户更加精准地定位图像在进行裁切或缩放操作时的位置。显示标尺后,将鼠标移至水平标尺上,单击鼠标左键并向下拖动即可拖出一条水平参考线。同样,也可以从垂直标尺上拖出一条垂直参考线。将光标移动到参考线上呈双向箭头状态时,单击并拖动可以移动参考线的位置。为避免在操作过程中参考线被移动,可执行"视图"→"锁定参考线"菜单命令,将拖出的参考线锁定。当需要删除某条参考线时,将其拖回标尺上即可,若需要删除所有参考线,可使用"视图"→"清除参考线"菜单命令。

在 Photoshop CS6 中,还可以使用智能参考线。当用"移动工具"对文档中的对象进行移动操作时,即可通过智能参考线将图形、切片和选区进行对齐。

3. **网格** 网格的功能对于对称布置的对象比较有用,执行"视图"→"显示"→"网格"菜单命令,即可显示网格。同时可选择"视图"→"对齐"→"网格"菜单命令启用对齐功能,这样在进行创建选区或移动图像等操作时,对象会自动对齐到网格上。

7.2.4 调整图像

在图像处理中常常需要对图像以及画布进行适当的调整以达到满意的效果。在 Photoshop CS6 中调整图像尺寸或画布大小,应注意像素大小、文档大小以及分辨率的设置。

1. **调整图像大小** 打开一幅图像,执行"图像"→"图像大小"菜单命令,或者按"Ctrl+Alt+I"组合键,可以打开"图像大小"对话框,如图 7-4 所示,在该对话框中可调整图像的相关参数。

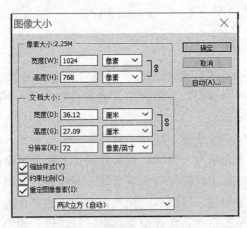

图 7-4 "图像大小"对话框

- 像素大小:该选项用来设置图像的像素大小,包括宽度和高度的像素值,也可以设置为百分比值。
- 文档大小:该选项用来设置图像的打印尺寸和图像分辨率。
- 缩放样式:如果在图像中包含了应用样式的图层,选中此项可以在调整图像大小时按比例缩放样式。
- 约束比例:选中此项,可以在调整图像时保持当前的像素宽度和像素高度比例。
- 重定图像像素:选中此项,在对图像修改时图像像素不会改变,缩小图像的尺寸会自动增加分辨率,反之增加分辨率会自动缩小图像尺寸。

- 自动：设置打印输出的精度，还可以将打印图像的品质设置为草图、好或最好。设置为"草图"输出的文件较小，设置为"最好"输出的文件较大并且作品效果最佳。

2. **调整画布大小**　所谓画布，就是文档的整个工作区域，可以通过执行"图像"→"画布大小"菜单命令或按"Ctrl＋Alt＋C"组合键，在"画布大小"对话框中对画布尺寸进行调整，如图 7-5 所示。

- 当前大小：显示当前图像的宽度和高度以及文件的实际大小。
- 新建大小：可用来设置画布的宽度和高度。如果输入的数值大于原图像尺寸，则增加画布大小，反之则减小画布大小。
- 相对：选中该项后，上方"宽度"和"高度"两个选项框中所填的数值将代表增加或减小的尺寸，若为正值则增加画布大小，负值则减小画布大小。
- 定位：使用该选项可以选择为图像扩大画布的方向，用鼠标单击某一个箭头即可。
- 画布扩展颜色：在下拉列表中可选择填充新画布的颜色，但当图像的背景设置为透明时该选项不可用。

图 7-5　"画布大小"对话框

选择"图像"→"旋转画布"菜单命令，可指定旋转画布的方向。当画布角度不符合要求时，则需要旋转画布。

3. **变换图像**　变换是对图像或选中的对象进行缩放、旋转、斜切、扭曲、透视或变形等调整（图 7-6）。

- 自由变换：选择"编辑"→"自由变换"菜单命令（或按"Ctrl＋T"组合键），可以为对象进行缩放、旋转和斜切等自由变换操作。
- 变换：选择"编辑"→"变换"菜单命令，除了为对象应用缩放、旋转、斜切等操作外，还允许应用扭曲、变形、透视等操作，单独移动控制点来变换图像。还可以选择预定义的角度来旋转对象。

图 7-6　变　换

7.2.5　工具箱的使用

工具箱包含各种图形绘制和图像处理工具，如图 7-7 所示，默认位置在工作区的左侧，可以根据需要拖动到窗口的任意区域。将鼠标光标移动到工具箱中的按钮上时，该按钮将凸起显示，停留片刻鼠标处即会显示该工具的名称。大多数工具按钮是以工具组的形式存放的，长按右下角带黑色小三角的按钮即可将工具组中隐藏的其他工具按钮显示出来，这时移动鼠标至所需工具上单击即可选择该工具使用了。

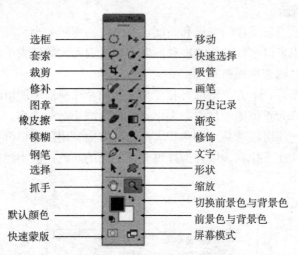

图 7-7　Photoshop 的工具箱

工具箱在图像加工处理中会经常用到，熟练地使用工具会大大提高图像编辑效率并提升编辑效果。工具虽然众多，但大体上可以分为选取工具、绘图工具、视图工具、调整工具和其他特殊工具几类。

1. **选取工具**　选取工具用于选择图像上的某部分，以便对选择的这部分图像进行单独处理，而对其他部分不产生影响。在 Photoshop 中，最基本的操作是选择区域，不同的选择命令有不同的选择效果。多种选取工具和命令可以配合使用，来实现相对复杂的区域选择。被选取的区域可以是规则的，也可以是不规则的，其颜色可以是比较一致的颜色，也可以是多色的，甚至可以与背景强烈对比，也可以与背景混合。

单一选取工具的使用非常简单，单击选取工具后只需用鼠标在图像中单击并拖动就会产生一个被不断闪烁的虚线所包围的区域，该区域的图像就是被选中的图像。

（1）选框工具。选框工具组包括矩形选框工具、椭圆选框工具、单行选框工具和单列选框工具 4 种。利用选框工具可绘制规则的集合形状选区，对应快捷键为 M 键，而按快捷键"Shift＋M"则可在矩形和椭圆形选区间进行切换。选中所需形状的选框工具后，选项栏中会出现与该工具相关的属性设置，4 种选框工具的选项基本相同，可设置"羽化""样式"等参数，如图 7-8 所示。

选区运算按钮

图 7-8　选框工具选项栏

①选区运算按钮。选区运算的方式从左至右分别为"新选区""添加到选区""从选区减去""与选区相交" 4 种。

- 新选区：画布中只创建一个选区，创建的新选区会将旧选区替换掉，默认选项。
- 添加到选区：在已有旧选区中加入当前选取范围的新选区，和按住 Shift 键再选取选区功能相同。
- 从选区减去：从已有旧选区范围减去与当前选取范围相交的部分，和按住 Alt 键再选取功能相同。
- 与选区相交：只保留旧选区与当前选取范围相交的部分，和按住"Shift＋Alt"组合键再选取功能相同。

②羽化。用来设置选区边界的羽化程度，范围为 0～1000 像素。羽化值越大，羽化的范围也就越大；羽化值越小，创建的选区越精确。

③消除锯齿。选中该复选框可消除选区边缘的锯齿。在创建不规则边缘的选区时，选区的边缘会产生锯齿，尤其将图像放大后会更加明显，使用该选项可在选区边缘一个像素的范围内添加与周围图像相近的颜色，从而使选区看上去较光滑。

④样式。设置选区的创建方法，有"正常""固定比例""固定大小"3 种方式。

⑤调整边缘。可调出"调整边缘"对话框来对选区进行更加细致的操作，常用来选取边缘较复杂的图像区域。

单行/单列选框工具是一种特殊的选区创建工具，它规定了选区的高度/宽度只能为 1 个像素，可用于修复图像中丢失的像素线。

（2）裁剪工具。裁剪工具可以对图像进行剪切。在 Photoshop 中，裁剪区域一般有 8 个节点框，用户可以用鼠标在节点上对裁剪区域进行缩放，还可以用鼠标在裁剪区域外对选择的裁剪框进行旋转。在裁剪区域双击鼠标或回车键即可结束裁剪。

（3）套索工具。若需要创建不规则形状边缘的选区则可使用套索工具组，包括套索工具、多边形套索工具和磁性套索工具 3 种。

①套索工具。用来手动选取不规则形状的图像。启用该工具后在图像中适当位置单击并按住鼠标不放，拖曳鼠标绘制出需要的选区，松开鼠标后自动封闭至起点形成选区。

②多边形套索工具。用来创建直线或折线外形的不规则选区。启用该工具后在图像中适当位置单击鼠标设置所选区域的起点，继续单击鼠标依次选取区域的其他点，选取多边形完成后将鼠标移回起点，当鼠标显示为 图标时，单击鼠标即可创建闭合选区。在创建选区过程中，按 Enter 键可以封闭选区，按 Esc 键，可以取消选区，按 Delete 键可以删除刚建立的选区点，按 Alt 键可以暂时切换为"套索工具"。

③磁性套索工具。可以用来选取边缘不规则且颜色反差较大的图像区域，启用该工具后再在图像的适当位置单击鼠标设置所选区域的起点，沿着所选图像区域缓缓移动鼠标，选取图像的磁性轨迹会紧贴图像的边缘识别选区，将鼠标指针移回起点，当鼠标显示为 图标时，单击鼠标即可闭合选区，在操作中的快捷键使用与多边形套索工具相同。

（4）魔棒工具。魔棒工具用于选择颜色相同的色块，只需用鼠标在色块上单击即可。魔棒可以记录鼠标单击处的颜色，并自动获取附近区域相同的颜色，使它们处于选择状态。魔棒工具是 Photoshop 提供的一种比较快捷的抠图工具，对于一些分界线比较明显的图像，通过魔棒工具可以快速地将图像抠出。

魔棒工具组内有快速选择工具和魔棒工具，这两种工具都是通过选取图像中的某一个像素点，再将与这点颜色相同或相近的点自动加入选区中，可以用来快速选取图像中色彩变化不大且色调相近的区域。

①快速选择工具。利用可调整的圆形画笔笔尖快速创建选区，选中工具后在画布中拖动或单击鼠标，选区会向外扩展并自动查找并跟随图像中定义颜色相近区域。

②魔棒工具。能够选取图像中色彩相近的区域，比较适合选取图像中颜色比较单一的选区，选中工具后在画布中单击即可创建选区。

（5）修改选区。用户创建选区后，常常还要根据实际需求对选区进行进一步操作。如执行"选择"菜单中的"反向"命令对选区进行反选操作（或按"Shift＋Ctrl＋I"组合键），还可以进行扩展、收缩、平滑、羽化及变换选区等操作。

①扩展选区。扩展选区是将当前选区按照设定的像素值进行扩大，使用"选择"→"修改"→"扩展"命令，在弹出的"扩展选区"对话框中设置相应的扩展像素值，以实现扩展选区效果，如图 7-9 所示。

②收缩选区。收缩选区是将当前选区按照设定的像素值进行缩小，使用"选择"→"修改"→"收缩"命令，在弹出的"收缩选区"对话框中设置相应的收缩像素值，以实现收缩选区的效果。

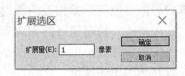

图 7-9 "扩展选区"对话框

③平滑选区。平滑选区用于消除选区边缘的锯齿，使用"选择"→"修改"→"平滑"命令，在弹出的"平滑选区"对话框中设置适合的取样半径，以实现平滑选区的效果。

④羽化选区。羽化选区可以使选区呈现平滑收缩状态且虚化选区的边缘，执行"选择"→"修改"→"羽化"命令，在弹出的"羽化选区"对话框中设置羽化半径的像素值，以实现羽化选区的效果。羽化半径值与最终形成的选区大小成反比，半径越大形成最终选区的范围越小，反之则越大。

⑤变换选区。变换选区是根据需求对已有选区进行调整。执行"选择"→"变换选区"命令，在选区周围会出现 8 个控制点的变换框，单击鼠标右键，在弹出的菜单中选择相应的命令，如图 7-10 所示。再通过拖动控制点或变换框进行变换选区。注意：完成后需单击"选项"栏右侧的"提交变换"按钮✔进行确定，或者单击"取消变换"按钮⊘放弃刚才的操作。在进行变换选区操作时，鼠标指针移至变换框或控制点附近时会变成不同的形状，此时进行拖曳操作，即可实现对选区的放大、缩小、旋转、扭曲、变形等多种操作了。

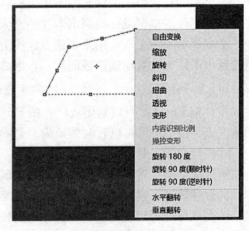

图 7-10 "变换选区"快捷菜单

2.绘图工具　绘图工具包括喷笔、画笔、橡皮擦、铅笔、历史记录画笔、直线工具等。使用喷笔可以真实地模拟出喷枪的效果，而画笔能达到水彩笔的效果。历史记录画笔工具是把上一次记录的相同位置的图画恢复到编辑中的图像上。

绘图工具都可以在色彩和笔触控制板上调整它们的颜色和笔的粗细。

（1）画笔工具。鼠标选择画笔工具或使用"Shift＋B"快捷键，在选项栏中进行相应设置后，就可以在画布或选区中通过单击并拖曳鼠标操作，模拟真实的画笔绘制柔和、自然的线条。画笔工具选项设置如图 7-11 所示。

图 7-11　画笔工具选项栏

①"工具预设"选取器。在"工具预设"选取器中可以选择系统预设的画笔样式或将当前画笔定义为预设画笔，也可载入下载的各款画笔样式。

②"画笔预设"选取器。在"画笔预设"选取器中可以对画笔的大小、硬度和样式进行设置。选择右上角的按钮，可以在弹出的菜单中选择自定义画笔预设或选择更多的画笔类型。

③模式。用于设置使用画笔工具在图像中进行涂抹时，涂抹区域颜色与图像像素之间的混合模式，与图层混合模式类似。

④不透明度。用于设置使用绘图工具在图像中涂抹时，笔尖部分颜色的不透明度，该值为百分数，范围为 1％～100％，默认值为 100％即不透明。在画笔、铅笔、仿制图章和历史记录画笔等绘图工具的选项中都有该项。

⑤流量。用来控制使用对应工具在画布中进行涂抹时笔尖部分的颜色流量，流量越大喷色越浓，该值的范围为 1％～100％，默认值为 100％。

⑥"启用喷枪模式"按钮。启用喷枪模式后，绘画时若按住鼠标不放，则该处图案颜色量会不断增大。

（2）铅笔工具。铅笔工具主要是模拟平时绘画所用的铅笔。选用铅笔工具后，在画面上按住鼠标左键不放并拖动就可以画线。铅笔工具与喷枪、画笔的不同之处是所画出的线条没有蒙边。铅笔的笔头可以在右边的画笔中选取。

用铅笔工具可以绘制出具有硬边的线条，铅笔工具的使用方法和选项设置与画笔工具类似，只是其绘制的线条轮廓较硬，不含流量选项，增加了自动抹除选框画笔选项设置，如图 7-12 所示。

图 7-12　铅笔工具选项栏

自动抹除：选中选此项后，用铅笔工具绘图时默认使用前景色，若绘制区域的颜色为前景色则自动切换成背景色绘图。可按快捷键 D 键恢复默认颜色绘制。

（3）钢笔工具。在钢笔工具中，标准钢笔工具可用于绘制具有最高精度的图像，自由钢笔工具可用于像使用铅笔在纸上绘图一样来绘制路径。

钢笔工具属于矢量绘图工具，其优点是可以勾画平滑的曲线，在缩放或者变形之后仍能保持平滑效果。钢笔工具画出来的矢量图形称为路径。

3. 视图工具　视图工具包括缩放工具和手形工具。缩放工具只是将图像在视觉上进行缩小或放大，并没有改变图像的大小。当图像画面大小超出显示屏的能见范围时，可以使用手形工具来按下鼠标左键并拖动鼠标来移动画面，使想观察的画面出现在显示屏上。

4. 调整工具 调整工具有油漆桶工具、渐变工具、模糊工具、减淡工具、海绵工具等。

（1）油漆桶工具。油漆桶工具用于在特定颜色和与其相近的颜色区域填充前景色或指定图案，常用于颜色比较简单的图像，选项栏如图 7-13 所示。

图 7-13　渐变工具选项栏

①填充类型。包括前景和图案两种。选择"前景"（默认选项），使用当前前景色填充图像；选择"图案"，可从右侧的"图案选取器"中选择某种预设图案或自定义图案进行填充。

②模式。制订填充内容以何种颜色混合模式应用到要填充的图像上。

③不透明度。设置填充颜色或图案的不透明度。

④容差。控制填充范围。容差越大，填充范围越广。取值范围为 $0 \sim 255$，系统默认值为 32。容差用于设置待填充像素的颜色与单击点颜色的相似程度。

⑤消除锯齿。选中该选项，可使填充区域的边缘更加平滑。

⑥连续。默认选项，作用是将填充区域限定在与单击点颜色匹配的相邻区域。

⑦所有图层。选中该选项，将基于所有可见图层的拼合图像填充当前层。

（2）渐变工具。使用渐变工具，可以创建不同颜色间的混合过渡效果，选项栏如图 7-14 所示。

图 7-14　渐变工具选项栏

①预设。单击右侧的下拉箭头，可打开"预设渐变色"面板，从中选择所需渐变色。单击左侧的图标，打开"渐变编辑器"对话框，可对当前选择的渐变色进行编辑修改或定义新的渐变色。

②渐变类型。从左向右依次是线性渐变、径向渐变、角度渐变、对称渐变和菱形渐变。

③模式。指定当前渐变色以何种颜色混合模式应用到图像上。

④不透明度。用于设置渐变填充的不透明度。

⑤反向。选中该选项，可反转渐变填充中的颜色顺序。

⑥仿色。选中该选项，可用递色法增加中间色调，形成更加平缓的过渡效果。

⑦透明区域。选中该选项，可使渐变中的不透明度设置生效。

（3）模糊工具。模糊工具主要是对图像进行局部模糊。按住鼠标左键不断拖动即可操作。一般用于将颜色与颜色之间比较生硬的地方加以柔和。与模糊工具并列的工具中，锐化工具和涂抹工具也是进行局部处理的。锐化工具与模糊工具相反，是对图像进行清晰化处理。

（4）减淡工具。减淡工具也称为加亮工具，主要是对图像进行加亮处理以达到将图像颜色减淡的效果，其减淡的范围可以通过画笔中的笔头大小来确定。而加深工具与减淡工具相反，也称为减暗工具，主要是对图像进行变暗处理以达到将图像颜色加深的效果。

（5）海绵工具。海绵工具是用来吸去颜色的工具，用此工具可以将有颜色的部分变为黑白。海绵工具的作用是改变局部的色彩饱和度，可选择降低饱和度来去色，也可以提高饱和度来加色，这可以通过海绵工具的快捷菜单进行选择。

5. 其他特殊工具

（1）仿制图章工具。仿制图章工具用来复制取样的图像。仿制图章工具能够按涂抹的范围复制全部或者部分到一个新的图像中。就是说，可在图画的任何地方设置一个取样点，然后把取样点处的图像像盖章一样复制到其他地方。

（2）图案图章工具。图案图章工具用来复制图案库中预先定义好的图案，甚至可以通过拖移图案的方法来实现利用图案进行绘画。在图画上设置取样区，并在"编辑"→"定义图案"菜单中把取样区定义为图案后，就可在其他图画窗口的图案图章工具选项栏的图案库中复制出该取样区。在图案图章工具选项栏中还可以对图案应用印象派效果。

（3）吸管工具。吸管工具用来吸取颜色，但只能吸取一种，吸取面积为一点周围的 3 个像素的平均色。

（4）历史记录画笔工具。历史记录画笔工具一般都配合"历史记录"面板来使用。选择"窗口"→"历史记录"命令，可打开"历史记录"面板。

当打开一幅图像并进行了一些操作后，在"历史记录"面板中就会产生相应的记录。鼠标单击面板中的某一条记录选项，历史记录即可恢复到该状态。撤销某一历史记录后，其后面的历史记录也将被撤销。

历史记录画笔工具的作用则是将修改后的图像恢复到"历史记录"面板中所设置的历史记录恢复点位置的图像效果。

【例 7-1】绘制圆锥体。

①新建文件。设置文档尺寸（宽度、高度）为 400 像素×600 像素，分辨率为 72 像素/in，颜色模式为 RGB，背景颜色为白色。

②制作柱体。新建图层 1，用矩形选框工具画矩形选区，选择渐变工具，在工具选项栏中选择"对称渐变"，从中心向外拖曳鼠标，形成如图 7-15（a）所示的圆柱状。

③制作锥体。按"Ctrl＋T"组合键进入自由变换状态，再按"Ctrl＋Shift＋Alt"组合键，同时用鼠标水平拖动左上端节点，使之与中心节点重合，形成如图 7-15（b）所示的锥体，按 Enter 键确定。

④删除底部。用椭圆选框工具选中圆锥，按"Ctrl＋Shift＋I"组合键反向选取，如图 7-15（c）所示。按 Delete 键删除底部，按"Ctrl＋D"组合键取消选区，效果如图 7-15（d）所示。

⑤按"Ctrl＋S"组合键保存文件。

（a）填充渐变　　　　（b）自由变换　　　　（c）删除底部　　　　（d）完成效果

图 7-15　绘制圆锥体过程

【例7-2】制作"鲜花"文字。

①新建文件。设置文档尺寸（宽度、高度）为 600 像素×300 像素，分辨率为 72 像素/in，颜色模式为 RGB，背景色为白色。

②输入文字。用文字工具输入"花样年华"，字体为华文琥珀，在文字图层上单击右键，选择"栅格化文字图层"命令，将文字变为位图。

③文字描边。选中文字层，选择"选择"→"载入选区"菜单命令，得到文字选区。新建图层 1，选择"编辑"→"描边"菜单命令，宽度为 2 像素，颜色自定。选择"选择"→"取消选择"菜单命令，单击文字层左侧的"眼睛"，隐藏文字层，得到效果如图 7-16 所示的描边文字。

图 7-16　描边文字

④定义图案。新建图层 2，选择画笔工具，通过载入画笔得到一些预设花朵效果的画笔，选择一种喜欢的画笔和前景色，在工作区单击得到一朵花。用矩形选框工具框选花朵，选择"编辑"→"定义图案"菜单命令，取名为"花"。

⑤填充。隐藏图层 2。选择油漆桶工具，在其工具选项栏中选择"图案"，找到定义的"花"图案，如图 7-17 所示。在图层 1 上单击，漂亮的鲜花文字就做好了，如图 7-18。

图 7-17　油漆桶工具的属性栏

图 7-18　鲜花文字

⑥按"Ctrl＋S"组合键保存文件。

【例7-3】美容除皱。

①打开文件"除皱素材·jpg"。

②选择修复画笔工具，参数设置为默认，按住 Alt 键单击光洁的皮肤取样，如鼻尖处的皮肤，适当设置画笔的大小，然后对皱纹处单击涂抹，多次对皱纹处进行细节处理，还可以消除脸上的斑痕。除皱前后对比如图 7-19 所示。

图 7-19　除皱前后对比

【例 7-4】画鸡蛋。

①新建文件。设置文档尺寸（宽度、高度）为 800 像素×600 像素，分辨率为 72 像素，背景色为透明色。

②画鸡蛋。用椭圆选框工具画一个椭圆，单击工具箱中的黑色按钮█，设置前景色为 ♯FFCC99，用油漆桶工具为椭圆填充颜色，如图 7-20 所示。

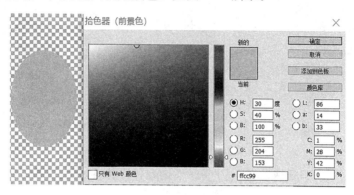

图 7-20　在椭圆选区填充颜色

③改变鸡蛋的形状。用矩形选框工具选取鸡蛋下半部分，按 "Ctrl＋T" 组合键进行自由变换，将矩形下边向上提，压缩椭圆底部（图 7-21），按 Enter 键确认，取消选区。

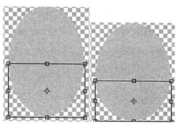

图 7-21　编辑鸡蛋形状

④绘制高光和阴影。选择减淡工具，设置画笔形状为柔边，直径为 139，范围为中间值，曝光度为 50%，在左上角绘制高光部分，如图 7-22 所示。选择加深工具，设置画笔形状为柔角，直径为 139，范围为中间值，曝光度为 50%，在右下部角绘制阴影部分，如图 7-23 所示。加深、减淡的目的是使鸡蛋看起来有立体感。

图 7-22　减淡效果

图 7-23　加深效果

⑤添加杂色。通常鸡蛋壳的表面有小杂点，选择 "滤镜"→"杂色"→"添加杂色" 菜单命令，其参数设置如图 7-24 所示。可为鸡蛋添加阴影，调整色相、饱和度，参数自行设置，使鸡蛋更逼真。完成效果如图 7-25 所示。

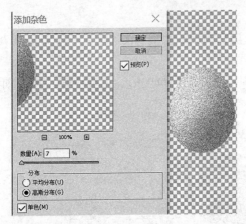

图 7-24　添加杂色　　　　　　　　　　图 7-25　鸡蛋最终效果

【例 7-5】移花接木。

①选择"文件"→"新建"菜单命令，名称为"移花接木"，"预设"选项选择"默认 Photoshop 大小"，RGB 颜色模式，背景色为白色。

②选择"文件"→"置入"菜单命令，选择"苹果.jpg"素材置入，调整大小，按 Enter 键确定。右击"苹果"图层，选择"栅格化图层"命令，将图片转化为位图。

③选择"文件"→"打开"菜单命令，打开"橘子.jpg"素材图片，单击钢笔工具，在选项板上选择"路径"模式，将橘子从图片中抠出，如图 7-26 所示。按"Ctrl＋Enter"组合键转化为选区。按"Ctrl＋C"组合键复制，单击切换到"移花接木"文件。

④利用钢笔工具，在苹果上做出需要替换的选区，注意不要将苹果皮放入选区，如图 7-27 所示。

图 7-26　抠出橘子果肉　　　　　　　图 7-27　创建苹果选区

⑤选择"编辑"→"贴入"菜单命令，按"Ctrl＋T"组合键进行自由变换，通过旋转将橘子竖起来，调整橘子的位置，将橘子贴入苹果的选区，效果如图 7-28 所示。

⑥同样做出苹果上的另一个选区，将橘子贴入。也可以将橘络（橘皮内白色部分）贴入苹果皮内侧。最终效果如图 7-29 所示。

图 7-28　将橘子贴入苹果选区　　　　图 7-29　移花接木效果

7.3　色彩调整

7.3.1　调整图像全局色彩

Photoshop CS6 作为一个专业的平面图像处理软件，内置了多种全局色彩调整命令，通过这些命令用户可以快速实现对图像色彩的调整。

1. **"色阶"命令**　"色阶"命令常用来较精确地调整图像的中间色和对比度，是照片处理使用最频繁的命令之一。选择"图像"→"调整"→"色阶"菜单命令，将打开色阶对话框。

调整色阶的方法如下：

（1）在通道下拉列表中选择要调整的通道，如果不需要调整某一个通道可以选择 RGB 或 CMYK 合成通道，以对整幅图像进行调整。

（2）要增强图像对比度则拖动输入色阶区域的滑块，其中向左侧拖动白色滑块可使图像变亮，向右侧拖动黑色滑块可以将图像变暗。

（3）拖动输出色阶区域的滑块可以降低图像的对比度，如果要将白色滑块向左侧拖动可使图像变暗，将黑色滑块向右侧拖动可使图像变亮。

（4）在拖动滑块的过程中仔细观察图像的变化，得到满意的效果后单击"确定"按钮即可。

【例 7-6】调整曝光不足的照片。

①打开需要调整的照片，如图 7-30 所示，观察其色彩及用光情况。

②选择"图像"→"调整"→"色阶"菜单命令，打开该图像对应的"色阶"对话框，如图 7-31 所示。

图 7-30　原始图片

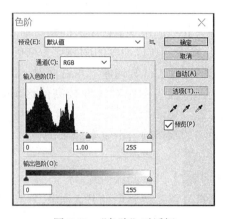

图 7-31　"色阶"对话框

③使用鼠标向左拖动白色滑块，如图 7-32 所示，增强曝光后的效果如图 7-33 所示。

④此时的图像整体还显得较暗，向左拖动灰色输入滑块，如图 7-34 所示，提高亮度后的效果如图 7-35 所示。

⑤单击"确定"按钮，将修复后的图像保存。

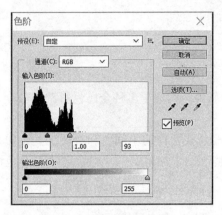

图 7-32　调整白色滑块

图 7-33　增强照片的曝光

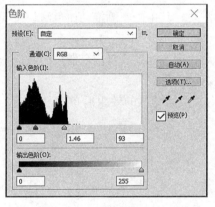

图 7-34　调整灰色滑块

图 7-35　提高照片的亮度

2. **"曲线"命令**　使用"曲线"命令也可以调整图像的亮度、对比度及纠正偏色等，与"色阶"命令相比该命令的调整更为精确。在"曲线"对话框中，单击并拖动曲线就可以改变图像的亮度。曲线向左上角弯曲时，图像变亮，向右下角弯曲时，图像变暗。曲线上比较陡直的部分代表图像对比度较高的区域，曲线上比较平缓的部分代表图像对比度较低的区域。

曲线的水平轴表示像素原来的色值，即输入色阶；垂直轴表示调整后的色值，即输出色阶。

【例 7-7】调整暗淡照片。

①打开需要调整的照片，如图 7-36 所示，观察其色彩及用光情况。

②选择"图像"→"调整"→"曲线"菜单命令，打开该图像对应的"曲线"对话框，如图 7-37 所示。

③将光标置于调节线的右上方，单击后增加一个调节点，如图 7-38所示。

④按住鼠标左键向上方拖动添加的调节点，如图 7-39 所示，此时图像亮度增强后的效果如图 7-40 所示。

图 7-36　原始图片

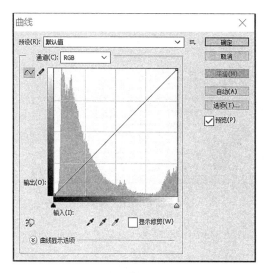

图 7-37　"曲线"对话框

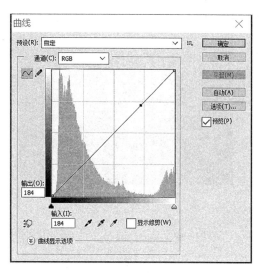

图 7-38　单击增加调节点

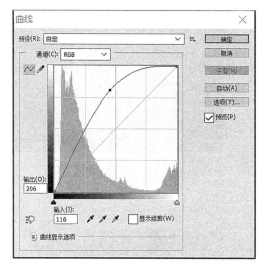

图 7-39　拖动调节点

图 7-40　调整后的图片

3.　**"色彩平衡"命令**　使用"色彩平衡"命令可以在图像原色的基础上根据需要来添加颜色，或通过增加某种颜色的补色，以减少该颜色的数量，从而改变图像的原色彩。"色彩平衡"命令能够进行色彩校正，调整方法如下：

（1）打开需调整的图像，在色彩平衡控制区选择需要调整的图像色调区，例如要调整图像的暗部，则应选中阴影前的复选框。

（2）拖动 3 个滑块条上的滑块，例如，要为图像增加红色，则向右拖动红色滑块，拖动的同时要观察图像的调整效果。

（3）得到满意效果后单击"确定"按钮即可。

【例 7-8】调整色彩平淡的照片。

①打开需要调整的照片，如图 7-41 所示，观察其色彩及用光情况。

②选择"图像"→"调整"→"色彩平衡"命令，打开该图像的"色彩平衡"对话框，

如图 7-42 所示。

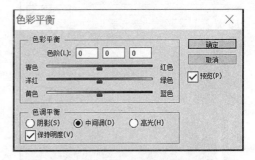

图 7-41　原始图片　　　　　　　　　　图 7-42　"色彩平衡"对话框

③向右拖动"洋红-绿色"滑块，以增加图像中的绿色，如图 7-43 所示，效果如图7-44 所示。

④同理，继续增加黄色，以增加暖色彩，如图 7-45 所示，效果如图 7-46 所示。

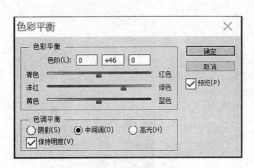

图 7-43　增加绿色　　　　　　　　　　图 7-44　增加绿色的效果

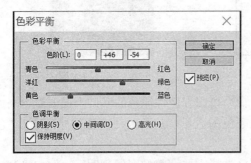

图 7-45　增加黄色　　　　　　　　　　图 7-46　增加黄色的效果

4. **"亮度/对比度"命令**　"亮度/对比度"命令是一个简单、直接的调整命令，从名称就可以看出，它专门用于图像亮度和对比度的调整。

【例 7-9】调整色彩对比度低的照片。

①打开需要调整的照片，如图 7-47 所示，观察到其亮度和对比度都比较低。

②选择"图像"→"调整"→"亮度/对比度"菜单命令，打开如图 7-48 所示的对话框。

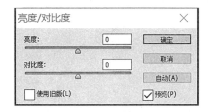

图 7-47 原始图片　　　　　　　图 7-48 "亮度/对比度"对话框

③向右拖动"亮度"滑块，调整亮度参数以提高照片的亮度，如图 7-49 所示，此时照片的效果如图 7-50 所示。

图 7-49 调整亮度参数　　　　　　图 7-50 增加亮度的效果

④向右拖动"对比度"滑块，调整对比度参数，如图 7-51 所示，直到图像中颜色对比发生明显的改变，此时照片的效果如图 7-52 所示。

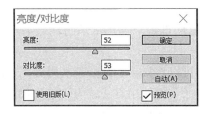

图 7-51 调整对比度参数　　　　　图 7-52 增加对比度的效果

5. **"色相/饱和度"命令**　使用"色相/饱和度"命令不仅可以对一幅图像进行色相、饱和度和明度的调节，还可以调整图像中特定颜色成分的色相、饱和度和明度。"色相/饱和度"命令可以在整幅图像原色基础上对图像进行调整，也可以选择单个颜色进行调整，还可以通过着色将整个图像变为单色。

【例7-10】红裙变蓝裙。

①打开需要调整的照片，选择快速选择工具，绘制人物裙子部分的选区，如图7-53所示。

②选择"图像"→"调整"→"色相/饱和度"菜单命令，打开如图7-54所示的对话框。

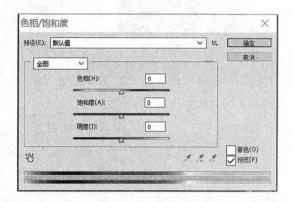

图7-53　原始图片　　　　　　　　图7-54　"色相/饱和度"对话框

③向左拖动"色相"滑块，使选区内外套的颜色为蓝色。同时调整"饱和度"和"明度"滑块，如图7-55所示，此时照片的效果如图7-56所示。

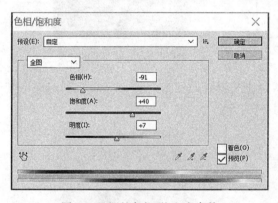

图7-55　调整色相/饱和度参数　　　　图7-56　调整后的效果

④单击"确定"按钮，关闭"色相/饱和度"对话框，取消选区后将调整后的图像文件保存。

6. "渐变映射"命令　使用"渐变映射"命令可以将指定的渐变色映射到图像的全部色阶中，从而得到一种具有彩色渐变的图像效果。此命令的使用方法较为简单，只需在对话框中选择合适的渐变类型即可。如果需要反转渐变，可以选择反向命令。

【例7-11】日景变夜景。

①打开需要调整的照片，如图7-57所示。

②选择"图像"→"调整"→"渐变映射"菜单命令，打开如图 7-58 所示的对话框。

图 7-57　日景效果　　　　　　　　图 7-58　"渐变映射"对话框

③单击渐变样本显示框，在打开的"渐变编辑器"对话框中添加颜色块，并从左到右依次将颜色设置为黑色、褐色、橙色和白色，如图 7-59 所示。

④单击"确定"按钮返回"渐变映射"对话框，再次单击"确定"按钮得到如图 7-60 所示的夜景效果。

图 7-59　编辑渐变色　　　　　　　图 7-60　夜景效果

7.3.2　调整图像局部色彩

1. **"匹配颜色"命令**　使用"匹配颜色"命令可以使作为源的图像色彩与作为目标的图像进行混合，从而达到改变目标图像色彩的目的。

【例 7-12】制作冬季的站台图片。

①打开"站台"和"冬雪"素材图片，如图 7-61 所示。

②将"站台"素材图片作为当前工作图像，选择"图像"→"调整"→"匹配颜色"菜单命令，打开"匹配颜色"对话框。

③在"源"下拉列表中选择"冬雪"素材图片作为要匹配的图像。

④设置了源图像后，系统会自动按照"匹配颜色"对话框中的默认参数对目标图像的色彩进行调整。通过"明亮度"滑块来调节图像的明亮程度，通过"颜色强度"滑块来调节目

图 7-61　素材图片

标图像的色彩饱和度，通过"渐隐"滑块来调节源图像色彩的混合量，如图 7-62 所示，最终的效果如图 7-63 所示。

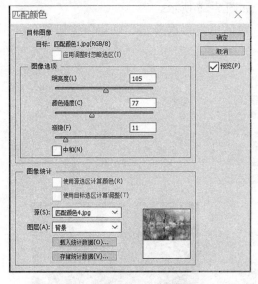

图 7-62　"匹配颜色"对话框

图 7-63　匹配颜色后的效果

2．"阴影/高光"命令　"阴影/高光"命令专门用于处理在摄影中由于用光不当而拍摄出的局部过亮或过暗的照片。此命令可以修复图像中过亮或过暗的区域，从而使图像尽量显示更多的细节。

【例 7-13】使用"阴影/高光"命令调整图像。

①打开需要调整的照片，如图 7-64 所示，该图片暗处过暗。

②选择"图像"→"调整"→"阴影/高光"菜单命令，打开"阴影/高光"对话框。

③向右拖动"阴影"选项组中的"数量"滑块，如图 7-65 所示，可改变暗部区域的明亮程度，数值越大即滑块的位置越偏向右侧，调整后的图像的暗部区域也相应越亮，这样就适当地减少了图像中的阴影，显示出更多的暗部细节，效果如图 7-66 所示。

图 7-64　原始图像

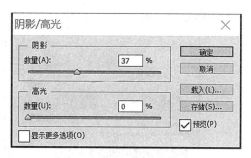

图 7-65　"阴影/高光"对话框　　　　　　图 7-66　调整后的效果

3. **"替换颜色"命令**　使用"替换颜色"命令可以改变图像中某些区域颜色的色相、饱和度、明度，从而达到改变图像色彩的目的。

【例 7-14】变色的花朵。

①打开需要调整的照片，如图 7-67 所示。

②选择"图像"→"调整"→"替换颜色"菜单命令，打开"替换颜色"对话框，如图 7-68 所示。

图 7-67　原始图片　　　　　　图 7-68　"替换颜色"对话框

③单击添加到取样按钮，设置"颜色容差"为 40，然后在花瓣中不同的部位单击以增加颜色取样，直到预览框中花瓣全部呈现白色，如图 7-69 所示。

④拖动"色相"滑块，使"结果"颜色块变为橘黄色为止，如图 7-70 所示。

⑤调整"饱和度"和"明度"滑块到合适的位置，使图像效果达到最佳，如图 7-71 所示。

⑥单击"确定"按钮，保存替换颜色后的图像，效果如图 7-72 所示。

图 7-69　增加颜色取样

图 7-70　调整色相

图 7-71　调整饱和度/明度

图 7-72　调整后的效果

7.4　图层操作

7.4.1　认识图层

图层在 Photoshop 中扮演着重要的角色，所有的操作都基于图层，就像写字必须写在纸上，画画必须画在画布上一样。所有在 Photoshop 中打开的图像都有一个或多个图层。图层的种类分为图像图层、调整图层、填充图层、形状图层、文字图层等，通过对不同的图层进行编辑操作，可以得到丰富多彩的图像效果。

1. **图层的概念**　图层顾名思义就是图像的层次，在 Photoshop 中可以将图层想象成一张张叠起来的透明胶片，如果图层上没有图像，就可以一直看到底下的图层。使用图层绘图的优点在于可以非常方便地在相对独立的情况下对图像进行编辑或修改，可以为不同胶片（即 Photoshop 中的图层）设置混合模式及透明度；也可以通过更改图层的顺序和属性改变图像的合成效果，而且当对其中的一个图层进行处理时，不会影响到其他图层中的图像。

2. **图层控制面板**　图层的显示和操作都集中在图层控制面板中，选择"窗口"→"图层"菜单命令，显示图层控制面板，如图 7-73 所示。

图层控制面板中各个控制按钮的意义如下：

图 7-73　图层控制面板

- 类型：在其下拉菜单中可以快速查找、选择及编辑不同属性的图层。
- 混合模式 正常：在此下拉菜单中可以选择相应选项来为当前图层设置一种混合模式。
- 不透明度：可以控制当前图层的透明度。
- 锁定：可以控制透明区域的可编辑性、移动等图层属性。
- 填充：可以控制非图层样式部分的透明度。
- 显示/隐藏图层图标：单击可控制图层显示或隐藏。
- 图层缩览图：显示图层上图像的缩览图。
- 链接图层：按 Shift 键选择多个图层，单击此按钮可以将所选图层链接在一起，以便进行相同的操作，如多个图层同时进行变换操作。
- 添加图层样式：单击此按钮，可为当前图层添加图层样式。
- 添加图层蒙版：单击此按钮，可以为当前图层添加图层蒙版。
- 创建新的填充或调整图层：单击该按钮，可以在弹出的菜单中为当前图层创建填充或调整图层。
- 创建新组：单击该按钮，可以新建一个图层组。
- 创建新图层：单击该按钮，可以创建一个新图层。
- 删除图层：单击该按钮，可删除当前图层或图层组。

3. **图层的基本操作**　图层的基本操作包括图层的创建、显示或隐藏、复制与删除、链接与合并、对齐与分布以及锁定等，可通过"图层"菜单和图层控制面板进行操作。

使用图层控制面板可以随意访问任何图层。在图层控制面板中单击相关按钮，就可以进行创建新图层、新图层组，或者删除图层或图层组等操作。

4. **图层的分类**　图层通常分为背景图层、普通图层、文字图层、蒙版图层、矢量蒙版图层、形状图层、填充/调整图层等。下面重点介绍背景图层和普通图层。

（1）背景图层。创建新图像时，最下面的图层称为背景图层。一幅图像只有一个背景图层，无法更改其堆叠顺序、混合模式和不透明度，但只要双击背景图层，可将其转换为普通图层。

（2）普通图层。新建的图层都属于普通图层，文字图层执行"栅格化图层"命令后也能转换为普通图层。

5. **图层样式**　可以为普通图层、文本图层和形状图层添加图层样式。一个图层可以应用多种图层样式，图层样式还可以进行复制、清除等操作。

（1）应用图层样式。选中要添加样式的图层，然后单击"添加图层样式"按钮，从列表中选择图层样式，可根据需要修改参数。还可以将设定的样式保存为新样式，便于以后使用。

（2）图层样式的类型。图层样式有投影、内阴影、外发光、内发光、斜面和浮雕、光泽、颜色叠加、渐变叠加、图案叠加和描边 10 种样式。

6. **图层的混合模式**　所谓图层混合模式，就是指在图层之间进行像素混合，混合后将产生神奇的效果。图层混合模式有正常、溶解、变暗、正片叠底、颜色加深、线性加深、变亮、颜色减淡和叠加等。

7.4.2　图层的基本操作

1. 新建图层

（1）新建普通图层。

- 通过图层控制面板创建：单击图层面板下方的创建新图层按钮，可以直接在当前操作图层的上方创建一个新图层。在默认情况下，Photoshop 将新建的图层按顺序命名为图层 1、图层 2，以此类推。
- 通过拷贝新建：在当前图层存在选区的情况下选择"图层"→"新建"→"通过拷贝的图层"菜单命令，即可将当前选区中的图像拷贝至一个新图层中。
- 通过选择"图层"→"新建"→"通过剪切的图层"菜单命令，将当前选区中的图像剪切到一个新图层中。

（2）新建调整图层。调整图层本身表现为一个图层，其作用是调整图像的颜色，使用调整图层可以对图像使用颜色和色调调整，而不会永久地修改图像中的像素。所有颜色和色调的调整参数位于调整图层内，调整图层会影响它下面的所有图层，该图层像一层透明膜一样，下层图像图层可以透过它显示出来。可在调整图层过程中通过调整单个图层来校正多个图层，而不是分别对每个图层进行调整。

若要创建调整图层，可以单击图层面板底部的创建新的填充或调整图层按钮，在弹出的下拉菜单中选择需要创建的调整图层的类型即可。

创建调整图层的过程最重要的是设置相关颜色调整命令的参数，因此如果要使调整图层发挥较好的作用，关键在于调节调整对话框中的参数。

（3）新建填充图层。使用填充图层可以创建填充有纯色、渐变和图案 3 类内容的图层，与调整图层不同，填充图层不影响其下方的图层。

单击图层面板底部的创建新的填充或调整图层按钮，在其下拉菜单中选择一种填充类型，在弹出的对话框中进行，即可在目标图层之上创建一个填充图层。

（4）新建形状图层。在工具箱中选择形状工具可以绘制几何形状、创建几何形状的路径，还可以创建形状图层。在工具箱中选择形状工具后，选择工具选项条中的形状选项即可创建形状图层。

由于形状图层具有矢量特性，因此在此图层中无法使用对像素进行处理的各种工具与命令。要去除形状图层的矢量特性使其像素化，可以选择"图层"→"栅格化"→"形状"菜单命令，将形状图层转换为普通图层。

2. 复制图层

（1）通过菜单命令复制图层。通过菜单命令可以为当前已打开的不同图像创建新的图层，其操作步骤如下：

①将工作界面中任一个图像文档置为当前工作图像，并在"图层"控制面板中单击选择要复制的源图层。

②选择"图层"→"复制图层"菜单命令，打开"复制图层"对话框。

③在文本框中输入新图层的名称，在"文档"下拉列表框中选择新图层要放置的图像文档。

④单击"确定"按钮，这样就完成了图层的复制，如图 7-74 所示。

图 7-74　复制的新图层

（2）通过图层控制面板复制图层。在图层控制面板中拖动要复制的图层至底部的创建新图层按钮上，此时鼠标指针形状变成手形图标，释放鼠标后就可以复制生成新的图层。

3. 删除图层

（1）通过菜单命令删除图层：在图层控制面板中选择要删除的图层，然后选择"图层"→"删除"→"图层"菜单命令即可。

（2）通过"图层"控制面板删除图层。在图层控制面板中选择要删除的图层，单击"图层"控制面板底部的"删除图层"按钮即可。

4. 调整图层排列的顺序
图层中的图像具有上层覆盖下层的特性，所以适当地调整图层的排列顺序可以制作出更为丰富的图像效果。只需按住鼠标左键将图层拖至目标位置，当目标位置显示一条高光线时释放鼠标即可。

5. 选择图层

（1）选择单个图层。如果要选择某个图层，只需要在图层控制面板中单击要选择的图层即可，被选择的图层背景呈蓝色显示。

（2）选择多个连续图层。选择要选择的多个连续图层的最顶端或最底端图层，按住 Shift 键，同时单击另一侧边缘的图层，这样就可以将多个连续的图层一并选中。

（3）选择多个不连续图层。选择要选择的多个不连续图层中的一个图层，按住 Ctrl 键，同时单击其他需要选择的图层。

6. 链接图层
图层的链接是指将多个图层链接成一组，可以同时对链接的多个图层进行移动、变换和复制操作。

操作步骤：首先选择要链接的图层，单击图层控制面板底部的链接图层按钮，此时链接后的图层的右侧会出现链接图标，表示被选择的图层已被链接。

7. **合并图层** 合并图层就是将两个或两个以上的图层合并到一个图层上。较复杂的图像处理完成后，一般都会产生大量的图层，这会使图像文件变大，使计算机处理速度变慢，此时可根据需要对图层进行合并，以减少图层的数量。

（1）合并可见图层。指将当前所有的可见图层合并成一个图层，选择"图层"→"合并可见图层"菜单命令进行操作。

（2）拼合图层。指将所有可见图层进行合并，而隐藏的图层将被丢弃，选择"图层"→"拼合图层"菜单命令进行操作。

（3）盖印图层。是一种特殊的合并图层方法，它可以将多个图层的图像合并到一个图层中，但是仍然保留原图层。

- 向下盖印：选择一个图层，按下"Ctrl＋Alt＋E"快捷键，可以将该图层中的图像盖印到下面的图像中，原图层保持不变。
- 盖印多个图层：选择多个图层，按下"Ctrl＋Alt＋E"快捷键，可以将它们盖印到一个新的图层中，原图层保持不变。
- 盖印可见图层：按下"Shift＋Ctrl＋Alt＋E"快捷键，可以将所有可见图层中的图像盖印到一个新的图层中，原图层保持不变。

7.4.3 图层样式和图层混合模式

1. **图层样式** 使用图层样式可以快速制作出阴影、发光、浮雕、凹陷等多种效果，而通过组合图层样式则可以得到更为丰富的图层效果。为图层添加图层样式是通过在"图层样式"对话框中设置相应的参数来实现的。

（1）图层样式的效果。具体如下：

- 斜面与浮雕：可以对图层添加高光与阴影的各种组合，使图层内容呈现立体浮雕效果。
- 描边：可以使用颜色、渐变或图案描画对象的轮廓，它对于硬边形状，如文字等特别有用。
- 内阴影：可以在紧靠内容边缘内添加阴影，使得图层内容产生凹陷效果。
- 内发光：可以沿图层内容的边缘向内创建发光效果。
- 光泽：可以应用光滑光泽的内部阴影，通常用来表现金属表面的光泽外观。该效果没有特别的选项，但可以通过选择不同的"等高线"来改变光泽的样式。
- 颜色叠加：可以在图层上叠加指定的颜色。
- 渐变叠加：可以在图层上叠加指定的渐变颜色。
- 图案叠加：可以在图层上叠加指定的图案，并且可以缩放图案、设置图案的不透明度和混合模式。
- 外发光：可以沿图层内容的边缘向外创建发光效果。
- 投影：可以为图层内容添加投影，使其产生立体感。

（2）图层样式参数介绍。

- 混合模式：不同混合模式选项。
- 色彩样本：有助于修改阴影、发光和斜面等的颜色。

- 不透明度：减小其值将产生透明效果。
- 角度：控制光源的方向。
- 使用全局光：可以修改对象的阴影、发光和斜面角度。
- 距离：确定对象和效果之间的距离。
- 扩展/内缩："扩展"主要用于"投影"和"外发光"样式，从对象的边缘向外扩展效果；"内缩"常用于"内阴影"和"内发光"样式，从对象的边缘向内收缩效果。

【例 7-15】制作玉石手镯。

①新建文件。选择"文件"→"新建"菜单命令，新建画面尺寸为 500 像素×500 像素、颜色模式为 RGB、背景为白色的文件。

②新建图层。单击图层面板中的创建新图层按钮，得到图层 1，按 D 键设置前景色和背景色为默认的黑白色。

③建立云彩选区。选择"滤镜"→"渲染"→"云彩"菜单命令，再选择"选择"→"色彩范围"菜单命令，在弹出的"色彩范围"对话框中，用吸管单击一下画布上的灰色，并调整颜色容差，直到图形显示出足够多的细节，如图 7-75 所示，单击"确定"按钮，形成云彩选区，效果如图 7-76 所示。

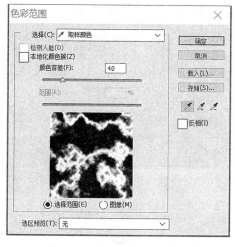

图 7-75　"色彩范围"对话框

图 7-76　云彩选区

④填充云彩选区。在工具箱中单击"前景色"按钮，设置一种较深的绿色。按"Alt＋Delete"组合键以前景色填充选区，按"Ctrl＋D"组合键取消选区选择。

⑤绘制环形。选择"视图"→"标尺"菜单命令，显示标尺，利用标尺拉出相互垂直的两条参考线，交点在画布中心，即圆心的位置。单击"椭圆选框"工具，按住中心点，再按"Shift＋Alt"组合键，拖动鼠标绘制一个以中心参考点为圆心的圆形选区。在工具"属性"栏上单击从选区中减去按钮，再绘制一个较小的同心圆形选区，得到一个环形选区，如图 7-77 所示，按"Ctrl＋Shift＋I"组合键反选选区，按 Delete 键将选区删除，得到如图 7-78 所示的平面环状图形，按"Ctrl＋D"组合键取消选区。

⑥添加图层样式。双击图层 1，在弹出的"图层样式"对话框中选中"斜面和浮雕"选项，对"结构"和"阴影"两个选项组中的选项进行设置，设置的参数不是固定的，可反复观察效果进行参数调整，如图 7-79 所示。再选中"投影"样式进行设置，参数如图 7-80 所

示。图层面板和最终的玉石手镯效果如图 7-81 所示。

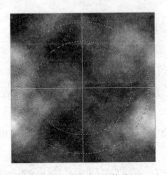

图 7-77　形成环形选区

图 7-78　平面的玉石手镯

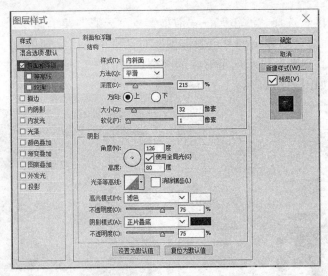

图 7-79　"斜面和浮雕"参数设置

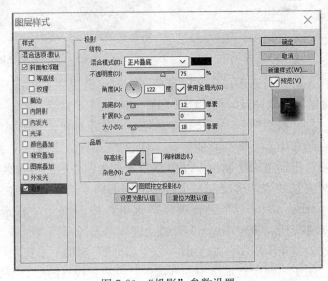

图 7-80　"投影"参数设置

图 7-81　图层面板和玉石手镯效果

【例 7-16】文字特效。

①新建文件。选择"文件"→"新建"菜单命令，新建画布尺寸为 800 像素×400 像素、颜色模式为 RGB、背景为白色的文件。

②输入文字。单击图层控制面板中的创建新图层按钮，新建图层 1；选择"横排文字"工具，在文本属性栏中设置文本字体为华文琥珀，大小为 192 点，颜色为＃86522a，消除锯齿的方法为"锐利"，创建文字变形为"扇形"。在图层 1 中输入文本"金帝"，如图 7-82 所示，这时图层名称变为"金帝"。

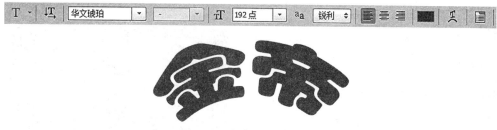

图 7-82　文字属性设置效果

③设置图层样式。双击"金帝"图层，在弹出的图层样式对话框中选中"斜面和浮雕"，对"结构"和"阴影"两个选项组中的选项进行设置，如图 7-83 所示，使文本产生立体效果，如图 7-84 所示。

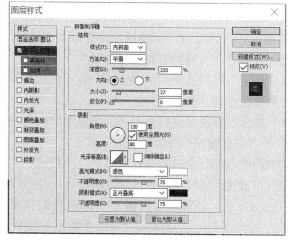

图 7-83　设置"斜面和浮雕"参数　　　　图 7-84　斜面和浮雕的效果

④设置图层样式。选中"纹理"选项，对其进行设置，选择"气泡"作为填充图案，参数设置如图 7-85 所示，给文本添加纹理效果，如图 7-86 所示，单击"确定"按钮即可。

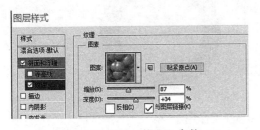

图 7-85　设置"纹理"参数　　　　　　　　图 7-86　添加纹理的效果

⑤在工具箱中单击"前景色"工具按钮，将前景色设置为黑色，选中"油漆桶"工具，将背景图层填充为黑色。

⑥设置图层样式。双击"金帝"图层，在弹出的"图层样式"对话框中选中"外发光"选项，对图素进行设置，如图 7-87 所示，使文本产生发光效果，如图 7-88 所示。

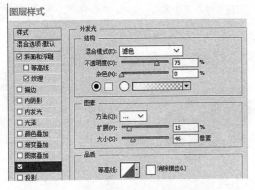

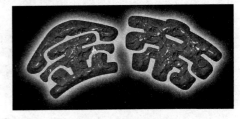

图 7-87　设置"外发光"参数　　　　　　　图 7-88　外发光的效果

2. 图层混合模式　在 Photoshop 中，混合模式分为工具的混合模式和图层的混合模式。在工具箱中选择画笔、渐变、图案图章、涂抹等工具后，在其相应的工具选项条中都能设置其混合模式，在图层面板中除背景图层外的其他图层都能设置其混合模式。这两者之间并没有本质的不同。

在当前操作图层中，单击图层面板"正常"右侧的双向三角按钮，会弹出如图 7-89 所示的混合模式下拉列表，通过在此选择不同的选项，即可得到不同的混合效果。

混合模式分为六组，每一组混合模式都会产生不同的效果。

（1）组合模式。图层之间通过不同的透明度组合在一起。

（2）变暗模式。该模式可以使图像变暗、加深，在混合过程中，当前图层中的白色将被底层较暗的像素替代。如图 7-90 所示为设置了"正片叠底"混合模式后的效果。

（3）变亮模式。可以使图像变亮，图像中的黑色部分会被较亮像素替代，而任何较亮像素都会加亮底层像素。如图 7-91 所示为设置了"滤色"混合模式前后的效果。

（4）反差模式。该模式可以增强图像中的对比度，任何亮度值高于 50％灰色的像素都可能加亮底层图像，任何亮度值低于 50％灰色的像素都可能加深底层图像。如图 7-92 所示为设置了"叠加"红色图层的混合模式前后的效果。

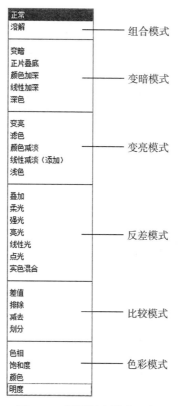

图 7-89　图层混合模式列表

（a）素材 1　　　　　　　（b）素材 2　　　　　　　（c）图层混合模式

图 7-90　"正片叠底"混合模式

图 7-91　设置"滤色"混合模式前后的效果

图 7-92　设置"叠加"混合模式的前后效果

（5）比较模式。该模式可以比较当前图像与底层图像，然后将相同的区域显示为黑色，不同区域显示为灰色或彩色。如果当前图层中包含白色，白色区域会使得底层图像反向，而黑色不会对底层图像产生影响。如图 7-93 所示为设置了"差值"混合模式后的效果。

（a）素材 1　　　　　　　　（b）素材 2　　　　　　　　（c）图层混合模式

图 7-93　设置"差值"混合模式后的效果

（6）色彩模式。该模式是将色相、饱和度、明度其中的一种应用到混合后的图像中，产生混合效果。如图 7-94 所示为设置了"色相"混合模式后的效果。

（a）素材 1　　　　　　　　（b）素材 2　　　　　　　　（c）图层混合模式

图 7-94　设置"色相"混合模式后的效果

7.5　通道和蒙版的应用

通道是 Photoshop 中用来保护图层选区信息的一种特殊技术，蒙版是另一种专用的选区处理技术。

7.5.1　通道

在 Photoshop 中，通道具有与图层相同的重要性，这不仅是因为使用通道能够对图像进行非常细致的调节，更在于通道是 Photoshop 保存颜色信息的基本场所。

在 Photoshop 中，通道用于存放颜色信息，是独立的颜色平面。每个 Photoshop 图像都具有一个或多个通道，用户可以分别对每个原色通道进行明暗度、对比度的调整，甚至可以对原色通道单独使用滤镜功能，从而为图像添加许多特殊的效果。

　　1. **通道的类型**　当新建或打开一幅图像时，系统会自动为该图像创建相应的颜色通道，图像的颜色模式不同，系统所创建的通道数量也不同。

　　（1）RGB 模式图像的颜色通道。一幅 RGB 图像由红、绿、蓝 3 个颜色通道组成，分别用于保存图像的红色、绿色和蓝色颜色信息，每个通道用 8 位或 16 位来表示。

　　（2）CMYK 模式图像的颜色通道。CMYK 模式的图像共有 4 个颜色通道，包括青色、洋红、黄色和黑色，分别保存相应的颜色信息。

　　（3）Lab 模式图像的颜色通道。Lab 模式图像的颜色通道有 3 个，包括明度通道、a 通道（由红色到绿色的光谱变化）和 b 通道（由蓝色到黄色的光谱变化）。

　　（4）灰度模式图像的颜色通道。灰度模式图像的颜色通道只有一个，用来保存图像的灰度信息，用 8 位或 16 位来表示。

　　（5）位图模式图像的颜色通道。位图模式图像的颜色通道只有一个，用来表示图像的黑、白两种颜色。

　　（6）索引颜色模式图像的颜色通道。索引颜色模式图像的颜色通道只有一个，用来保存调色板中的位置信息，具体的颜色由调色板中该位置所对应的颜色来决定。

　　2. **认识通道面板**　通道面板可以创建、保存和管理通道。当我们打开一个图像时，Photoshop 会自动创建该图像的颜色信息通道，如图 7-95 所示。

　　（1）RGB 复合通道。面板中最先列出的通道是复合通道，在该通道下可以同时预览和编辑所有的通道。

　　（2）多颜色通道。用于记录图像颜色信息的通道。

　　（3）专色通道。用来保存专色油墨的通道。

　　（4）Alpha 通道。用来保存选区的通道。

　　（5）将通道作为选区载入。单击该按键，可以载入所选通道内选区。

　　（6）将选区存储为通道。单击该按键，可以将图像中的选区保存在通道内。

图 7-95　"通道"面板

　　（7）创建新通道。单击该按键，可以创建 Alpha 通道。

　　（8）删除当前通道。单击该按键，可删除当前选择的通道，但复合通道不能删除。

　　3. **Alpha 通道**　在 Photoshop 中新建的通道被自动命名为 Alpha 通道，新建的 Alpha 通道在图像窗口中显示为黑色。Alpha 通道与选区存在着密不可分的关系，通道可以转换成为选区，而选区也可以保存为通道。

　　在 Alpha 通道中，白色代表被选中的选区区域，黑色代表不能被选中的区域，灰色代表部分选中的区域，即类似羽化区域。当我们用白色修改或涂抹通道时可以扩大选区范围，用黑色则相反，用黑色可以增大羽化区域。

　　（1）Alpha 通道与选区的转换。如果在画面中创建了选区，单击通道面板中"将选区存储为通道"按钮，可将选区保存到 Alpha 通道中，如图 7-96 所示。

　　同理，在通道面板中选择要载入选区的 Alpha 通道，单击"将通道作为选区载入"按钮，可以载入通道中的选区。此外，按住 Ctrl 键单击 Alpha 通道也可以载入选区。

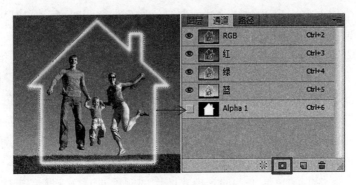

图 7-96 将选区转换为通道

可以看到，创建的选择区域都可以被保存在通道面板中，而且选择区域被保存为白色，非选择区域被保存为黑色，具有不为 0 的羽化值的选择区域保存为具有灰色柔和边缘的通道。

（2）Alpha 通道的属性。

- 每个图像（除 16 位图像外）最多可包含 24 个通道，包括所有的颜色通道和 Alpha 通道。
- 所有的通道都是 8 位灰度图像，可显示 256 级灰阶。
- 可为每个通道指定名称、颜色、蒙版选项和不透明度。
- 所有的新通道都具有与原图像相同的尺寸和像素数目。
- 可以使用绘画工具、编辑工具和滤镜编辑 Alpha 通道中的蒙版。
- 可以将 Alpha 通道转换为专色通道。

【例 7-17】利用通道抠图。

①选择"文件"→"打开"菜单命令，打开"通道抠图素材.jpg"文件，如图 7-97 所示。右击背景图层，从弹出的快捷菜单中选择"复制图层"菜单命令，得到"背景 副本"图层。

图 7-97 通道抠图素材

②选中"背景 副本"图层，打开通道面板，查看通道窗口，分别单击红、绿、蓝通道，找到天空与树木反差最大的通道，即蓝色通道。将鼠标移动到蓝色通道上，按住左键将其拖曳到面板下方的"创建新通道"按钮上，即复制通道，得到"蓝 副本"通道。

选择"图像"→"调整"→"亮度/对比度"菜单命令，增加天空与树的反差，要抠出的树的区域越黑越好，不想要的天空越白越好。

　　如果效果不满意，也可以选择"图像"→"调整"→"色阶"菜单命令，首先选择最右侧的吸管"在图像中取样以设置白场"，单击天空部分 2～3 次，使天空部分全部变白，再选择最左侧的吸管"在图像中取样以设置黑场"，单击树梢颜色较浅部位，使树木及地面部分全部变黑，如图 7-98 所示。

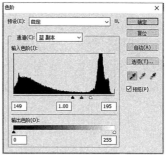

图 7-98　调整色阶

　　③单击图层面板，选择"选择"→"载入选区"菜单命令，在通道面板中选择"蓝 副本"，单击"确定"按钮，观察到白色部分，即天空全部被选中，选择"选择"→"反向"菜单命令，变为黑色选区。

　　④单击图层面板下方的"添加图层蒙版"按钮，隐藏背景图层，得到抠图的效果，如图 7-99 所示。

图 7-99　抠图效果

　　⑤抠图完成后，可替换为喜欢的背景。

7.5.2　蒙版

　　图层蒙版可用于为图层增加屏蔽效果，可以通过改变图层蒙版不同区域的灰度，来控制图像对应区域的显示或透明程度。

　　图层蒙版中黑色区域部分可以使图像对应的区域被隐藏，显示下一层的图像。蒙版中白色区域部分可使图像的区域被显示。蒙版中灰色区域部分，则会使图像对应的区域成为半透明状态。对蒙版的基本操作主要有两种：

　　● 添加图层蒙版：

　　添加白色蒙版：选择要添加图层蒙版的图层，单击"添加图层蒙版"按钮或选择"图层"→"图层蒙版"→"显示全部"菜单命令，即为图层添加了一个默认填充白色的蒙版。显示该层全部内容。

添加黑色蒙版：选择要添加蒙版的图层，按住 Alt 键，单击"添加图层蒙版"按钮或选择"图层"→"图层蒙版"→"隐藏全部"菜单命令，即为图层添加了一个默认填充黑色的蒙版。隐藏该层全部内容。

● 删除图层蒙版：删除图层蒙版只是单纯地将图层蒙版删除，而不对图像进行任何修改，就像从未添加过图层蒙版一样。在图层蒙版缩览图上右击，在弹出的快捷菜单中选择"删除图层蒙板"命令，或者选择"图层"→"图层蒙板"→"删除"菜单命令即可。

1. 图层蒙版　图层蒙版主要用于合成图像。此外，我们创建调整图层、填充图层或者应用智能滤镜时，Photoshop 也会自动为其添加图层蒙版，因此，图层蒙版可以控制颜色调整和滤镜范围。

图层蒙版是与文档具有相同分辨率的 256 级色阶灰度图像。蒙版中的纯白色区域可以遮盖下面图层中的内容，只显示当前图层中的图像；蒙版中的纯黑色区域可以遮盖当前图层中的图像，显示下面图层中的内容；蒙版中的灰色区域会根据其灰度值使当前图层中的图像呈现不同层次的透明效果。

基于以上原理，如果要隐藏当前图层中的图像，可以使用黑色涂抹蒙版；如果要显示当前图层中的图像，可以使用白色涂抹蒙版；如果要使当前图层中的图像呈现半透明效果，则可以使用灰色涂抹蒙版，或者在蒙版中填充渐变。

图层蒙版用于控制图层中图像的显示或隐藏效果，在对图像进行显示或隐藏的同时而不会影响原图像的效果，如图 7-100 所示，具有保护原图像的作用。图层蒙版主要具有图像特效合成的作用，利用图层蒙版，可以对图像进行无缝隙合成，制作逼真的画面效果。

(a) 素材　　　　　　　　(b) 黑白灰蒙版效果　　　　　(c) 图层面板

图 7-100　图层蒙版

图层蒙版是灰度图像，用黑色在蒙版图层上进行涂抹，涂抹的区域图像将被隐藏，显示下层图像的内容。相反，用白色在蒙版图像上涂抹，则会显示被隐藏的图像，遮住下层图像内容。

2. 矢量蒙版　矢量蒙版是由钢笔、自定形状等矢量工具创建的蒙版，它与分辨率无关，常用于制作 Logo、按钮或其他 Web 设计元素。无论图像自身的分辨率是多少，只要使用了该蒙版，都可以得到平滑的轮廓。

【例 7-17】矢量蒙版。

①打开两个素材文件"素材 1.jpg"和"素材 2.jpg"，并将人物图片复制到背景图片中，如图 7-101 所示。

②在工具箱中选择"自定形状"工具，在工具选项栏中选择"路径"，在形状下拉面板中选择"红心形卡"，在人物图片所在图层的适当位置画一个心形路径。

③按住 Ctrl 键，单击图层控制面板底部的"添加图层蒙版"按钮，即可将路径创建为矢量蒙版，如图 7-102 所示。也可以直接单击蒙版控制面板中的"添加矢量蒙版"按钮，可将路径创建为矢量蒙版。

④在人物图层中选中心形矢量蒙版缩览图，选择"窗口"→"属性"菜单命令，打开蒙版控制面板，在蒙版控制面板中将羽化值按如图 7-103 所示设置，使蒙版边缘呈羽化效果，使图片合成得更柔和一些。

图 7-101　素材图片

图 7-102　创建心形矢量蒙版

图 7-103　矢量蒙版效果

3. 剪贴蒙版　剪贴蒙版可以用一个图层中包含像素的区域来限制它上层图像的显示范围。它可以通过一个图层来控制多个图层的可见内容，而图层蒙版和矢量蒙版都只能用于控制一个图层。

【例 7-18】剪贴蒙版。

①打开两个素材文件"素材 1. jpg"和"素材 2. jpg"，并将"素材 1"中的图片复制到"素材 2"文件中，如图 7-104 所示。

②在图层 1 下面新建一个文字图层，选择"横排文字"工具，设置合适的大小和字体，文字内容为"SPARTACUS"，放到文档的适当位置（图层 1 人物眼睛的位置），如图 7-105 所示。将鼠标定位到图层 1 与文字图层中间的位置，按住 Alt 键，单击鼠标左键，即可创建剪贴蒙版，效果如图 7-106 所示。按住 Alt 键，再次单击鼠标左键，则可释放剪贴蒙版。

图 7-104　素材图层

图 7-105　新建文字图层

图 7-106　剪贴蒙版效果

【例 7-19】大树、人脸合成。

①添加图层蒙版：打开大树素材，再打开人物素材，全选人像图，拖到大树素材中，将人物进行适当缩放，使人脸部分位于树干位置。选中人物图层，单击图层面板上的"添加蒙版"按钮，为图层添加蒙版；选中"图层蒙版缩览图"，用黑色画笔涂抹，将人脸以外的左侧和底部擦掉（不必太精确），如图 7-107 所示。

②将人物去色：复制背景，将背景副本移到人像层上面，混合模式改为"正片叠底"，将人像和背景副本分别通过调整"色阶"和"饱和度"等进行提亮。具体参数使人像和树融合得比较自然即可。如图 7-108 所示。

③将画笔硬度、不透明度降低，用黑色画笔在人像层蒙版上继续涂抹，将头巾、脑后、脖子等处隐藏，使人像和树更自然地结合到一起，如图 7-109 所示。

图 7-107　添加图层蒙版

图 7-108　人物去色效果

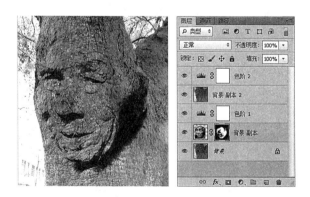

图 7-109　大树、人脸合成最终效果

◆ **思考题**

1. Photoshop 中共涉及几种分辨率形式？
2. Photoshop 中主要提供了哪几种图层样式？
3. 如何将选区存储为 Alpha 通道？
4. 怎样载入通道选区？
5. 怎样创建剪贴蒙版？它有什么作用？

6. 上机实践。

（1）制作海市蜃楼。要求利用如图 7-110 所示的素材制作出如图 7-111 所示的效果。

图 7-110　海市蜃楼素材　　　　　　　　图 7-111　海市蜃楼效果

提示：拖曳"楼房.jpg"及"女孩.jpg"到"背景.jpg"文件窗口中。给楼房和女孩图层添加图层蒙版，在蒙版上填充适当渐变。设置楼房图层的混合模式为滤色，女孩图层的混合模式为正片叠底。

（2）冰酷柠檬。要求利用如图 7-112 所示的素材制作出如图 7-113 所示的效果。

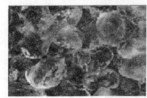

图 7-112　冰酷柠檬素材　　　　　　　　图 7-113　冰酷柠檬效果

提示：打开"冰块.jpg"，复制红通道，调整色阶。载入冰块的选区，切换到图层面板，复制冰块到新图层，设置该层的混合模式为线性减淡。拖曳"柠檬.jpg"到背景层的上方。

（3）改头换面。要求利用如图 7-114 所示的素材制作出如图 7-115 所示的效果。

图 7-114　改头换面素材　　　　　　　　图 7-115　改头换面效果

提示：添加图层蒙版，编辑图层蒙版。

参考答案

第8章 动画制作

作为一种常见的动态视觉媒体，动画已经成为人类文化生活中的一种不可缺少的媒体形式。在计算机图形学和多媒体技术的不断发展下，计算机动画技术应运而生，它大大改善了传统动画制作费时费力的尴尬局面，为这种传统媒体带来了新的生命。

8.1 动画基础知识

动画（animation）是通过以一定的速度连续播放一系列有关联的画面，从而在人的视觉系统上形成连续变化的影像。

8.1.1 动画产生的原理

动画是指由一系列的静止画面在以一定的速度连续播放时，由于人类视觉暂留现象产生的连续动态变化的效果。视觉暂留现象是人眼的一个特性，这个特性使人们能够把他所看到的东西在视网膜上保留一段时间，一般暂留的时间为 1/24 s，我们称这一现象为"视觉暂留"。

正是由于视觉暂留现象的存在，我们便可以使一系列虽然近似但在时间和空间上都不连续的静止图像在连续播放的过程中，给人以动态变化的感觉。这一原理已经被人们巧妙应用到动画、电视等视觉媒体的制作和传播上。

动画中的静止的画面被称为帧（frame）。每秒播放的静止画面的个数，称为帧频。根据对视觉暂留现象的测量，如果要想达到连续的播放效果，每秒至少要连续播放 12 个连续的画面，即普通的动画最低的帧频为 12。电影的帧频采用的标准为 24，电视的帧频现在一般采用两种方式，PAL 制式采用的帧频是 25，NTSC 制式采用的帧频是 30。我们将在本章后面学习 Flash 软件制作，考虑到尽可能小的文件尺寸以便在网络上传输，Flash 的动画默认采用的帧频是 12，即采用每秒播放 12 张静止画面的速度。

8.1.2 动画的分类

动画的分类有许多种，我们这里主要是针对计算机动画形式来进行分类，可以从表现空间和传播方式的不同来进行分类。

1. 按表现空间分类　动画按表现空间分类可分为二维（平面）动画、三维（立体）动画和虚拟现实动画等。

（1）二维动画。又称平面动画。二维动画出现较早，动画的构成元素都是平面图形。二维动画制作软件具有图形绘制、素材引入以及动画时间轴制作等功能，动画师借助计算机导入素材或直接绘制关键帧画面，计算机则可以根据两个关键帧画面利用插补技术自动生成所需的中间帧画面。

（2）三维动画。又称立体动画。三维动画是利用计算机模拟生成三维空间，使其中的场景及各种物体随时间和空间的演变而变化，最后形成一系列可供实时播放的动态画面。三维动画的构成元素是基于立体空间所建立的，动画制作过程中不仅要考虑元素的形态，还要考虑空间内部的场景搭建。三维动画的制作需要运用计算机进行大量的计算，因此对计算机的性能有较高的要求。

（3）虚拟现实动画。它是由计算机进行模拟仿真，虚拟构造出真实的三维空间环境，通过搭配一些相关的模拟设备和技术手段，让使用者产生身临其境的感觉。

2. 按传播方式分类　动画按传播方式分类可分为 TV 动画、剧场动画、OVA 动画、Web 动画等。

（1）TV 动画。是指在电视上进行播放的动画作品，一般由电视台或传媒机构正式播出。

（2）剧场动画。是指在各大影院公开播放的动画作品，又称为"电影版"动画。这种作品制作精良，制作成本很高，画面精美，质量上乘。

（3）OVA（original video animation）动画。是以录像带或 DVD 形式直接发售的动画作品，其覆盖范围很广泛，也包括那些未在大众影院和电视台公开放映过的作品。

（4）Web 动画。是指那些以 Internet 为主要对象而创作的作品，播放的形式多为在线播放或下载观看。早期因为网络传输带宽的限制，这类动画作品分辨率较低，现在随着网络传输技术的大幅提高，Web 动画作品的质量也有飞速提升。

8.1.3　动画制作的过程

一般来说，传统动画的绘制人员分为艺术家和动画助手。艺术家主要绘制重要的画面，在动画制作中被称为关键帧，然后由助手绘制出关键帧之间的画面。填充在关键帧中间的帧被称为中间帧或过渡帧。

计算机动画技术是借助计算机的高速运算功能，自动生成一系列动态、实时播放的连续图像的技术。它是在传统动画的基础上使用计算机技术生成、处理和显示运动图像的一种技术。在计算机动画中，制作者可以借助计算机来制作关键帧，而计算机则担任动画助手的角色，自动计算生成过渡帧，因此大大提高了动画的制作效率。计算机动画处理技术不仅缩短了动画制作周期，降低了动画创作成本，而且能产生传统动画所不能比拟的视觉效果。

下面简单介绍计算机动画制作过程中的几个关键步骤。

1. 动画背景和关键帧的制作　动画背景或场景的制作是整个动画制作中的关键，这需要根据动画主题的要求，对动画要表达的内容及其中用到的素材进行选定、加工和编辑制作，这些工作需要主创人员人工设计和操作。对于关键帧的制作，主创人员可以利用计算机动画软件提供的各种绘制工具来进行建立、美化、加工、渲染等操作，以便快捷、方便地完成关键帧的制作。

2. 普通中间帧的制作　在完成了关键帧的设计和制作后，中间过渡帧的生成可以利用计算机的计算功能，通过动画的插补算法自动处理、生成中间的连续画面。在这个过程中，我们只需要对其中少量的参数进行设定即可完成操作，这是计算机动画优于传统动画最突出的地方。

3. **层的应用** 在一个动画作品中，经常会用到多个对象，每个对象之间既有联系，又都相对独立。这些不同的对象在表现形式、运动轨迹、空间顺序上都不相同。我们要把这些对象有机地整合在一个动画画面中，这需要通过分层管理来实现。

4. **后期制作** 后期制作主要是给前面生成的动画作品进行后期的完善，包括给动画加上适合的背景音乐，给动画中某些画面加上特殊的音效表现等，还要完成对整个动画的剪辑、合成、导出文件等操作。

8.1.4 常用的动画文件格式

计算机动画现在的应用范围比较广泛，由于应用的领域不同，其动画文件也存在着不同类型的存储格式，我们在这里介绍几种常用的动画文件格式。

1. **GIF 格式** GIF 格式的文件扩展名为 .gif，它是图形交换格式（graphics interchange format）的英文缩写，是由美国 CompuServe 公司于 1987 年制定的格式，主要用于图像文件的网络传输，目的是能在不同的平台上交流使用，它是 Internet 上 WWW 的重要文件格式之一。

GIF 格式采用 LZW 的压缩方法对图像进行压缩，这是一种数据损失较少的压缩方法。可以同时存储多个静止图像，进而形成连续的动画，是网页中最适用的图像格式。它压缩比高，磁盘占用空间少，图像文件短小，下载速度快，同时又具有颜色数少、支持透明色和基于帧的动画的特点，非常适合于表现一些网络上精度不高的小图片，如图标和 Logo。

2. **SWF 格式** SWF（shockwave format）是 Flash 采用的矢量动画格式，目前大量应用于网页中。它基于矢量技术，采用曲线方程描述其内容，不是由点阵组成内容，因而在压缩时不会失真，非常适合描述由几何图形组成的动画。

在图像传输方面，这种动画可以与 HTML 文件充分结合，具有交互性并能添加 MP3 音乐，同时文件所占存储空间较小，因此被广泛应用于网页上，成为一种"准"流式媒体文件。

3. **FLIC 格式** FLIC 是 Autodesk 公司在其出品的 Autodesk Animator、Animator Pro、3D Studio 等动画制作软件中采用的动画文件格式。FLIC 是 FLC 和 FLI 的统称，其中 FLI 是最初的基于 320 像素×200 像素的动画文件格式，而 FLC 则是 FLI 的扩展格式，采用了更高效的数据压缩技术。

FLC 文件采用了行程编码（RLE）算法和 Delta 算法进行无损数据压缩，它首先压缩并保持整个动画序列的第一幅图像，然后逐帧计算前后两幅相邻图像的差异或改变部分，并对这部分数据进行 RLE 压缩。由于动画序列中前后相邻图像的差别通常不大，因此可以得到相当高的数据压缩率。

4. **AVI 格式** AVI（audio video interleaved）格式的文件支持将视频和音频信号混合交错地存储在一起，它是微软公司 1992 年开发并随 Windows 3.1 一起被人们所认识和熟知的。它是一种符合 RIFF 文件规范的数字音频与视频文件格式，主要用于保存电影、电视等各种影像信息，应用范围非常广泛。

AVI 是视频文件目前常见的封装格式，在一些游戏、教育软件等多媒体光盘中，都会有不少的 AVI 文件，Windows 各版本操作系统都能直接播放 AVI 文件。

8.1.5 常用的动画制作软件

目前，在各大影院上映及互联网上流行的动画产品基本上都是计算机动画制作的产品，各大动画设计制作公司和广大动画设计者在制作计算机动画时都要使用动画设计软件，这些动画设计软件根据市场需求的不同和运用领域的差异有不同的类型，大体上可分为平面动画和立体动画设计软件两个大类。

1. 平面动画设计软件

（1）US Animation。US Animation 是广受好评的二维卡通制作系统。它利用多位面拍摄，旋转聚焦以及镜头的推、拉、摇、移，凭借多种颜色调色板和多层的技术，可以自由创造出传统的卡通技法无法想象的效果。它的相互连接合成系统能够在任一层进行修改后，实时显示所有层的模拟效果，以最快的生成速度完成阴影色、特效和高光的自动渲染。它为整个渲染过程节省时间的同时，又不会损失任何的图像质量。US Animation 系统产生的完美"手绘"线，给予了设计师们最大的创意自由度。

（2）Adobe Imageready。Adobe Imageready 与 Premiere 基本相似，通过在不同的时刻显示不同的图层来实现动画效果。它的操作直观而简便，只要掌握好图层的编辑方法和不同帧的相关控制要领就能轻松编辑动画，多用于普通的动态网页制作及较复杂的影视广告的后期制作。

（3）Flash。Flash 是交互式矢量动画和 Web 动画的标准。网页设计者使用 Flash 能创建各种漂亮的、可改变尺寸的导航界面，以及各种奇特效果的动态网页。Flash 是目前使用频率最高、应用范围最广的动画制作系列软件。对于 Flash 使用者来说，需要掌握较为精湛的制作技术才能使其运用自如，本章之后部分将进行详细介绍。

（4）ANIMO。ANIMO 是英国 Cambridge Animation 公司开发的运行于 SGI O2 工作站和 Windows NT 平台上的二维卡通动画制作系统，许多众所周知的动画片都是应用 ANIMO 的成功范例。它具有面向动画师设计的工作界面，扫描后的画稿保持了艺术家原始的线条，它的快速上色工具提供了自动上色和自动线条封闭功能，它还可与二维、三维和实拍镜头进行合成。

2. 三维立体动画设计软件
对于专业制作三维动画片来说，最正统的选择还是使用 Autodesk 公司的 3ds Max 和 MAYA 软件。

3ds Max 所制作的模型和场景都是三维立体的，它可以和 AutoCAD 软件无缝连接，充分利用 AutoCAD 的三维建模功能来搭建场景。在动画编辑方面，它提供了大量的相关功能，如空间扭曲、粒子系统、反动力学等各种不同类型的制作方法，通过关键帧的控制、相关的时间控制器的应用以及丰富多彩的场景渲染效果，可以制作各种类型的复杂动画。

MAYA 软件也是非常专业、功能强大的三维动画编辑软件，是全世界公认的三维动画制作的顶级软件，其创建模型及动画制作的难度要远远高于 3ds Max。

8.2 初识 Flash

Flash 是矢量图形编辑和动画创作专业软件，是目前最优秀、最火爆的网络交互动画制作工具，主要应用于网页制作和多媒体创作等领域。其功能十分强大，不仅能制作出精美的动画效果，还能完美配合 Fireworks 和 Dreamweaver 等网页开发工具使用。

8.2.1　Flash 工作界面

本章介绍的动画制作软件为 Adobe Flash CS4 Professional（简称 Flash CS4）版本，它的特点是简单易学，应用广泛。

在正确安装 Flash CS4 程序后，我们可以在 Windows 的"开始"菜单中选择"所有程序"→"Adobe Flash CS4 Professional"命令来启动程序界面，初次使用软件会显示欢迎屏幕（图 8-1）。

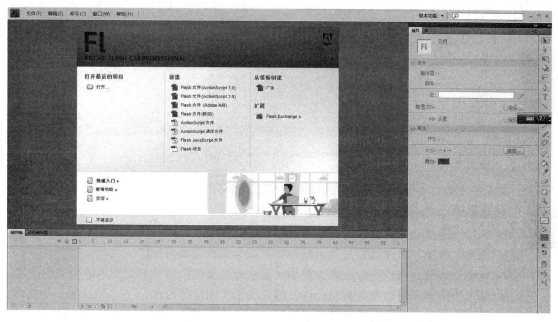

图 8-1　Flash CS4 Professional 欢迎屏幕

在 Flash 的欢迎屏幕中可选择打开最近使用过的 Flash 文件、创建新的 Flash 文档或利用 Flash 模板来创建文件。如果以后不再每次都需要显示欢迎屏幕，则选中面板左下角的"不再显示"复选框即可。

使用菜单栏中的"文件"→"新建"命令，在弹出的"新建文档"对话框中选择"Flash 文件（ActionScript 3.0）"项目，然后单击"确定"按钮，即可打开 Flash 动画制作的工作界面（图 8-2）。

Flash 的工作界面设计合理、结构简单、组织有序，非常易于操作。界面的最上方为标准菜单区，包括 Flash 的各种主要的文档操作菜单项。界面右侧为工具面板区域，为动画设计提供了多种设计基本工具；界面中间是主工作区，白色部分称为舞台，我们把各种动画里要用到的素材，经过相应的编辑、加工后，放到舞台中来显示给观众，只有在白色舞台区域的部分观众才能看得见，其他灰色部分观众是看不见的。主工作区的舞台下方是时间轴面板，它提供了动画中帧及图层的各种操作。Flash 工作界面的右侧中部为浮动面板选择区，系统可以根据具体需要，利用程序菜单窗口选项中的条目自动打开相应的目标面板。

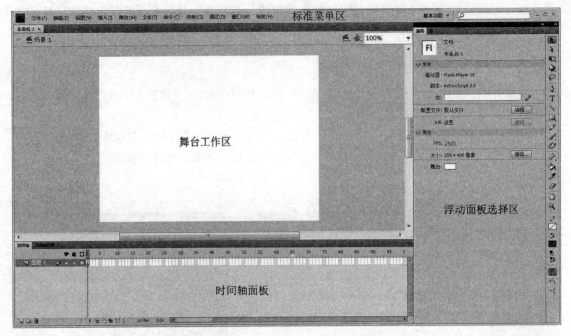

图 8-2　Flash CS4 Professional 工作界面

下面主要介绍一下标准菜单、时间轴面板和工具箱功能。

1. 标准菜单

（1）"文件"菜单。可以进行新建、打开、保存、导出和发布等相关操作。

（2）"编辑"菜单。可以进行复制、粘贴、剪切和查找等编辑操作。

（3）"视图"菜单。可以进行放大、缩小、显示标尺及辅助线等与开发环境相关的设置。

（4）"插入"菜单。可以进行新建元件，插入场景、图层等操作。

（5）"修改"菜单。用来修改动画中的各种对象、场景等，主要是修改动画对象的各种属性，也可以修改帧、图层、场景以及动画本身等。

（6）"文本"菜单。可以对各种文本的字体、大小、样式等相关属性进行设置。

（7）"命令"菜单。可以管理各种运行命令。

（8）"控制"菜单。用来测试影片、测试场景、控制动画的播放方式等。

（9）"调试"菜单。用各种手段来调试已经编辑好但仍未满足要求的动画作品。

（10）"窗口"菜单。设置各种窗口面板，可以对窗口面板的打开、关闭、显示和切换方式等进行设置。

（11）"帮助"菜单。提供各种帮助信息。

2. 时间轴面板

时间轴面板是 Flash 动画制作中最重要的区域，它可以对各种帧的组织结构进行编辑，主要分为左侧的图层控制区和右侧的帧控制区（图 8-3）。

时间轴的帧控制区用于创建动画并控制动画的播放进程。上方有刻度的区域是时间轴，其中每一个小格为一个帧位，即一张静止的画面，可以利用鼠标右键的快捷菜单来实现对具体帧的操作。

时间轴中红色的线代表时间轴光标，通过鼠标左键选择不同的位置可以改变时间光标的

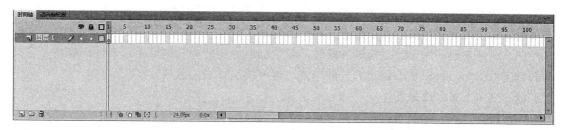

图 8-3　Flash CS4 Professional 时间轴面板

位置。时间轴光标的位置决定了当前被操作帧的位置，帧控制区下方为帧的快捷操作区和帧的状态区。

　　在时间轴面板的左侧为图层控制区，它用于控制和管理动画中的图层。其中，图层列表的每一行都表示一个独立的图层，主要利用鼠标右键的快捷菜单来进行图层的各类操作。图层控制区下方有 3 个图层操作的快捷按钮，区域的上方有图层状态按钮，可以控制图层隐藏、锁定、显示外框等状态。最上方的图层状态按钮是总按钮，可统一控制所有图层的状态，而每层的状态按钮只负责控制自身所在层的状态。

　　3. 工具面板　工具面板是 Flash 动画制作最常用的利器，它能提供各种用于创建和编辑对象的工具，还可以用来绘制、涂色和选择动画内容。工具面板按照功能不同分为 6 个区域：选择变形、文本绘图、填充擦除、查看缩放、颜色设置和附属选项（图 8-4）。

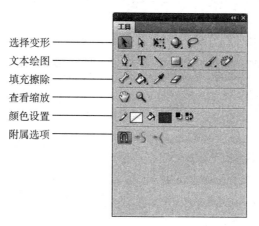

图 8-4　Flash CS4 Professional 工具面板

　　（1）选择工具。使用选择工具可以完成 3 种操作，分别是选择对象、移动对象和使对象变形。选中选择工具的图标（图 8-5），双击对象或用鼠标框选对象，可选择对象整体或局部。单击时，可分开选中对象的内部和边框。利用鼠标的拖曳功能可以移动对象的位置，如果拖动对象的边缘时，则可以改变对象的外部形状。

　　（2）部分选取工具。可以改变对象的外部形状，选中对象外框时会出现控制点图标，利用这些控制点图标改变对象的形状非常灵活方便。

　　（3）任意变形工具。用来对绘制对象进行缩放、旋转和错切变换，可以通过四周的 8 个控制点来完成对象的形状设置。

　　（4）3D 旋转工具。在系统提供的三维立体环境下完成对象旋转和位移的工具。

（5）套索工具（图 8-6）。用来选择对象，特别是选择不规则对象。套索工具的"魔棒"选项可以通过选择同种颜色的像素点来进行操作。

（6）钢笔工具。用来绘制直线和曲线，且绘制后可配合部分选取工具来进行修整。它绘制的是矢量图形，可以是不封闭的开放形式，也可以是封闭的区域。

（7）文本工具。用来制作文字和修改字体。

（8）线条工具。绘制线段可以和 Shift 键结合使用，绘制水平线、垂直线、45°线。

（9）矩形工具。用来绘制矩形、椭圆、多角形。使用 Shift 键可以绘制正方形、圆形；使用 Alt 键，可以绘制以某点为中心点的图形；Shift 和 Alt 键还可以同时使用。

（10）铅笔工具。可以绘制不规则的矢量图形，也可以在创建引导层动画时绘制运动轨迹。

（11）刷子工具。可以模拟水彩笔的笔触来绘制闭合区域的图形和线条，也可以随意绘制任意颜色的色块。

（12）Deco 工具。是 Flash 中新增加的一个工具，类似于"喷涂刷"，可以完成大量相同元素的绘制，也可以应用它制作出很多复杂的动画效果。

（13）骨骼工具。可以把一系列形状连接起来实现运动过程。

（14）颜料桶工具。用来给封闭的圆和线框内部填充颜色，是主要的修改对象填充效果的工具。

（15）滴管工具。可以快速提取其他矢量图形的颜色和线段信息，并对颜色工具进行相应设置。

（16）橡皮擦工具。擦除已经绘制的线条、图形等。

图 8-5　选择工具

图 8-6　套索工具

8.2.2　素材库的使用

在 Flash 动画中要用到很多图像、声音等设计素材，这些素材在被使用前作为外部素材需被导入 Flash 的内部素材库中才能使用。我们可以选择"文件"→"导入"→"导入到库"菜单命令完成素材的导入操作。素材进入库中，我们就可以利用库面板对其中的各种素材进行管理和使用了。在 Flash 工作界面右侧的浮动面板中选择"库"选项卡，所有库中的素材便会在下方的显示区里以列表形式显示出来（图 8-7）。

在 Flash 中，场景是舞台前台，库相当于后台，库里面除了存放素材之外还存放有各种元件。库里面的元件是可以随便被用户调用的，只要动画制作需要就可以从库中把元件拿到场景里重复使用，该操作不会增加最终动画文件的字节大小，这样可以大大减少制作素材的工作量。在库里修改元件，在场景里的这个元件的所有实例都会被自动修改。

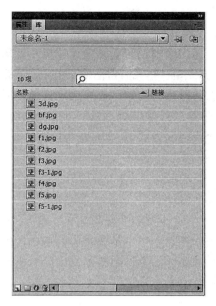

图 8-7 库面板

8.2.3 Flash 文档属性的设置

Flash 编辑制作动画的最终播放效果是由该动画文档的属性决定的。因此，在具体制作动画细节之前，必须先对文档的各种属性进行正确的设置。选择"修改"→"文档"菜单命令，在弹出的"文档属性"对话框中进行设定（图 8-8）。

图 8-8 "文档属性"对话框

在"文档属性"对话框里，可以设置动画的画面尺寸，由宽和高参数决定，还可以设置动画的背景颜色，最重要的这里能设置动画的"帧频"参数，通过帧频的设置可以控制每秒播放帧的数量，帧频越高，动画就越流畅，同时动画文件的字节数就越多，文件就越大。

8.3 Flash 动画基础

Flash 动画是以时间轴为基础的帧动画，对各种帧的控制是最基本的操作之一，作为真正意义上的矢量动画，在帧动画中如何使用矢量图形元素也成为关键。

8.3.1 帧的概念

动画中的每一幅静止画面称为一帧，若干帧的连续显示就形成了动画。帧是动画中的基本单位，也是承载和包含 Flash 作品内容的载体，在时间轴面板上的一个小格就代表一帧。

和帧密切相关的另一个参数被称为帧频。帧频表示在单位时间内播放的静止图像即帧的数量，也可以理解为图形处理器每秒能够处理的画面的帧数，它的单位用 fps（frame per second）来表示。帧频越高，动画的效果就越流畅和逼真，但同时动画文件的存储容量就越大。

在 Flash 中，帧是动画中最基本的单位，也是动画的核心，对帧的分类可以根据其在动画中不同的作用和功能，分为关键帧、普通帧和过渡帧。

1. 关键帧 关键帧是定义在动画中一个变化的帧，即一个包含内容或对动画的改变起决定作用的帧。关键帧在动画制作过程中必须经过人的干预或设计，它决定了动画的内容以及动画中运动的对象的最终运动轨迹。关键帧是动画中的对象在其运动、变化过程中的关键动作处的那一帧，关键帧的设计对整个动画的制作非常重要。我们把一个没有任何内容的关键帧称为空白关键帧。

关键帧在 Flash 的时间轴上用一个带实心圆点的长方形表示，空白关键帧在时间轴上用一个带空心圆点的长方形表示（图 8-9）。

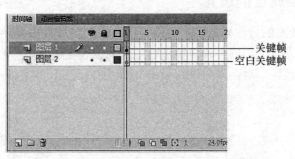

图 8-9 关键帧

2. 普通帧 普通帧又称为静止帧。时间轴上的静止帧是相邻关键帧的延续，静止帧中的内容与其相邻的上一个关键帧中的内容相同。普通帧中出现的内容不是人为编辑的，而是来自对上一个关键帧的继承。若前一帧为空白关键帧，则其后的静止帧都是空白帧。在 Flash 的时间轴上用一个带空心矩形的长方形来表示普通帧（图 8-10）。

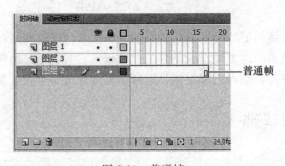

图 8-10 普通帧

3. **过渡帧** 过渡帧是 Flash 软件自动生成的帧序列。为了减少动画设计者的工作量，Flash 会利用计算自动生成连续的动画帧，它在两个关键帧之间，通过黑色箭头连接，两个关键帧之间填充为浅颜色背景（图 8-11）。

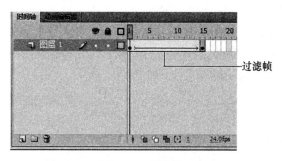

图 8-11 过滤帧

过渡帧的实现完全依靠前后两个关键帧的存在，即起始关键帧和结束关键帧。起始关键帧定义了动画中出现对象的外形和位置，结束关键帧定义了该对象的最终外形和位置。

Flash 生成的过渡帧可分为三种形式，分别称为补间形状、补间动画和传统补间。补间形状用于体现动画中对象的形状变化，补间动画用于体现动画中对象属性的变化，传统补间用于体现动画中对象的位置变化。三种补间帧都在时间轴上用一个黑色箭头来表示，不能实现的过渡帧，系统提示为在两个关键帧之间的箭头变成虚线来显示。

8.3.2 动画中的图形和图像

计算机显示的静止画面分为图形和图像两大类：图形由线条构成，称为矢量图形；图像由像素点组合而成，也称为位图。这两大类图形、图像并没有好坏之分，在不同的应用环境中，各有特点。

1. **矢量图形** 矢量图形使用直线和曲线来描述对象，也称为基于路径的绘画。矢量图形根据轮廓的几何特性来进行描述，图形的轮廓画出后，可以放在特定的位置上并填充颜色。

对矢量图形进行编辑时，实际上修改的是描述矢量图形的直线和曲线的属性。矢量的属性包括颜色属性和位置属性。用户可以重新调整图形的大小和形状、改变图形的颜色，以及移动图形等，这些修改都不会影响矢量图形的外观显示质量。

矢量图形和分辨率无关，用户可以在不同分辨率的输出设备上显示它们而不会有任何质量损失。一个矢量图形有 3 个要素：路径、笔触和填充。

2. **位图图像** 位图图像由排列成网格的点组成，每个点称为一个像素。在一幅位图中，图像是由网格中每个像素的位置和颜色值来决定的。计算机屏幕就是一个大的像素网格，每个点被指定一种颜色，这些点拼合在一起形成图像。像素的数量与分辨率密切相关联，这就意味着描述图像的数据被固定在一个特定大小的网格中。

位图图像的优点是可以保证图像的细节，因此照片都是典型的位图图像。对位图图像进行编辑时，实际上修改的是像素而不是直线或曲线。

位图图像和分辨率是密切相关的，即在一定面积的图像上包含固定数量的像素。位图的一个特征是当它被放大以后，就会变得模糊。如果再以较大的倍数放大图像，则会在图像边缘产生锯齿，导致图像显示质量的降低。

3. 位图转换为矢量图　位图文件相对于矢量图而言比较复杂，文件也更大，在 Flash 中为了便于操作，可以把位图转换为矢量图。在 Flash 程序中提供了将位图转换为矢量图的功能，我们可以通过设置合适的参数来完成转换位图为矢量图的操作。

有的图像素材当初是作为位图类型导入库中的，在显示的素材列表中类型为位图。这些位图图像在利用 Flash 工具里面的某些矢量图绘制工具时不能被使用，这需要将位图转换为矢量图形，转换完成后，库面板的相应位图图像将被删除。

8.3.3　创建文本

文本是动画中的要素之一。在 Flash 中，可以使用文本工具创建文本，并且为文本添加各种动画特效。通过文本的使用可以更直观地表达作者所需表达的思想，文本的显示效果也会大大影响 Flash 的播放质量。

在 Flash 中有 3 种文本类型，即静态文本、动态文本和输入文本。可以选中要设置的文本对象，在属性面板的"文本类型"下拉列表中进行选择（图 8-12）。

3 种文本类型区别如下：

- 静态文本：此类型的文本对象，在影片中只能以静态的形式出现，而不能像文本框一样接收输入文本。
- 动态文本：选择此类型后，被选中的文本对象将变为动态实例文本，可以根据需要设置实例的名称。
- 输入文本：选择此类型后，被选中的文本对象将变为输入文本，可以在交互模式下接收从键盘输入的信息，即产生和文本框一样的效果。

1. 创建静态文本　在 Flash 工具箱中选择文本工具，在舞台中单击后即可输入文本。在属性面板中可以设置文本的字体、颜色等属性（图 8-13）。

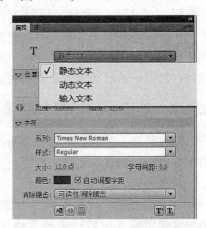

图 8-12　文本类型

（1）设置静态文本的边距、缩进和行间距。若要设置静态文本的边距、缩进和行间距，首先必须选中要进行设置的文本，然后在属性面板的"段落"项下直接输入要设置的缩进值、行间距值、左和右边距值即可。

（2）设置静态文本的字母间距。字母间距的调整是指通过改变相邻两个字符间的距离来改变它们的外观。很多字体的字符之间距离都不一样，需要进行调整。方法是在属性面板的"字符"项下找到"字母间距"的设置项，默认的"字母间距"是零，我们可以根据需要输入数值进行调整。

（3）设置文本方向。在 Flash 中可以设置 3 种文本方向，一是水平方向，二是垂直、从左到右，三是垂直、

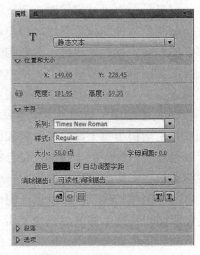

图 8-13　静态文本

从右到左。文本方向的设置在属性面板中的"段落"项下，选择"方向"按钮即可完成选择。

（4）文本对齐方式。文本对齐决定了文本块段落中的每个字符相对于文本块左边界和右边界的位置，有左对齐、居中对齐、右对齐和两端对齐 4 种方式，默认方式是左对齐。对齐方式的设置在属性面板中的"段落"项下完成设置。

（5）文本链接。在 Flash 中，可以为静态文本和动态文本设置链接，就像在网页中设置超文本链接一样。首先选中要设置链接的文本字符，在属性面板中的"选项"区域填写要链接的目标地址。

2. 创建动态文本 所谓动态文本，是指其中的文字内容可以自动被更新的对象。文本可以在影片播放过程中，根据用户的动作或根据当前的数据自动计算而填入。动态文本通常用来显示一些经常变化的信息，如汇率的行情、交通状况预报、比赛的分数等。

在进行编辑的时候，也可以在动态文本对象中输入文字，并像操纵静态文本对象那样处理其中的字符和段落格式。

动态文本对象除具有静态文本对象的属性外，还具有如下几种属性，都可以在属性面板里设置（图 8-14）。

（1）"行为"的设置。在属性面板中的"段落"选项组里有个"行为"选项，它的下拉列表中分别为"单行""多行""多行不换行"。"单行"是在文本对象中只能显示单行文字；"多行"是可以在文本对象中显示多行文本，根据文本框的宽度自动换行；"多行不换行"是可以在文本对象中显示多行文本，但不会根据文本框的宽度自动换行。

（2）当单击"字符"选项组中的"HTML"按钮时，可以设置是否在文本对象中显示带有 HTML 格式化标记的文字。

（3）当单击"字符"选项组中的"边框背景"按钮时，可以控制是否显示文本对象的边框和背景。如果单击该按钮，将显示文本框的边框和背景，这样在影片中可以看到文本对象的有效区域，反之则不显示。

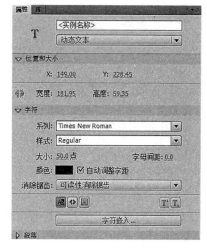

图 8-14　动态文本

（4）当单击"字符"选项组中的"可选"按钮时，可以设置在播放影片时是否允许观众选中文本对象中的显示文本。如果单击该按钮，则可以选择文本对象中的显示文本。

3. 创建输入文本 所谓输入文本，指的是可以在其中由用户输入文字并提交的文本对象。输入文本对象的作用和 HTML 中文本域表单的作用一样，在 Flash 中数据的输入和提交可以在影片中完成。

选中输入文本对象后，在属性面板中可以设置输入文本对象的多种属性（图 8-15）。

输入文本对象的属性面板选项和动态文本对象的属性面板基本相同，在此处只介绍其中意义不同的部分。

（1）在属性面板"段落"组中"行为"选项的下拉列表里，可以设置当前被选中对象中允许输入单行文本、多行文本、多行不换行文本或密码文本，其中密码文本用星号替代文本的显示。

　　（2）在属性面板的"选项"组中为输入文本制订了一个变量名称，该变量名称写在变量文本框内，在计算时，通过将文字输入变量，就可以实现对其中文字的输入和处理。

　　（3）最大字符数的设置，即指定设置在输入文本框中可以输入字符的最大数量。

　　4. 设置文本属性　通过文本对象的属性面板，可以设置文本的字体、样式、大小、颜色、段落格式等。

　　（1）字体的设置。"文本类型"可以选择设置字体类型，有静态文本、动态文本、输入文本 3 种类型；"系列"用来设置文字的字体；"样式"用来设置字体的不同样式格式；"大小"用来设置文字的大

图 8-15　输入文本

小尺寸；"字母间距"用来设置文字字母之间的距离；"颜色"即通过单击"颜色"面板来设置文字的颜色；"自动调整字距"复选框被选中后可以自动调整文字之间的距离；"消除锯齿"用于选择设备文字或各种消除锯齿的文字；"切换上下标"分别将文字切换成上、下标。

　　（2）段落的设置。在属性面板中的"段落"选项组里可以设置文本段落的段落形式，包括格式、间距、边距、方向、行为。

　　（3）选项的设置。在属性面板的"选项"组里，可以分别对静态文本或动态文本进行不同的设置，有"链接"文本框和"目标"下拉列表框，用于为创建的文本增加超链接。

　　5. 分离文本　在 Flash 中，对文本对象进行操作时，有时需要对作为一个整体的文本分别进行处理，即对一个文本对象的某些部分进行不同的放大、旋转、变换位置等操作，这就需要用到对文本对象的分离操作。在 Flash 标准菜单的"修改"菜单下拉菜单里有"分离"命令，可以用来完成对文本对象的分离打散操作。

　　对一个完整的文本对象进行一次分离操作后，一段文本变成了以单个字母为单位的文本对象，再对上述以字母为单位的文本对象进行第二次分离操作后，该文本对象被打散成以像素为单位的图形对象，也就是从文本类型对象变成了图形类型的对象（图 8-16）。

东北农业大学　原文本对象

东北农业大学　第一次分离

东北农业大学　第二次分离

图 8-16　文本的分离

8.4 利用 Flash 进行简单的动画设计

8.4.1 图层的运用

在 Flash 动画中，图层的使用使得动画的制作更加简单，将不同的图形和动画分别制作在不同的图层上，可以使整个动画的条理清晰，有利于编辑。我们可以形象地理解为图层就像若干张透明纸叠放在一起，透过图层上没有画东西的区域可以看到下面的图层。

1. **创建图层** 在新建的 Flash 文档中，会自动创建一个图层。制作动画时可以根据需要自由地创建新的图层。新创建的图层位于选中图层的上面一层，并且它将成为当前的活动图层。

创建新图层有以下两种方法：

方法 1：选择一个已经存在的图层，选择标准菜单里的"插入"→"时间轴"→"图层"命令。

方法 2：选择一个已经存在的图层，单击"时间轴"面板左侧图层管理区下方的"新建图层"按钮（图 8-17）。

2. **图层的分类** 创建一个新的 Flash 文档时，仅有一层。在制作过程中，可以根据图形和动画的需要添加多个图层。Flash 中各个图层之间是完全独立的，除了普通图层以外，还有两个特殊的图层，即引导图层和遮罩图层。

（1）引导图层。辅助其他图层对象的运动和定位。

（2）被引导层。包含的内容的运动将会受到引导图层的影响。

（3）遮罩图层。用来制作一些复杂的遮罩效果，规定显示区域。

（4）被遮罩层。用来制作一些复杂的遮罩效果，规定显示内容。

当普通图层与引导层关联后，就成为被引导层；而与遮罩图层关联后，则成为被遮罩层。不同的图层类型在时间轴面板的图层名称前使用不同的图标来区分（图 8-18）。

图 8-17 新建图层

图 8-18 Flash 中不同类型的图层

3. **图层的查看和编辑** 在制作过程中，可以显示或隐藏一个或多个图层。隐藏的图层也会被正常输出，只是不能编辑，也可以以轮廓形式显示图层中的对象，这样可以清楚地看到工作区中哪些对象在该图层中。

（1）显示和隐藏图层。在时间轴面板中，图层名称右边有个显示列，在要隐藏图层的显示列上单击一下鼠标，会出现一个红色的叉子，表示该图层被隐藏了。如果单击该红色叉子，该图层就会显示出来。

（2）锁定和解锁图层。在时间轴面板中，图层名称右边有个锁定列，在要锁定的图层锁定列上单击一下鼠标，就会出现一个小锁图标，表示该层被锁定了。如果单击该小锁图标，将解锁该图层。

（3）以轮廓线方式显示图层中的对象。在时间轴面板中，图层名称右边有个"轮廓线"列，在要显示图层轮廓线图层的"轮廓线"列上单击一下鼠标，就会出现一个矩形线框，表示以轮廓线方式显示该层。如果单击矩形线框，矩形线框变成有填充色的矩形，就可以正常显示该图层。

（4）同时选择多个图层。按住键盘上的 Shift 键，同时单击时间轴面板上的各个图层名称，可以选择多个图层。

（5）删除图层。选中一个或多个图层，然后单击时间轴面板下部的"删除图层"按钮，就可以删除被选中的图层。

（6）给图层重命名。在默认状态下，会根据创建的顺序给新图层命名。可以根据图层的具体内容给图层重命名，以便于管理。给图层重命名的方法是，双击图层名称，然后输入新名称。

（7）改变图层顺序。图层的顺序决定了工作区各个图层的层叠关系，在时间轴面板上排在上面的图层，在工作区中的也是排在上层。改变图层顺序的方法是在时间轴面板中用鼠标拖曳图层名称到相应的位置。

8.4.2　元件和实例

元件和实例是 Flash 中非常重要的两个概念，通过它们可以实现已绘制的元素的重复使用。

1. 元件和实例的概念　所谓元件，是指一个可重复使用的图像、动画或按钮，而实例就是指元件在工作区的实际应用。使用元件可以简化影片的编辑，把影片中要多次使用的元素做成元件，当修改了元件之后，它的所有实例都会自动随之更新，而不需要逐一修改。

元件存放在库面板中，实例在工作区中创建。在文档中多次使用元件可以显著压缩文件的大小，保存一个元件的几个实例比保存该元件的多个副本占用的存储空间小。通过将诸如背景图像这样的静态图形转换为元件，然后重复使用它们，可以减小文档的大小，使用元件还可以加快 SWF 文件的回放速度。

2. 元件类型　要创建一个元件，首先要确定它在影片中的作用。Flash 中有 3 类元件，作用各不相同。

（1）图形元件。可用于静态图形，并可用来创建连接到主时间轴的可重用动画片段。图形元件与主时间轴同步运行。交互式控件和声音在图形元件中的动画序列中不起作用。

（2）按钮元件。可以创建响应鼠标单击、滑过或其他动作的交互式按钮。可以定义与各种按钮状态关联的图形，然后将动作指定给按钮实例。

（3）影片剪辑元件。使用影片剪辑元件可以创建可重用的动画片段。影片剪辑拥有它们自己的独立于主时间轴的多帧时间轴。可以将影片剪辑看作主时间轴内的嵌套时间轴。它们可以包含交互式控件、声音甚至其他影片剪辑实例，也可以将影片剪辑实例放在按钮元件的时间轴内使用，用来创建动画按钮。

3. 创建元件　Flash 中附带了很多元件，存在公用库中，可以直接使用，但我们用得最多的还是自己创建的元件。可以通过舞台上选定的对象来创建元件，也可以创建一个空元件，然后在元件编辑模式下制作或导入内容。

（1）把工作区中的现有元素转换为元件。首先选择工作区中的一些对象，然后在标准菜单栏中选择"修改"→"转换为元件"命令。在出现的对话框中输入元件的名称，并选择元件的类型，单击"确定"按钮，选中的元素就转换成元件了（图 8-19）。

（2）创建一个空元件。选择标准菜单栏中"插入"→"新建元件"命令，或单击库面板底部的"新建元件"按钮，弹出"创建新元件"对话框。在对话框里输入元件名称，并选择元件类型。工作区会自动从场景模式切换到元件编辑模式，元件的名称也会出现在时间轴面板上部的场景名称旁边。在工作区制作元件，就像创建、编辑 Flash 影片一样，可以使用各种绘图工具导入文件，也可以使用其他元件的实例。

（3）将舞台上的动画转换成影片剪辑。如果已经在舞台上创建了一个动画序列，并想在文档的其他地方重复使用，就可以选择它，然后直接将它另存为影片剪辑元件。

（4）直接复制元件。有时可能需要创建一个新的元件，而它要求包括一个已经存在的元件的部分或全部，这时就可以先复制元件，然后再修改，而不必从头做起。

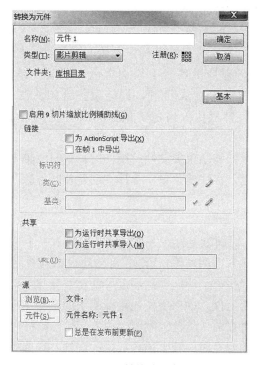

图 8-19　转换为元件

4. 创建实例　创建元件之后，可以在文档中任何需要的地方，包括在其他元件内创建该元件的实例。修改元件时，Flash 会更新元件的所有实例。创建影片剪辑和按钮实例时，Flash 将指定默认的实例名称，可以在属性面板中自定义实例的名称。

每个元件实例都有独立于元件的属性。用户可以更改实例的属性，这些更改不会影响元件。实例的属性是与实例一起保存的，如果改变属性后，又编辑元件，那么实例的属性将应用于该实例中，不论原始的元件如何变化，都对实例施加相同的属性。

8.5 补间动画的制作

补间动画在 Flash 以前的版本中也称为动作补间动画，有时也称为运动补间动画。在补间动画中，在起始和结束的关键帧中分别定义实例、组或文本块的位置、大小和旋转等属性的不同值，中间的非关键帧中的内容就会由 Flash 计算产生，从而产生动画效果。

在 Flash 中的补间动画有以下 3 种：补间形状、传统补间和补间动画。

8.5.1 补间形状

在补间形状中，我们可以在时间轴中的特定帧里绘制一个形状，随后更改该形状或在另一个特定的帧中绘制另一个形状。然后，Flash 将自动在两帧中间的帧里插入中间形状，创建从一个形状变形成另一个形状的动画。

构成补间形状的元素必须是矢量图形，它们多是利用绘图工具里的矢量绘图工具绘制，或者由鼠标和数字化仪绘制出来。图形元件、按钮、文字等非矢量图形不能进行补间形状的操作，如果要使用图形元件、按钮、文字，则必须先选择"分离"命令将对象转换为矢量图形后才可以进行补间形状动画的操作。

要创建补间形状动画，先在时间轴上确定动画开始的帧，插入一个关键帧，即动画的起始关键帧。在起始关键帧对应的舞台上添加角色，并设置好角色的属性。然后在时间轴上确定动画结束的帧，插入一个关键帧，即结束关键帧。在结束关键帧对应的舞台上复制起始关键帧中的角色，然后更改角色的属性，或者直接将结束关键帧中的角色更改为其他的角色。

当完成了动画起始关键帧和结束关键帧的制作后，在时间轴上选择在两个关键帧之间的空白帧区域，单击鼠标右键，在快捷菜单中选择"创建补间形状"命令创建形状补间。

8.5.2 传统补间

传统补间是在 Flash 的时间轴上，在一个关键帧上插入一个角色，然后在另一个关键帧上更改该角色的位置、旋转和透明度等，Flash 将自动根据两者之间的变化来创建动画，它可以实现两个角色之间相对位移、旋转和透明度等的相互变化。

构成传统补间的元素为元件，如果要使用鼠标或手绘笔绘制出来的矢量图，必须将绘制的矢量图转换为元件，或者在插入传统补间时，由 Flash 自动将对象转换为元件。

要创建传统补间，首先要在时间轴上插入起始关键帧，在起始关键帧对应的舞台上添加角色，并设置好角色的属性。然后在时间轴上插入结束关键帧，在结束关键帧对应的舞台上更改角色的属性，如相对位置、透明度等，使结束关键帧舞台上角色的状态、属性符合动画的结束状态。

当完成了动画的起始关键帧和结束关键帧的制作后，在两个关键帧中间的空白帧上单击鼠标右键，在弹出的快捷菜单里选择"选择传统补间"命令即可完成操作。

8.5.3 补间动画

使用补间动画可设置对象的属性，如对象在一个画面帧中以及另一个画面帧中的位置或

Alpha 透明度的变化等。Flash 在中间帧内插入帧的属性值，可以完成由对象的连续运动或变形而构成的动画。

补间动画和传统补间的区别应该是在 Flash CS4 版本才出现的，下面我们来看一下补间动画和传统补间的区别：

（1）对插入的关键帧的要求不同。传统补间要求插入的关键帧的起始关键帧和结束关键帧为同一对象，而补间动画只需将对象插入起始关键帧即可。

（2）在传统补间里最重要的是关键帧，而在补间动画中强调的是属性的变化。即在传统补间动画中，关键帧是指动画中那些起始、终止和各个中间画面对应的帧。在补间动画中最关心的是对象的属性值初始定义和发生变化的帧。

（3）传统补间是针对画面的变化而产生的动画，补间动画是针对对象属性的变化而产生的动画。

（4）传统补间会将文本对象转换为元件来使用，补间动画不用转换直接使用。

（5）运用之处不同。一般在用到 3D 功能时候，会选择补间动画，而做一般的 Flash 动画时，还是用传统补间比较多。

8.5.4　预览和发布

完成动画后，可以把生成的动画导出为 Shockwave Flash 的压缩格式文件，后缀名为".swf"，也可以把它出版为电影。Flash 可以自动生成网页浏览器支持的 HTML 文件等多种文件格式。

1. 播放 Shockwave Flash 文件　播放 Shockwave Flash 文件的方法有 3 种：

方法 1：选择标准菜单中的"控制"→"测试影片"命令。

方法 2：选择标准菜单中的"控制"→"测试影片"命令后，可以选择标准菜单中的"窗口"→"工具栏"→"控制器"命令，打开"控制器"工具栏，单击"播放"按钮。

方法 3：按 Enter 键，该动画的各个场景会像电影一样的顺序播放出来。

2. 测试和发布　如果要测试动画效果，可以选择"控制"→"测试影片"菜单命令或者使用"Ctrl＋Enter"组合键进行测试。

发布 Shockwave Flash 文件的步骤如下：

（1）选择标准菜单里的"文件"→"发布设置"命令，在弹出的对话框中选择想要输出的文件格式，输入要输出文件的文件名或者单击"使用默认名称"，单击想要改变参数的面板，更改具体的参数设置，单击"确定"按钮。

（2）选择标准菜单中的"文件"→"发布"命令来发布刚刚设定好参数的这些文件。

8.5.5　补间动画的制作实例

这里，我们用一个具体动画制作例子来演示如何制作一个补间动画，动画的内容是演示一个小球从空中落到地上，再弹起来的一个过程。在制作过程中将用到元件、实例、形状补间、传统补间、时间轴等，还会涉及动画编辑环境中的标尺、辅助线等工具的使用。

1. 启动 Flash　在计算机桌面上双击 Flash CS4 图标，打开 Flash 的工作界面。

2. 创建小球元件

（1）在标准菜单的"插入"菜单中选择"新建元件"命令，在弹出的对话框中输入元件名称为"小球"，类型选择为"影片剪辑"，然后单击"确认"按钮（图 8-20）。

图 8-20　新建元件

（2）进入元件编辑工作区界面，在右侧浮动面板区的工具面板的工具箱中单击椭圆绘制工具，在属性面板中设置椭圆工具的填充色为调色板里的放射状球形，笔触颜色选为无。

（3）在元件编辑区白色区域的中间十字上单击鼠标左键，同时按下键盘上的 Shift 和 Alt 键，在白色区域画一个以中心十字为圆心的正圆（图 8-21）。

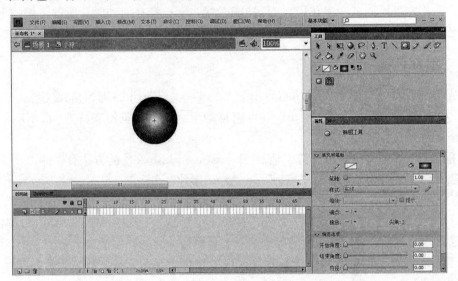

图 8-21　编辑元件

下面开始利用补间形状给小球元件制作光影在球表面划过的效果。

（4）在小球元件编辑器工作区下方的时间轴面板上，选中时间轴上的第一帧小格，在工具面板中选择"颜料桶"工具，在第一帧对应的舞台上小球的下部单击鼠标左键，可以看到小球上的高光点照在小球的下侧位置。

（5）在时间轴面板的第 30 帧小格上单击鼠标左键选中该帧，右击鼠标，在弹出的快捷菜单中选择"插入关键帧"命令，第 30 帧小格中出现黑色实心点标志，表示该帧成为关键帧。

（6）在时间轴面板的第 15 帧小格上单击鼠标左键选中该帧，右击鼠标，在弹出的快捷菜单中选择"插入关键帧"命令，在第 15 帧对应的舞台上小球的上部单击鼠标左键，可以看到小球上的高光点照在小球的上侧位置（图 8-22）。

（7）在时间轴面板的第 1 帧和第 15 帧之间的任意空白小格上单击鼠标左键选中该帧，右击鼠标，在弹出的快捷菜单中选择"创建补间形状"命令，可以看到在时间轴面板的第 1

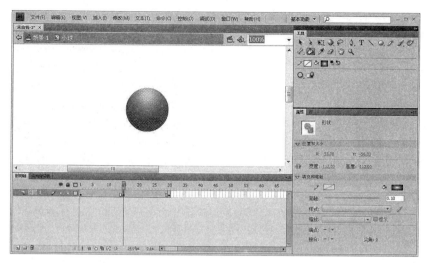

图 8-22　关键帧操作

帧和第 15 帧之间空白小格背景变成绿色，出现一个黑色实心的箭头。

（8）同理操作，在时间轴面板的第 15 帧和第 30 帧之间的任意空白小格上单击鼠标左键选中该帧，右击鼠标，在弹出的快捷菜单中选择"创建补间形状"命令，可以看到在时间轴面板的第 15 帧和第 30 帧之间的空白小格背景变成绿色，出现一个黑色实心的箭头（图 8-23）。

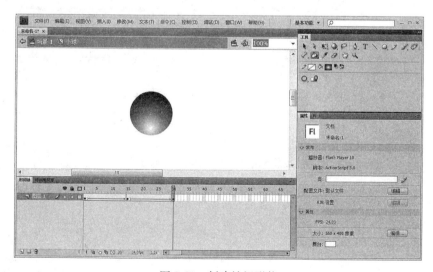

图 8-23　创建补间形状

由此，小球元件上的光影流动效果通过补间形状动画完成，我们可以利用标准菜单中的"控制"→"播放"命令或直接按下 Enter 键观看播放效果。

3. 在场景里制作小球的传统补间

（1）用鼠标单击舞台工作区上方的"场景 1"按钮，回到场景的舞台编辑区。在这里我们为动画制作做一些准备工作。在标准菜单的"视图"菜单中选择"标尺"命令，然后从上方标尺后面分别拖曳出两根水平辅助线和一根垂直辅助线（图 8-24）。

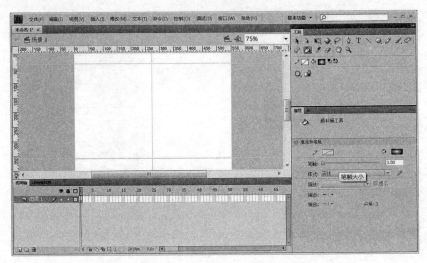

图 8-24　创建标尺和辅助线

（2）在工作界面的右侧浮动面板区打开库面板，可以看到刚刚新建的小球元件图标。

（3）在时间轴面板中的第 1 帧小格上单击鼠标选中该帧，然后从库面板中拖曳小球元件的图标移动到舞台上部辅助线位置，可以通过键盘上的方向键对位置进行微调。通过此操作，完成了从小球元件创建它的一个应用实例（图 8-25）。

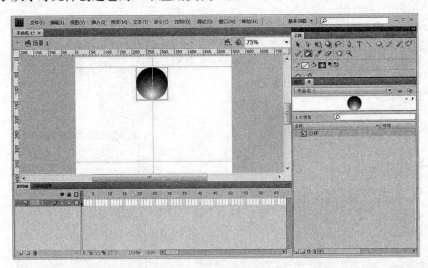

图 8-25　创建小球实例

（4）在时间轴面板中的第 30 帧小格上单击鼠标选中该帧，右击鼠标，在弹出的快捷菜单中选择"插入关键帧"命令。

（5）在时间轴面板中的第 14 帧小格上单击鼠标选中该帧，右击鼠标，在弹出的快捷菜单中选择"插入关键帧"命令。在第 14 帧对应的舞台上用鼠标垂直移动小球元件到下面舞台下侧的辅助线位置（图 8-26）。

（6）在时间轴面板中的第 17 帧小格上单击鼠标选中该帧，右击鼠标，在弹出的快捷菜单中选择"插入关键帧"命令。

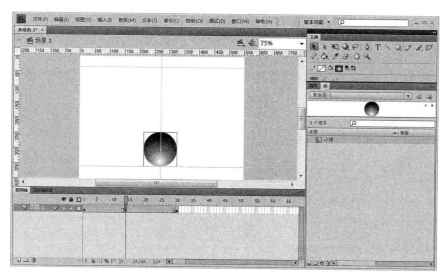

图 8-26　制作关键帧

（7）在时间轴面板中的第 15 帧小格上单击鼠标选中该帧，右击鼠标，在弹出的快捷菜单中选择"插入关键帧"命令。选择"修改"→"变形"→"任意变形"菜单命令，会在小球元件四周出现 8 个调整按钮。可以按住 Alt 键的同时用鼠标通过上下调整按钮来适当压扁小球元件（图 8-27）。

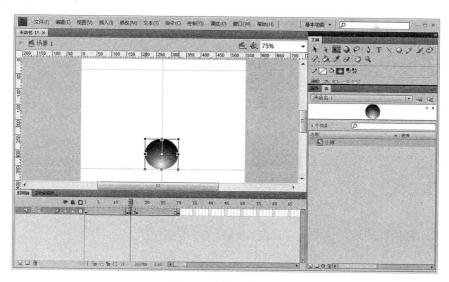

图 8-27　调整元件形状

（8）在时间轴面板中的第 16 帧小格上单击鼠标选中该帧，右击鼠标，在弹出的快捷菜单中选择"插入关键帧"命令。

至此已经完成关键帧的设计，下面开始生成传统补间。

（9）在时间轴面板的第 1 帧和第 14 帧之间的任意空白小格上单击鼠标选中该帧，右击鼠标，在弹出的快捷菜单中选择"创建传统补间"命令，可以看到时间轴面板的第 1 帧和第 14 帧之间的空白小格背景变成紫色，并出现一个黑色实心的箭头。

（10）同理，在时间轴面板的第 17 帧和第 30 帧之间的任意空白小格上单击鼠标选中该帧，右击鼠标，在弹出的快捷菜单中选择"创建传统补间"命令，可以看到在时间轴面板的第 17 帧和第 30 帧之间的空白小格背景变成紫色，并出现一个黑色实心的箭头。

由此，小球从上方落下又弹起的动画即可通过传统补间来完成，可以利用标准菜单中的"控制"→"播放"命令或直接单击 Enter 键观看效果，但如果想要观看最终的动画效果，要在标准菜单里使用"控制"→"测试影片"命令或直接按"Ctrl＋Enter"组合键来执行操作，这样才能查看到光影在小球上划过的效果。

4. 制作阴影

（1）选择标准菜单中的"插入"→"新建元件"命令，在弹出的对话框中输入元件名称为"阴影"，类型选择为影片"剪辑"，然后单击"确认"按钮。

（2）进入元件编辑工作区界面，在右侧浮动面板区的工具面板的工具箱中单击椭圆绘制工具，在属性面板中设置椭圆工具的填充色为调色板里的中度灰色，笔触颜色选为无。

（3）在元件编辑区白色区域的中间十字上单击鼠标左键，同时按下键盘上的 Alt 键，在白色区域画一个以中心十字为圆心的灰色椭圆（图 8-28）。

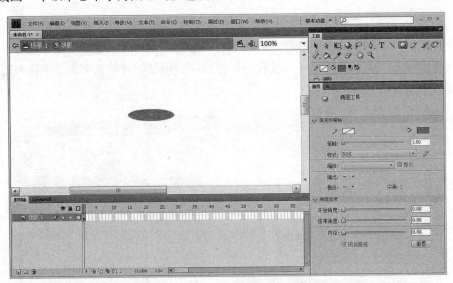

图 8-28　制作阴影元件

下面开始利用补间形状来制作阴影随小球位置变化的效果。

（4）在时间轴面板的第 15 帧小格上单击鼠标左键选中该帧，右击鼠标，在弹出的快捷菜单中选择"插入关键帧"命令，在第 15 帧小格中出现黑色实心点标志，表示该帧成为关键帧。

（5）在时间轴面板的第 1 帧小格上单击鼠标左键选中该帧，选择标准菜单中的"修改"→"变形"→"任意变形"命令，会在阴影元件四周出现 8 个调整按钮。可以按住 Alt 键的同时用鼠标通过上下调整按钮来适当缩小阴影元件（图 8-29）。

（6）在时间轴面板的第 1 帧小格上单击鼠标左键选中该帧，右击鼠标，在弹出的快捷菜单中选择"复制帧"命令。在时间轴面板的第 30 帧小格上单击鼠标左键选中该帧，右击鼠标，在弹出的快捷菜单中选择"粘贴帧"命令（图 8-30）。

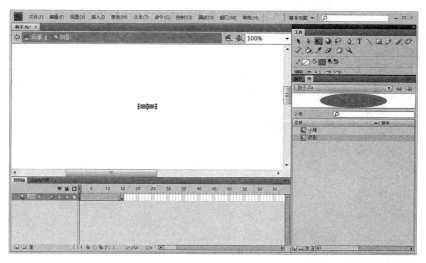

图 8-29　阴影缩小变形

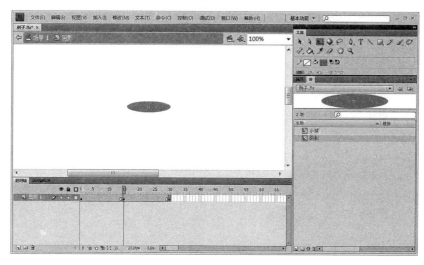

图 8-30　复制、粘贴帧

（7）在时间轴面板的第 1 帧和第 15 帧之间的任意空白小格上单击鼠标左键选中该帧，右击鼠标，在弹出的快捷菜单中选择"创建补间形状"命令，可以看到在时间轴面板的第 1 帧和第 15 帧之间的空白小格背景变成绿色，并出现一个黑色实心的箭头。

（8）同理，在"时间轴"面板的第 15 帧和第 30 帧之间的任意空白小格上单击鼠标左键选中该帧，右击鼠标，在弹出的快捷菜单中选择"创建补间形状"命令，可以看到在时间轴面板的第 15 帧和第 30 帧之间的空白小格背景变成绿色，并出现一个黑色实心的箭头。

由此，阴影元件影子大小变化效果已通过补间形状动画完成，我们可以利用标准菜单中的"控制"→"播放"命令或直接按 Enter 键观看播放效果。

5. 添加阴影

（1）用鼠标单击舞台工作区上方的"场景 1"按钮，回到场景的舞台编辑区。在工作界面的右侧浮动面板区单击库面板，可以看到刚刚新建的阴影元件图标。

（2）在时间轴面板的左侧图层操作区的下面，单击"新建图层"按钮，出现新增加的"图层 2"图标。用鼠标左键向下拖曳"图层 2"图标，使"图层 1"图标和"图层 2"图标交换次序（图 8-31）。

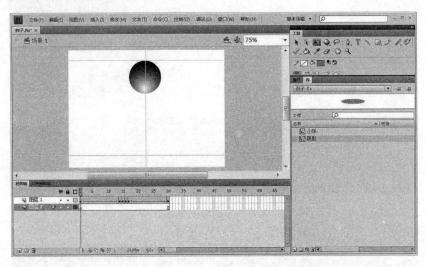

图 8-31　新建图层

（3）单击"图层 2"图标，使该层被选中。在时间轴面板中的第 1 帧小格上单击鼠标选中该帧，然后从库面板中拖曳阴影元件的图标移动到舞台下部辅助线的中间位置，可以通过键盘上的方向键对位置进行微调。通过此操作，完成了从阴影元件创建它的一个应用实例（图 8-32）。

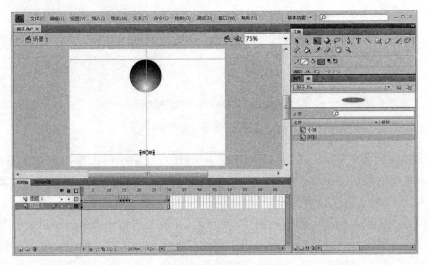

图 8-32　在新图层添加实例

（4）在时间轴面板中的第 30 帧小格上单击鼠标选中该帧，右击鼠标，在弹出的快捷菜单中选择"插入关键帧"命令（图 8-33）。

由此，小球下方的影子随着小球从上方落下又弹起而变化的动画已完成，我们可以在标准菜单里使用"控制"→"测试影片"命令或直接按"Ctrl＋Enter"组合键来观看，这样

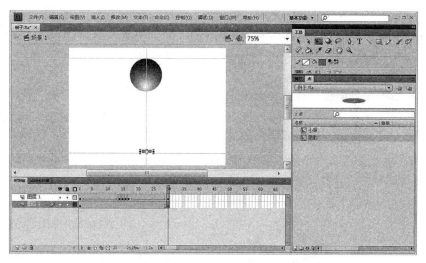

图 8-33　在新图层创新关键帧

才能查看到影子随小球上下变化的效果。

　　6. **保存文件和导出**　选择标准菜单中的"文件"→"另存为"命令，输入文件名，单击"确认"按钮即可完成 Flash 源文件的保存，文件格式为 .fla。

　　作品导出我们要选择标准菜单中的"文件"→"导出"→"导出影片"命令，输入导出的文件名，默认的导出文件类型为 .swf，单击"保存"按钮即可完成导出操作。

8.6　逐帧动画的制作

8.6.1　逐帧动画的原理

　　逐帧动画是基本的 Flash 动画形式。在 Flash 中制作一个逐帧动画的方法，类似于传统动画制作时那些绘画师使用的手法。逐帧动画，顾名思义就是把动画作品一帧一帧地处理，然后再连续播放出来，可以达到让人意想不到的效果。

　　在 Flash 中一帧就是一个静止的画面，逐帧动画就是要逐个对每一帧的静止画面进行加工制作，可见其工作量是很大的。但是利用这种方法可以更好地处理动画的每一个细节，可以在非常短的时间段中去加工、美化想要表现的对象，这种方法制作出来的效果是其他动画形式无法比拟的。

　　在逐帧动画中虽然是对每张画面都进行加工处理，看似烦琐，但在设计过程中可以充分利用计算机动画软件中工具箱里提供的各种绘图工具，这些功能强大的绘图工具可以使复杂的绘制工作变得简单易行、事半功倍。熟练使用工具箱里的绘图工具是每个动画设计人员必须掌握的基本技巧，逐帧动画的制作表面上看似麻烦、费事，其实设计步骤还是比较单一的。

　　下面举例演示一个逐帧动画的制作过程。

8.6.2　逐帧动画的制作实例

　　这个例子要制作一个能自动在屏幕上写出正宗的毛笔书法的动画，这种动画我们经常在电影片头、电视节目中见到。

1. **启动 Flash**　在计算机桌面上双击 Flash CS4 程序图标，在出现的 Flash 欢迎画面里选择新建"Flash 文件（ActionScript 3.0）"，即进入 Flash 的工作界面。

2. **制作文字**

（1）在右侧的工具面板里选择文本工具，在属性面板里设置参数，在"系列"下拉列表里选择华文行楷字体，在"大小"输入框中填写"130"，在"颜色"调色板中选择黑色。

（2）在舞台中央区域，用文本工具输入两个汉字"农大"（图 8-34）。

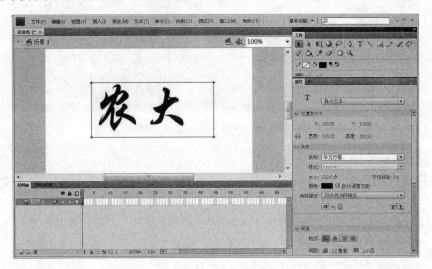

图 8-34　使用文本工具

在舞台中显示的"农大"是用一个蓝色框线包围的，它是一个对象，不能对其中某些部分单独处理，所以要对这个文本对象进行"分离"来打散这个整体对象。

（3）在标准菜单中选择"修改"→"分离"命令，一个对象就分离成两个由蓝色框线包围的两个对象（图 8-35）。

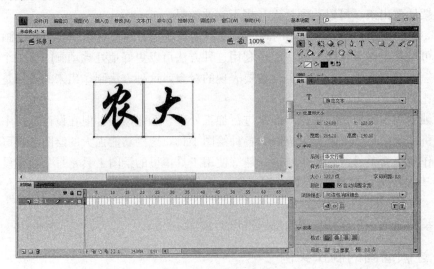

图 8-35　文本的分离

这个实例是要演示书法的每个笔画的书写效果，因此必须再次进行分离操作，把以单个字为单位的对象分离成像素来处理。

（4）在标准菜单中选择"修改"→"分离"命令，每个对象就分离成由像素组成的图形对象了（图 8-36）。

图 8-36　两次分离

（5）在时间轴面板上选中第 20 帧小格，单击鼠标右键，在弹出的快捷菜单里选择"插入关键帧"命令。

3. 开始逐帧设计动画

（1）在时间轴面板上选中第 22 帧小格，单击鼠标右键，在弹出的快捷菜单里选择"插入关键帧"命令。在工具面板中选择橡皮擦工具，在舞台中根据书写文字笔画顺序的倒序，擦去舞台中文字的一小部分（图 8-37）。

图 8-37　使用橡皮擦工具擦去文字的一小部分

（2）在时间轴面板上选中第 24 帧小格，单击鼠标右键，在弹出的快捷菜单里选择"插入关键帧"命令。在工具面板中选择橡皮擦工具，在舞台中根据书写文字笔画顺序的倒序，擦去舞台中文字的一小部分（图 8-38）。

图 8-38　擦除笔画

同理，在时间轴面板上隔一帧插入一个关键帧，然后擦除文字的一小部分，直至最后把整个文字擦除干净。

4. **翻转帧**　在时间轴面板上通过鼠标选中从第 1 帧到最后的所有帧，在选中帧的蓝色选择条上右击鼠标，在弹出的快捷菜单中选择"翻转帧"命令（图 8-39）。

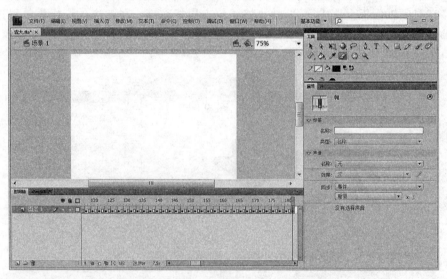

图 8-39　翻转帧

这个逐帧动画就制作完成了。可以在标准菜单里使用"控制"→"测试影片"命令或直接按"Ctrl＋Enter"组合键来观看，能够看到在屏幕上"农大"两个字一笔一画自动地被书写出来的效果。

8.7　遮罩动画的制作

8.7.1　遮罩动画的原理

遮罩是 Flash 提供的一种特殊的辅助工具，它有点类似于 Photoshop 中的蒙版，即如果一个图层被设置成遮罩层后，它就会把其下面的被遮罩层的图层遮住，但这种遮住是可以选择和加工的，可以通过在遮罩层上进行一系列操作而允许被遮罩层图层里的部分内容显示出来。

完成一个遮罩动画的制作，要设置三个部分：遮罩层、被遮罩层和遮罩。在遮罩层上绘制一些形状，这些形状相对应的部分就会成为一个"空洞"，通过它可以看到被遮罩层中的内容，这些作为"空洞"的形状被称为遮罩。通过使用遮罩，可以制作一些特殊的动画效果。

遮罩必须添加在遮罩层里才能起作用，遮罩可以是填充的形状、文本字符、图形元件的实例或者影片剪辑等对象。在遮罩动画的设计中也经常加进其他一些动画形式，如可以在被遮罩层中使用补间动画来展示将被"空洞"露出来的部分内容等。

下面就通过一个实例，演示遮罩动画的制作过程。

8.7.2　遮罩动画的制作实例

这个实例是要利用遮罩的方法来完成动态文字的制作，在文字内部显示动态的彩色条纹。

1. 启动 Flash　在计算机桌面上双击 Flash CS4 程序图标，在出现的 Flash 欢迎画面里选择新建"Flash 文件（ActionScript 3.0）"，即进入 Flash 的工作界面。

2. 制作遮罩

（1）在右侧的工具面板里选择文本工具，在属性面板里设置参数，在"系列"下拉列表里选择华文琥珀字体，在"大小"输入框中填写 130，在"颜色"调色板中选择黑色。

要在文字里面显示动态的彩条，其实是利用文本来作为遮罩，根据遮罩的特性，一定要把文本的填充颜色设置成黑色。

（2）在舞台中央区域用文本工具输入两个汉字"农大"（图 8-40）。

（3）在时间轴面板中找到第 30 帧的小格，选中它并右击鼠标，在弹出的快捷菜单里选择"插入关键帧"命令。

3. 制作被遮罩层

（1）在时间轴面板左侧图层操作区的下方，单击"新建图层"按钮，在当前图层上方出现新建的图层 2。用鼠标左键向下拖曳图层 2 图标，交换图层 1 和图层 2 图标的次序。

（2）在时间轴面板上选中图层 2 上第 1 帧的小格。在工具面板上选择矩形工具，在下面的"属性"面板的"填充颜色"调色板上选择下方的渐变色。

（3）在舞台上画一个矩形图形，使其能够覆盖原有的文字（图 8-41）。

（4）在时间轴面板的图层 2 上找到第 30 帧小格，选中它并右击鼠标，在弹出的快捷菜单里选择"插入关键帧"命令。

（5）在时间轴面板的图层 2 上找到第 15 帧小格，选中它并右击鼠标，在弹出的快捷菜

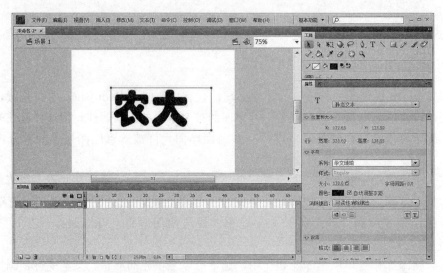

图 8-40　输入文本

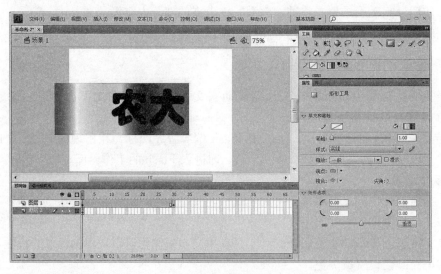

图 8-41　绘制彩条

单里选择"插入关键帧"命令。在工具面板上选择选择工具，使用键盘上的右方向键移动彩条的位置（图 8-42）。

（6）在时间轴面板的图层 2 的第 1 帧和第 14 帧之间的任意空白小格上单击鼠标左键选中该帧，右击鼠标，在弹出的快捷菜单中选择"创建传统补间"命令，可以看到在时间轴面板的第 1 帧和第 14 帧之间的空白小格背景变成紫色，并出现一个黑色实心的箭头。

（7）同理，在时间轴面板的第 15 帧和第 30 帧之间的任意空白小格上单击鼠标左键选中该帧，右键鼠标，在弹出的快捷菜单中选择"创建传统补间"命令，可以看到在时间轴面板的第 16 帧和第 30 帧之间的空白小格背景变成紫色，并出现一个黑色实心的箭头（图 8-43）。

（8）在时间轴面板的左侧图层操作区选中图层 1，右击鼠标，在弹出的快捷菜单中选择"遮罩层"命令（图 8-44）。

图 8-42　插入关键帧并右移彩条

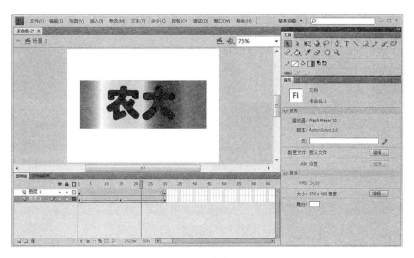

图 8-43　传统补间

图 8-44　设置遮罩层

至此，这个遮罩动画就制作完成了。可以在标准菜单里使用"控制"→"测试影片"命令或直接按"Ctrl+Enter"组合键来观看，能够看到在屏幕上"农大"两个字上光影流动的效果。

◆ **思考题**

1. 什么是动画？

2. 动画有哪些分类？

3. 常用的动画文件有哪些格式？

4. 常用的动画设计软件有哪些？

5. Flash 中帧的类型有哪些？

6. Flash 中矢量图和位图的区别是什么？

7. Flash 中的文本有哪些类型？

8. Flash 中元件、实例的概念以及它们之间的关系是什么？

9. Flash 的补间动画有哪些？

参考答案

参考文献 REFERENCES ///////////////

冯博琴，2008. 计算机网络 [M]. 2版. 北京：高等教育出版社.

葛艳玲，2010. 网页制作基础教程 [M]. 北京：电子工业出版社.

陆芳，梁宇涛，2008. 多媒体技术及应用 [M]. 北京：电子工业出版社.

宋一兵，2009. 局域网组建与维护 [M]. 北京：人民邮电出版社.

唐国纯，2011. 网页制作教程 [M]. 北京：中国传媒大学出版社.

滕桂法，2010. 计算机网络 [M]. 北京：中国农业出版社.

王利霞，2011. 多媒体技术导论 [M]. 北京：清华大学出版社.

吴功宜，吴英，2003. 计算机网络应用技术 [M]. 北京：清华大学出版社.

徐子闻，2015. 多媒体技术 [M]. 3版. 北京：高等教育出版社.

薛为民，宋静华，耿瑞平，2007. 多媒体技术与应用 [M]. 北京：中国铁道出版社.

赵子江，2013. 多媒体技术应用教程 [M]. 北京：机械工业出版社.

钟玉琢，2012. 多媒体技术基础及应用 [M]. 3版. 北京：清华大学出版社.

图书在版编目（CIP）数据

计算机网络技术与应用 / 许晓强主编. —北京：
中国农业出版社，2021.1
普通高等教育农业农村部"十三五"规划教材　全国
高等农林院校"十三五"规划教材
ISBN 978-7-109-27720-5

Ⅰ.①计…　Ⅱ.①许…　Ⅲ.①计算机网络－高等学校
－教材　Ⅳ.①TP393

中国版本图书馆 CIP 数据核字（2021）第 001544 号

中国农业出版社出版
地址：北京市朝阳区麦子店街 18 号楼
邮编：100125
责任编辑：李　晓　文字编辑：李兴旺
版式设计：王　晨　责任校对：刘丽香
印刷：中农印务有限公司
版次：2021 年 1 月第 1 版
印次：2021 年 1 月北京第 1 次印刷
发行：新华书店北京发行所
开本：787mm×1092mm　1/16
印张：14
字数：330 千字
定价：32.50 元